W0198514

Zhores Medwedjew

Bericht und Analyse der bisher geheimgehaltenen Atomkatastrophe in der UdSSR

Aus dem Russischen
von Dr. Anne Herbst-Oltmanns

Hoffmann und Campe

CIP-Kurztitelaufnahme der Deutschen Bibliothek

Medvedev Žhores:
Bericht und Analyse der bisher geheimgehaltenen Atomkatastrophe in der UdSSR / Zhores Medwedjew.
Aus dem Russischen übers. von Anne Herbst-Oltmanns. –
1. Aufl. – Hamburg: Hoffmann und Campe, 1979.
(Bücher zur Sache)
ISBN 3-455-08888-0

© Hoffmann und Campe Verlag, Hamburg 1979
Schutzumschlag: Jan Buchholz und Reni Hinsch
Gesetzt aus der Garamond-Antiqua
Druck und Buchbindearbeiten Hanseatische Druckanstalt, Hamburg
Printed in Germany

Inhaltsverzeichnis

Vorwort

Die menschliche Existenz war seit jeher überschattet von Katastrophen. Diese Naturereignisse verloren im Laufe der Geschichte etwas von ihrer Bedrohlichkeit, weil lange Erfahrung lehrte, wo und wie sie aufzutreten pflegten, so daß man allmählich verstand, sich weitgehend gegen sie zu schützen. Der technische Fortschritt trug anfänglich wesentlich dazu bei, solche Ereignisse vor oder sofort nach ihrem Eintreten zu erfassen, schnelle Vorsorge gegen sie zu treffen und ihre Folgen zu mildern. Das ist auch heute noch so, aber daneben ist die technische Entwicklung selbst – besonders in letzter Zeit – zu einer bedrohlichen Schadenquelle geworden: industrielle Katastrophen ereignen sich immer häufiger, ihre Wirkungen werden immer größer, ihr Eintreten wird immer schwerer kalkulierbar.

Die Ursachen dafür sind in der zunehmenden Größe, Unüberschaubarkeit, Anzahl und Gefährlichkeit der technischen Anlagen zu suchen, die heute häufig zu ganzen Systemen mit zahlreichen Untersystemen und Tausenden gekoppelten Apparaturen gewachsen – man könnte auch sagen gewuchert – sind.

Neue Spezialbranchen wurden notwendig, um die Probleme der großtechnischen Risiken zu ergründen: die Risikoforschung und die vergleichenden Untersuchungen industriellen Versagens. Sie sollen die Schwachstellen der umfangreichen, von Menschenhand geschaffenen Konstruktionen prüfen und nicht nur die Ursachen ihres gelegentlichen Versagens erkennen, sondern auch die oft viel weiter als früher reichenden und länger andauernden Folgen entweder schon eingetretener oder noch zu erwartender Desaster zu diagnostizieren versuchen.

Ganz besondere Aufmerksamkeit wird in diesem Zusammenhang den Anlagen der chemischen und nuklearen Industrie gezollt. Und zwar vor allem deshalb, weil ihre Nebenwirkungen zeitgreifend sein können, das heißt nicht nur die unmittelbar von einem Unglück Betroffenen, sondern möglicherweise auch künftige Generationen gefährden.

Um eine solche neuartige Katastrophe geht es bei dem Ereignis, über das der sowjetische Wissenschaftler Zhores Medwedjew in diesem Buch berichtet. Es handelt sich um eine gewaltige Atomexplosion, die sich Ende der fünfziger Jahre in der Sowjetunion ereignete und der Weltöffentlichkeit verheimlicht wurde. An dieser Verschwörung des Schweigens waren nicht nur die sowjetischen Behörden beteiligt, sondern auch die Amerikaner, die bereits vor nunmehr fast zwanzig Jahren durch ihre Geheimdienste über die Zerstörung einer ganzen Region im südlichen Ural infolge eines größeren nuklearen Unglücks informiert waren, der weiteren Öffentlichkeit dieses Wissen aber vorenthielten. Vermutlich weil sie befürchteten, daß die Bekanntgabe dieses Ereignisses die Widerstände gegen die Einführung der »friedlichen Kernenergie« in ihrem Land und in anderen westlichen Ländern verstärken würde.

Das Verschweigen und Verschleiern von Störfällen in der Atomindustrie ist leider durchaus nichts Ungewöhnliches. Selbst in parlamentarischen Demokratien wird das Prinzip der offenen und unzensierten Information mißachtet, wenn es um das weitgehend tabuierte Gebiet der Nukleartechnik geht. Dafür nur einige Beispiele:

- in Frankreich wurden Pannen, die zu monatelangem Stillstand des »schnellen Brüters« ›Phénix‹ führten, wochenlang geheimgehalten;
- in England wurde ein großer Störfall in der Wiederaufarbeitungsanlage Windscale verheimlicht, und ungenügende Sicherheitsmaßnahmen zum Schutz der Arbeiter gegen alphastrahlende Radionuklide (darunter auch Plutonium) in Aldermaston wurden jahrelang nicht nur gegenüber der Öffentlichkeit, sondern auch vor den dort Beschäftigten vertuscht, so daß einige Arbeiter einer vierfach zu hohen Strahlendosis (mit möglicher Lungenkrebsgefahr) ausgesetzt waren;
- in den USA stellte sich in den vom Kongreß veranstalteten Hearings, welche die Kündigungsgründe mehrerer seit Jahren in der Atomindustrie arbeitenden Ingenieure untersuchen sollten, heraus, daß sie ihre Posten aus Gewissensgründen aufgegeben hatten, da ihnen die systematische Nichtbeachtung ihrer kritischen Analysen über Fehler und Unvollkommenheiten in den von ihnen überprüften Reaktoren »verbrecherisch« erschien;
- in der Bundesrepublik Deutschland kam es nicht nur zu den vieldiskutierten Vertuschungsversuchen nach Störfällen im KKW Brunsbüttel, sondern auch zur Nichtmeldung von erheblichen Defekten im Werk Ohu, weil man unmittelbar vor den bayrischen Landtagswahlen im Oktober 1978 eine solche Bekanntgabe für »inopportun« hielt.

Nun wäre aber gerade auf einem verhältnismäßig neuen Gebiet wie dem der noch nicht ausgereiften Nukleartechnik ein Höchstmaß an Information notwendig, weil nur auf Grund erkannter und eingestandener Fehler deren Korrektur möglich ist. Handelt es sich gar um Beinahekatastrophen, die vielleicht gerade noch verhindert werden konnten, so müßten nicht nur die »Insider« davon erfahren, sondern auch die Behörden und Bürger in den benachbarten Gebieten, damit sie dann auf Grund solcher Kenntnisse aus freiem Willen entscheiden können, ob sie weiterhin in der Nähe einer schon einmal in Gefahr geratenen Anlage wohnen, ob sie wegziehen oder aber für die Möglichkeit einer Schließung eintreten wollen.

Genau solche Konsequenzen fürchten die Betreiber, und um ihnen auszuweichen, begünstigen sie eine Informationspolitik, wie man sie bisher nur aus totalitären Staaten kannte. Mehr noch: Sie verpflichten unter Berufung auf den »Treueparagraphen« – der die Angehörigen der meisten Betriebe anhält, keine internen Probleme nach außen zu tragen – auch ihre Mitarbeiter zum Schweigen.

Auf diese Weise wird das Verschweigen von Risiken und Unfällen selber wieder zu einem Risiko. Denn es macht verbesserte Vorkehrungen gegen technische Gefahren schwierig, wenn nicht gar unmöglich und bürdet damit Forschern wie Technikern die Mitschuld an gefährlichen Vorkommnissen auf.

Die Risikoforscher Otway und Pahner, die im Auftrag der Internationalen Atombehörde in Wien untersucht haben, wie das Mißtrauen der Öffentlichkeit gegenüber der Kernenergie zu erklären sei, haben als einen der Hauptgründe herausgefunden, daß unvollständige, ungenaue und letztlich unehrliche Informationspraktiken der Atomindustrie die »Akzeptanz« der neuen Energiequelle erheblich verschlechtert hätten. Sie plädieren für eine neue Haltung, die den Bürgern das Gefühl geben sollte, daß man sie stets ohne Beschönigung über die Risiken der Kernenergie aufklären werde. Dieser Vorschlag fand jedoch keine Gegenliebe. Zuerst wurde Pahners Vertrag nicht erneuert, ein paar Monate später dann mußte auch Otway gehen, obwohl man ihn mit Versprechungen auf eine langjährige Tätigkeit zum vorläufigen Verzicht auf eine aussichtsreiche amerikanische Universitätskarriere überredet hatte.

In einer Arbeit dieser zwei Risikoforscher, die sie gemeinsam mit ihrer Kollegin Joanne Linneroth schrieben, heißt es: »Das Interesse an einem Abwägen der Risiken entsteht aus Sorge über Gefahren, die der Mensch selber erst geschaffen hat. In den jüngsten Jahrzehnten sind technologische Systeme von bis dahin nicht bekanntem Umfang entwickelt worden. Ihre Nebenwirkungen sind entsprechend größer. Manchmal sind diese Wirkungen von planetarer Bedeutung, und das für ausgedehnte Perioden. Die Wahrscheinlichkeit für das Auftreten solcher Nebenwirkungen ist nicht genau bekannt, weil es erst zu wenige Erfahrungen im Umgang mit ihnen gibt, um das Risiko statistisch ermitteln zu können... Es ist zu beobachten, daß die Gesellschaft auf diese Risiken folgendermaßen reagiert: Viel von dem, was neu ist, wird auch als vermutlich schädlich angesehen. Sogar der grundlegende Wert der Wissenschaften im Interesse der Gesellschaft wird in Frage gestellt.«

Wenn ein angesehener Forscher wie Medwedjew als Warner auftritt, der seine Bedenken mit zahlreichen Daten belegen kann, dann trägt er nicht nur dazu bei, bisher unterschätzte Gefahren – wie zum Beispiel die möglicherweise katastrophalen Folgen der Lagerung von Atom-Müll – ins Bewußtsein der Öffentlichkeit zu rufen, sondern er hilft zugleich, auch das Vertrauen in die Wissenschaft und ihr angeschlagenes Prestige wieder etwas zu verbessern.

Gerade weil es heute erst so verhältnismäßig wenige Forscher gibt, die unbekümmert um die möglichen Folgen für ihre Karriere oder das Budget ihrer Institute es wagen, wirtschaftliche und staatliche Interessengruppen in deren Bemühen um Geheimhaltung gefährlicher Entwicklungen zu stören, ist die Publikation Medwedjews über die Katastrophe am Ural von modellhafter Bedeutung. Mit ihr wird der heute in London und New York arbeitende Exulant zum zweifachen Dissidenten. Er sagt damit ganz bewußt nicht nur den Machthabern in seiner früheren Heimat den Kampf an, sondern handelt ganz bewußt auch gegen die Interessen mächtiger Instanzen im Westen.

Medwedjews Buch sollte daher nicht nur als eine weitere »Enthüllung« über sowjetische Fehlleistungen verstanden werden, sondern als Aufforderung, uns ernsthaft einige gründliche Fragen über den Stil und die Richtung des eigenen wissenschaftlich-technischen Fortschritts zu stellen. Wie etwa diese:

- Ist die neueste Technik, die ins Innerste der Materie und der Erbsubstanz eingreift, ohne die Folgen dieser Intervention schon voll zu beherrschen, noch verantwortbar?
- Sollte der Periode, in der aus dem Fortschritt ein Fortsturz wurde, nicht eine Zeit der geistigen Aufarbeitung folgen, die sich mit den menschlichen und gesellschaftlichen Folgen der neuesten Entdeckungen befaßt, statt sie verfrüht anzuwenden?
- Ist es nicht an der Zeit, die Forderung der Französischen Revolution und der ihr folgenden liberalen Umwälzungen

zu erneuern, daß den Bürgern ein Recht auf ungeschmälertes Wissen zusteht, zumal wenn davon ihre Existenz abhängt?

- Ist das Überleben der Menschheit, das durch die egoistische Verwendung tiefgreifender Erkenntnisse aufs höchste gefährdet ist, jetzt nicht als wichtigstes Ziel wissenschaftlicher Bemühungen anzusehen?

Wenn die Erschütterung, die von Medwedjews Buch ausgehen könnte, zur vertieften Besinnung über den weiteren Weg unserer Geschichte anregt, dann wird die Katastrophe am Ural auf diesem Umweg vielleicht doch noch etwas Notwendiges bewirkt haben.

Salzburg, Januar 1979 *Robert Jungk*

1. Die Ural-Katastrophe wird publik

Die populärwissenschaftliche englische Zeitschrift »New Scientist« feierte im Herbst 1976 ihr 20jähriges Bestehen. Aus diesem Anlaß schrieb mir die Redaktion am 28. Juli 1976 einen Brief, den ich hier auszugsweise wiedergebe:

Der ›New Scientist‹ begeht in diesem Jahr sein 20jähriges Jubiläum. Deshalb möchten wir im November eine Sondernummer herausbringen. Unser Chefredakteur sucht dafür interessante Beiträge über Entwicklungen der letzten zwei Jahrzehnte. Doch es sollten nicht bloß Sachgeschichten über dieses oder jenes Gebiet im besagten Zeitraum sein. In dieses Jahr fällt natürlich auch der 20. Jahrestag von Chruschtschows berühmter Parteitagsrede [auf dem XX. Parteitag der KPdSU; d. Übers.], die eine einschneidende Zäsur für das Leben in der Sowjetunion ankündigte. Wir dachten uns, es könnte sehr interessant sein, einen Artikel über Wissenschaft und Wissenschaftler in der UdSSR seit 1956 zu veröffentlichen. Dabei denken wir nicht so sehr an ein endgültiges, akademisches Stück, sondern vielmehr an einen Diskussionsbeitrag über die verschiedenen intellektuellen, kulturellen und politischen Trends oder Strömungen. Dafür bieten sich aus unserer Sicht folgende Punkte an:

- die technologische Elite, ihre Positionswechsel in der Hierarchie, ihr Status in der Sowjet-Gesellschaft, ihr Einfluß auf Partei und Bürokratie;
- die Rolle von Wissenschaft und Wissenschaftlern in einer sich ständig wandelnden Sowjet-Gesellschaft; Trends, die für und gegen eine Demokratisierung sprechen; immanente Widersprüche zwischen freiem Informationsfluß und der Kontrolle über Menschen und Institutionen;
- das Verhalten von Wissenschaftlern in der Dissidenten-Bewegung, ihre Ausbildung zu einem relativ unabhängigen Denken, und/oder warum gerade die Wissenschaft zu dieser Zeit die unabhängigsten und kreativsten Köpfe der Sowjetrepubliken anzog?

Ich entschied mich für das letzte der vorgeschlagenen Themen. Allein deshalb, weil ich mich seit 1956 – damals noch als junger Wissenschaftler – an der Auseinandersetzung beteiligte, die Biologen gegen die von Stalin und Chruschtschow gestützte Pseudo-Wissenschaft führten, die heute unter der Bezeichnung »Lyssenkoismus« bekannt ist.

Meinen Aufsatz im »New Scientist« überschrieb ich mit dem Titel: »Zwanzig Jahre Opposition«. Bei der Schilderung der Ereignisse erwähnte ich nur beiläufig eine der wichtigsten Episoden, die eine einflußreiche Gruppe von Atomphysikern mit verfolgten Genetikern gegen die Staatsbürokratie geeint hatte – die Atomkatastrophe im Ural. Ein Unglück, das sich 1957 oder 1958 ereignet hatte. Mehr als tausend Quadratkilometer eines Kreises im Südural sind damals durch radioaktive Produkte, das heißt Reaktor-Abfälle, verseucht worden. Hunderte von Menschen kamen ums Leben, Tausende wurden evakuiert und in Krankenhäuser eingeliefert; ein großes Gebiet eines industriell entwickelten Distrikts blieb über Jahrzehnte hinaus Gefahrenzone.

Eine grundlegende Analyse dieser verheerenden Folgen wäre eigentlich die Aufgabe der Genetik gewesen. Doch in der UdSSR von 1958 galt diese Disziplin noch als eine »reaktionäre, bourgeoise« Wissenschaft. Sie war verboten.

Da ich erst seit 1973 in England lebe, konnte ich nicht wissen, daß die westlichen Experten über die Ural-Atomkatastrophe nicht informiert waren. Ich schrieb 1976 im »New Scientist«, Auslöser dieser Katastrophe sei eine Explosion riesiger Mengen radioaktiver Abfälle gewesen, die viele Jahre unter der Erde gelagert hatten. Gerade zum Zeitpunkt meiner Veröffentlichung erörterte die englische Presse die umstrittene Frage der Deponierung radioaktiver Abfälle auf der Insel, deren Einfuhr aus Japan vorgesehen war. In Schweden gaben die Probleme um Atomkraftwerke und des radioaktiven Mülls mit den Ausschlag, daß die sozialdemokratische Regierung unter Ministerpräsident Olof Palme die Reichstagswahl verlor. In der Bundesrepublik Deutschland, Frankreich und anderen europäischen Ländern entstanden Protestbewegungen gegen Kernenergie-Wirtschaft und den geplanten Bau von Atomkraftwerken. Die Ungewißheit über die künftige Energiebalance auf dem gesamten Planeten hatte eine ungewöhnliche und bis dahin nicht geahnte Schärfe angenommen. Unter diesen Umständen hatte meine kurze Beschreibung der Ural-Katastrophe, die ja bereits zwanzig Jahre zurücklag, in der Zeitschriften-Veröffentlichung vom 4. November 1976 [1]*) eine starke Resonanz hervorgerufen. Meine Nachricht darüber erschien in fast allen großen Zeitungen der westlichen Welt und wurde auch durch Fernsehanstalten ausgestrahlt. Englische, amerikanische, französische und viele andere Experten traten auf den Plan. Allerdings mit Dementis und offiziellen Erklärungen. Ihr Grundtenor: Derartiges könne technisch überhaupt nicht passieren. Am schnellsten und heftigsten versuchte der Vorsitzende der Britischen Atomenergie-Behörde, Sir John Hill, meine Tatsachen-Behauptung zu widerlegen. In einem Interview für den Presse-Verband, das am 8. November 1976 in der renommierten Tageszeitung »The Times« veröffentlicht wurde und das daraufhin viele europäische und amerikanische Blätter nachdruckten, erklärte Sir John Hill in sehr überheblicher Manier: Medwedjews Mitteilung sei Unsinn. Da dieses Miß-

*) Die Ziffern in eckigen Klammern [] verweisen auf den bibliographischen Anhang.

trauen der eigentliche Zündfunke für meine weiteren Nachforschungen war, halte ich es für zweckmäßig, das Interview von Sir John Hill genauso wiederzugeben, wie es in den Zeitungsspalten stand:

»The Times« vom 8. November 1976
Sowjetische Atomkatastrophe heruntergespielt –
Die Behauptung eines russischen Dissidenten-Wissenschaftlers, daß Hunderte von Menschen bei einer Atomkatastrophe in der Sowjetunion im Jahre 1958 ums Leben gekommen seien, wurde gestern von Sir John Hill, dem Vorsitzenden der Britischen Atomenergie-Behörde, als »reine science fiction« abgetan. In einem Interview des Presse-Verbandes bezeichnete Sir John die Erklärung von Dr. Zhores Medwedjew als ›Unsinn‹ und fügte hinzu: ›Ich glaube, dies ist eine Erfindung der Phantasie.‹
Der Biochemiker Dr. Medwedjew hat in einem Artikel im ›New Scientist‹ die Behauptung aufgestellt, im Jahre 1958 sei Atommüll, der im Ural nahe an der Erdoberfläche gelagert war, ›wie ein Vulkan‹ explodiert. Die so entstandene radioaktive Wolke habe sich über Hunderte von Kilometern ausgebreitet, und Tausende von Menschen hätten Strahlenschäden davongetragen.
Sir John meinte, da die Russen wahrscheinlich schwach-radioaktive Abfälle gelagert hätten, wie das auch Großbritannien und andere Länder machten, sei ›diese Art von Abfall nur sehr, sehr schwach aktiv und könnte kaum zu einer derartigen Explosion führen‹. Selbst wenn die Russen hoch-aktiven Müll gelagert hätten – doch Sir John würde das nicht glauben, da sie Sicherheitsbestimmungen einhalten würden, die denen in anderen Ländern ähnlich seien –, ›dann könnte kaum eine derartige Atom- oder Hitze-Explosion entstehen‹.

Auch die »New York Times« publizierte die fast gleichlautende, etwas gekürzte Meldung am selben Tag.

In den Vereinigten Staaten gaben zu meinem Artikel nicht nur erwartungsgemäß Experten, sondern auch der Geheimdienst CIA Erklärungen ab. Die CIA hingegen hatte ihre eigene Version von der Katastrophe; natürlich gab sie die Quelle nicht preis. So lautete die Schlagzeile in »The Los Angeles Times«, »The Denver Post« und in anderen Zeitungen vom 11. November 1976:

Atomreaktor-Explosion der fünfziger Jahre beschrieben
Los Angeles. – Amerikanische Nachrichtendienst-Experten behaupteten am Dienstag, daß es sich bei dem größeren Nuklear-Unfall in der Sowjetunion vor fast zwanzig Jahren um einen außer Kontrolle geratenen Reaktor und nicht um eine Explosion von Atommüll gehandelt habe, wie ein russischer Exil-Wissenschaftler noch letzte Woche versichert hatte. Zwei Nachrichtendienst-Quellen ließen unabhängig voneinander die ›Los Angeles Times‹ wissen, daß sich das Unglück Ende 1957 oder Anfang 1958 mit einem Plutonium-produzierenden Reaktor bei einem sowjetischen Atomwaffen-Komplex zugetragen habe, der einige hundert Kilometer nordöstlich des Kaspischen Meers nahe dem Südural liegt. Ein Beamter sagte, der Unfall, den die Nachrichtendienste kurz darauf entdeckt hätten, sei in der Geschichte des sowjetischen Atomprogramms das erste Ereignis, das exakt als ›Katastrophe‹ bezeichnet werden könne. Ferner, so deuteten die Quellen an, habe es sich hier um eine Reaktor-Technologie gehandelt, die nur entfernt mit den heutigen Atomkraft-Anlagen in Verbindung zu bringen sind, und die Relevanz der Katastrophe für die Sicherheit der friedlichen Atomkraft heute sei wahrscheinlich gering... ›Hunderte von Toten und Tausende von Verletzten seien kaum zu glauben‹, meinte ein Analytiker. ›Wir haben das schon verschiedene Male erlebt, und es gab wahrscheinlich auch einige Todesfälle in unmittelbarer Nähe des Reaktors, aber man kann es sehr schwer beweisen.‹ Er fügte jedoch noch hinzu, es ›gibt keinen Beleg, daß der Unfall ihre Plutonium-Produktion beeinträchtigt hat, noch daß er ihrem Waffenprogramm ernstlich Sorge bereiten würde. Sie haben einfach Dreck auf den Reaktor gekippt – haben ihn auf diese Weise beerdigt – und sind zur Tagesordnung übergegangen‹.

Die europäische Presse druckte die CIA-Version am 12. November 1976 nach (»International Herald Tribune«, »The Guardian« etc.). Der Name dieses nachrichtendienstlichen »Analytikers« wurde, ebenso wie in den USA, nicht genannt. Ich bin der Überzeugung, daß er es in seiner Beurteilung nicht verstanden hat, die Atomexplosion im Südural mit einer wichtigen politischen Tatsache in Verbindung zu bringen. Ausgerechnet Anfang 1958 verkündete Chruschtschow aus heiterem Himmel den einseitigen Abbruch aller Atomwaffen-Versuche durch die Sowjetunion. Die Aufräumungsarbeiten einer großen Menge Reaktormülls nahmen jedoch nur einige Monate in Anspruch. Tatsächlich erwies sich die von Chruschtschow verfügte atomare Atempause als Reinstallation eines wichtigen militärischen Industriekomplexes. Denn schon kurz darauf kündigte er, ungeachtet des Protestes einer Reihe sowjetischer Atomphysiker, die Wiederaufnahme einer breitgefächerten Serie von Atomwaffen-Versuchen in der Atmosphäre an.

Die amerikanischen und britischen Nachrichtendienste verfügen über die unterschiedlichsten Mittel, sich einen Einblick in die Entwicklung der Atomindustrie in der UdSSR zu verschaffen. Aber gerade diese Fähigkeit verleitet sowohl hohe Beamte wie Atommanager, sich in dem Glauben zu wähnen, »präzise Bescheid zu wissen, was in anderen Ländern vorgeht«. Ein Handikap der Nachrichtendienste ist es allerdings, daß sie bei ihren Recherchen fast ausschließlich *geheime* Informationen auswerten. Bei weitem sind die Dienste nicht immer fähig, notwendige Erkenntnisse aus allgemein zugänglichen wissenschaftlichen Quellen zu erschließen. Es ist eine Tatsache: Die zahlreichen Erkenntnisse von Informanten, Überläufern, Beobachterdiensten, von Sputniks, Computern und ähnlichen Instrumenten der technologischen Aufklärung haben die tiefschürfende, detektivische Analyse von überall greifbaren Informationen in vielen Fällen nicht ersetzen können. In meinem vorliegenden Buch möchte ich diesen Analytikern und Experten eine kleine Lektion wis-

senschaftlicher Detektivarbeit erteilen. Zahlreiche Quellen, die ich zitiere oder verwende, sind nicht geheim – sie sind in gewöhnlichen wissenschaftlichen Publikationen nachzulesen. Die vorliegende Geschichte der Atomkatastrophe im Südural wurde nicht so sehr aufgrund des Materials geschrieben, das in den Arbeiten sowjetischer Autoren veröffentlicht worden ist; sie entstand vielmehr anhand der Auslassungen und Entstellungen, Fälschungen und Anomalien, die in veröffentlichten Quellen zu entdecken sind. Für den Forscher, der genügend Erfahrung in der Arbeit mit radioaktiven Isotopen hat, ist es nicht allzu kompliziert, diese Blindstellen (in den veröffentlichten Quellen) zu verstehen und auszufüllen. Infolge meiner fortgesetzten Publikationen war schließlich auch die CIA gezwungen, bei einigen Dokumenten, die ich in diesem Buch im 12. Kapitel kommentiere, die Geheimhaltung aufzugeben und sie zum Abdruck freizugeben.
geben.

2. Die Kontroverse

Als Sensation betrachte ich das Auftauchen eines Augenzeugen, der das Katastrophengebiet im Südural bereist hatte – ein Ereignis, worüber in großen Lettern alle führenden Zeitungen der westlichen Welt auf der ersten Seite berichteten. In diesem Zusammenhang relativiert sich mein erster Artikel im »New Scientist«. Denn soweit mir bekannt ist, stand er nur im Londoner »Observer« als Schlagzeile auf der ersten Seite – und zwar am 7. November 1976. Die übrigen Zeitungen berichteten über das Ural-Unglück irgendwo in der Mitte, auf der dritten oder vierten Seite. In den Vereinigten Staaten war es lediglich die »Washington Post«, die meine Meldung auf der ersten Seite brachte. Vor allem spekulierten die Journalisten darüber, was denn den Medwedjew bewogen haben mochte, erst Ende 1976 die Nachricht über die Ural-Katastrophe zu publizieren, zumal der Vorfall schon zwanzig Jahre zurückliege. Am weitesten ging der »Guardian«. Ihr Wissenschafts-Korrespondent, Anthony Tucker, der sich mit mir gar nicht in Verbindung gesetzt hatte, schrieb am 8. November 1976:

Russe enthüllt Atom-Katastrophe – Dr. Medwedjew stand gestern nicht zur Verfügung, um darüber eine Erklärung abzugeben, warum er länger als ein Jahr gewartet hat, bis er mit der Geschichte herauskam. Aber Wissenschaftler, die ihn kennen, versicherten, er sei ein hochpolitischer Mann, dessen Motiv, die Katastrophe erst jetzt zu enthüllen, sehr wohl darin liegen könne, neuerdings die Aufmerksamkeit auf die britischen Pläne für den Bau einer gigantischen atomaren Entsorgungsanlage bei Windscale in Cumbrien zu lenken.

Am darauffolgenden Tag rief ich die Zeitung an und dementierte dieses Hirngespinst. Ich machte der Redaktion klar, daß ich von den britischen Plänen erst im Zusammenhang mit dem Aufsehen erfahren hätte, den mein Artikel verursachte. Aber auch andere Berichterstatter brachten meine Beschreibung der Ural-Katastrophe mit den europäischen Streitigkeiten über die Lagerung atomarer Abfälle in Verbindung. Für mich war dies ein deutlicher Hinweis, daß keiner von der schreibenden Zunft meinen Aufsatz im »New Scientist« gelesen hatte; nicht einmal die britischen Journalisten. Grundlage ihrer Berichte waren ebenfalls nur Presseausschnitte. Die altbekannte Weisheit, daß Zeitungssensationen keine allzu lange Lebensdauer haben, bestätigte sich hier wieder einmal. Ich und viele andere Leser begannen die Ural-Affäre zu vergessen. Nicht zuletzt deshalb, weil mein Aufsatz von Experten angezweifelt wurde.

Eine unerwartete Wende trat jedoch einen Monat nach der Veröffentlichung meines Aufsatzes ein. In der Abendausgabe des »Evening Standard« vom 7. Dezember 1976 erschien die spektakuläre Schlagzeile: *»Städte, die Hunderte von Jahren tot sein werden.«* Der »Daily Telegraph« zog am nächsten Morgen nach: *»Flüchtling sah sowjetische Atomwüste«*. Sogar eine Landkarte vom Ural mit einer präzisen Lokalisierung des wahrscheinlichen Unglücksorts druckte das Blatt ab. Die etwas vornehmere Londoner »Times« begnügte sich am selben Tag, ebenfalls auf der ersten Seite, mit der Tatsache: *»Atom-Katastrophe im Ural von Augenzeugen beschrieben.«*

Die neuen unverhofften Berichte kamen aus Jerusalem. In einem Leserbrief an die »Jerusalem Post« hatte Professor L. Tumerman auf sich aufmerksam gemacht. Ein Wissenschaftler, der aus der UdSSR emigrieren konnte. Er hatte in den sechziger Jahren das radioaktiv verseuchte Gebiet im Südural durchquert. Mit einem Kleinbus fuhr Tumerman damals die Strecke zwischen den mittelgroßen Städten Tscheljabinsk und Swerdlowsk ab.

Professor Ljew Tumerman war 1972 aus der UdSSR nach Israel gekommen. Im Land der Bibel entwickelte er sich schnell zu einem energischen Verfechter der friedlichen Nutzung von Kernenergie. Er ist der Meinung, daß Israel wegen mangelnder Energiequellen vor allem auf den Bau von Atomkraftwerken angewiesen sei. Deshalb war Tumerman von der CIA-Version beunruhigt, die bekanntlich die Ural-Katastrophe als einen Reaktorunfall darstellte. Er hielt dem entgegen, daß nach den Aussagen aller Wissenschaftler und Laien, mit denen Tumerman sich im Katastrophengebiet unterhielt, das Unglück durch »Nachlässigkeit und Leichtsinn bei der Lagerung der Atomabfälle« ausgelöst worden war. Ich gebe hier den Ausgangstext seines Leserbriefes wieder. Vieles, was an den folgenden zwei Tagen in den verschiedensten Zeitungen oder durch die Radiostationen dazu verbreitet wurde, waren ergänzende Details und häufige Verdrehungen und Erfindungen der Reporter. Sie riefen ununterbrochen in Israel an, um möglichst ein exklusives Interview mit Professor Ljew Tumerman zu ergattern.

Brief an die Redaktion der »Jerusalem Post«

An den Herausgeber der »Jerusalem Post«.

Sehr geehrter Herr, um Berichten entgegenzutreten, daß der ziemlich schwere Atom-Unfall in der Sowjetunion (s. Artikel vom 7. und 11. November) mit einem Störfall in einem Atomreaktor zusammenhängt, möchte ich hier meinen Augenzeugen-Bericht über die Katastrophe anfügen. Ich hatte 1960 die Gelegenheit, eine Autofahrt von einem nahe Tscheljabinsk gelegenen Ort im Südural nach Swerdlowsk im Nordural zu machen. Wir brachen kurz nach Mitternacht auf und erreichten die Überlandstraße, die von Swerdlowsk in den Süden geht, gegen fünf Uhr morgens, wo es schon hell genug war, um die Umgebung zu erkennen. Ungefähr 100 Kilometer hinter Swerdlowsk warnte uns ein Straßenschild, auf den nächsten 30 Kilometern nicht anzuhalten und mit Höchstgeschwindigkeit durchzufahren.

(Wie aus einigen anderen, später erschienenen Interviews von L. Tumerman hervorgeht, brach er zu der Fahrt nicht von Tscheljabinsk, sondern von der Baustelle des Bjelojarsker Atomkraftwerks auf, ungefähr 300 Kilometer nordöstlich von Swerdlowsk. Sie kamen nach ein paar Stunden bei Morgengrauen in Swerdlowsk an und wandten sich dann nach Süden auf die Landstraße nach Tscheljabinsk. Die Entfernung zwischen Swerdlowsk und Tscheljabinsk beträgt ungefähr 180 Kilometer, so daß die Fahrt nur etwa zwei Stunden dauerte. Nicht weit von Tscheljabinsk, in Miassowo, besuchte L. Tumerman ein Sommerseminar über Genetik, das Professor Timofejew-Ressowskij leitete. In Bjelojarsk hielt sich Tumerman bei seinem Bruder auf, der dort auf der Baustelle als Ingenieur arbeitete.)

Zu beiden Seiten der Straße, soweit man sehen konnte, war das Land ›tot‹: keine Dörfer, keine Städte, nur Schornsteine von zerstörten Häusern, keine bestellten Felder oder Weiden, keine Viehherden, keine Menschen ... nichts. Die ganze um Swerdlowsk liegende Gegend war extrem ›heiß‹. Ein riesiges Gebiet von einigen Hundert Quadratkilometern war brach gelegt, nutzlos und unproduktiv geworden auf lange Zeit, Dekaden oder vielleicht Hunderte von Jahren.
Später erzählte man mir, daß dies die Gegend der berüchtigten ›Kyschtym-

Katastrophe‹ sei, in der viele Hunderte von Menschen getötet oder invalid geworden waren.
Ich kann nicht mit Sicherheit sagen, ob der Unfall durch unterirdisch gelagerte Atomabfälle hervorgerufen wurde, wie Zhores Medwedjew im ›New Scientist‹ und die ›Jerusalem Post‹ schrieben, oder durch die Explosion einer Produktionsanlage für Plutonium, wie aus Nachrichtendienst-Quellen verlautet (zitiert nach AP und ›The Times‹). Jedoch hatten alle Menschen, mit denen ich sprach – Wissenschaftler und Laien –, keinen Zweifel daran, daß die Verantwortung die sowjetischen Behörden träfen, die nachlässig und leichtsinnig bei der Lagerung atomarer Abfälle vorgegangen seien.

Professor L. Tumerman
Weizmann Institute of Science, Rehovot.

Ich schickte Professor L. Tumerman einen Nachdruck meines Aufsatzes im »New Scientist«, den er so – nach allem zu urteilen – nicht kannte, sondern er hatte nur auf die Zeitungsmeldungen reagiert. Nach einigen Tagen erhielt ich seine Antwort. Tumerman teilte mir mit, er habe sich entschieden, unbedingt dafür einzutreten, daß die Katastrophe im Südural nicht mit Kernreaktoren oder Atomkraftwerken, die Israel doch so dringend benötige, in Zusammenhang gebracht werden sollte. Tumerman erläuterte:

Besonders gefährlich erscheint mir die Anti-Atomkraft-Agitation in unserem Land, das ohne Energiequellen und von Feindstaaten umgeben ist, die fast alle Ölressourcen in ihren Händen haben. Ich hatte die Befürchtung, daß die Meldung über die Atomkatastrophe als Waffe im Kampf gegen den Bau von Atomkraftwerken in Israel genutzt werden könnte. Deshalb schickte ich diesen Brief an die Redaktion der ›Jerusalem Post‹, in dem ich beschrieb, was ich gesehen habe und betonte, daß diese Katastrophe auf keinen Fall mit der Tätigkeit von Atomkraftanlagen in Zusammenhang gebracht werden könne...
Völlig unerwartet für mich rief meine Anmerkung diese schreckliche Situation hervor. Ich wurde von der BBC, von NBC, vom französischen Fernsehen und Gott weiß woher noch angerufen, die Korrespondenten aller Agen-

turen und Zeitungen belagerten mich, machten Fotos und Interviews. Zu guter Letzt schickte das schwedische Fernsehen ein Team hierher, das im Garten unseres Instituts die ganze ›Show‹ mit mir wiederholte. Ich kann bis heute nicht verstehen, warum meine Mitteilung ein solches Interesse erregte, und alle drangen sie in mich, weshalb ich darüber nicht früher geredet hätte, und offensichtlich glaubten sie mir nicht, als ich ihnen sagte, ich hätte nicht gedacht, das könnte für irgend jemanden interessant sein...

Dennoch – trotz des Augenzeugens aus Jerusalem – blieb die Skepsis des Vorsitzenden der Britischen Atomenergie-Behörde, Sir John Hill, unerschütterlich. In einem Brief an die Redaktion der Londoner »Times« antwortete er auf einen Artikel eines Atomkraftgegners. Der hatte sich insbesondere gegen den Bau einer neuen Serie sogenannter »Schneller Brüter« ausgesprochen und unter anderem auch die Ural-Katastrophe erwähnt. Sir John Hill bestritt eine solche Wahrscheinlichkeit ganz und gar; immerhin in höflicher Form. Ich halte es für zweckmäßig, einen Ausschnitt seines Briefes, den die »Times« am 23. Dezember veröffentlichte, zu zitieren. Seine Ausführungen stehen nämlich in einem direkten Kontext zu dem angeführten Material der folgenden Kapitel.

Zitat aus dem Brief von Sir John Hill an die Redaktion der »Times« vom 23. 12. 1976:

Atomkraft – ihre Gefahren und ihre Sicherheit, vom Vorsitzenden der Britischen Atomenergie-Behörde.

Sehr geehrter Herr, Sir Martin Ryle zitiert mich zweimal in seinem kürzlich erschienenen Artikel über Atomenergie (s. ›Times‹ vom 14. Dezember). Vielleicht erlauben Sie mir noch einmal, einige Dinge klarzustellen. Ich nahm speziell zu den Behauptungen in Dr. Medwedjews Artikel im ›New Scientist‹ und den Folgen der Lagerung von Atommüll Stellung. Ich habe keine Bemerkung über den Stand der sowjetischen Technologie Ende der fünfziger Jahre gemacht. Die wichtigsten Passagen in dem Artikel lauten: ›Viele Jahre lang wurden die Abfälle des Atomreaktors vergraben. Der Müll wurde nicht sehr tief vergraben. Atomwissenschaftler hatten oft vor diesem primitiven Müllverfahren gewarnt... Plötzlich gab es eine enorme Explosion wie bei einem Vulkanausbruch. Die nuklearen Nachwirkungen hatten zu einer Überhitzung im unterirdischen Lagerungsboden geführt.‹

Ich glaube nicht, daß vergrabener Atommüll in der Sowjetunion oder sonstwo zu einem derartigen Unfall hätte führen können, der auch nur im entferntesten dem im ›New Scientist‹-Artikel beschriebenen ähneln würde. Die Wahrscheinlichkeit, daß es da irgendwelche nuklearen Nachwirkungen gibt, ist äußerst abwegig. Aber nimmt man einmal eine solche extreme Möglichkeit an, dann ist die Wahrscheinlichkeit, es könnte zu den beschriebenen Konsequenzen geführt haben, sogar noch abstruser.

Es mag da auch noch andere Unfälle gegeben haben; aber zu einem Zeitpunkt, wo sich die Öffentlichkeit um die Probleme von atomaren Abfällen Sorgen macht, da meine ich, sollte ich absolut klarstellen, daß meiner Ansicht nach das Vergraben von Atommüll nicht zu einem solchen Unfall, wie beschrieben, führen kann...

Mit vorzüglicher Hochachtung,
John M. Hill, 11 Charles II Street, SW 1,
am 21. Dezember 1976.

Offensichtlich war der Standpunkt von Sir John Hill die Meinung vieler hoher Beamter und Experten. Ihr oft unausgesprochener Konsens bestand darin, die Frage der Kernenergie ausschließlich unter dem *technologischen* Gesichtspunkt zu betrachten. Auch westliche Intellektuelle können es kaum nachvollziehen, daß ein Ereignis dieses Ausmaßes von den sowjetischen Zensurbehörden geheim gehalten werden konnte. Selbst unter den Agenten der Nachrichtendienste, die auf sowjetische Atomtechnik spezialisiert sind, dominiert die Vorstellung, ihnen könnte eigentlich ein so bedeutender Vorgang nicht entgehen. Immerhin war den Diensten bekannt, daß gerade die Kreise des Südural die Zentren der sowjetischen Atomindustrie und der Konstruktionsort der ersten militärischen Reaktoren waren. Die beiden größeren Industriestädte Swerdlowsk und Tscheljabinsk mit ihren angrenzenden Regionen zählten für Ausländer immer zum Sperrgebiet. Es ist sicherlich kein Zufall: Über diesem Gebiet wurde am 1. Mai 1960 das amerikanische Aufklärungsflugzeug U-2 abgeschossen und sein Pilot Francis Gary Powers gefangengenommen. Wie in den Chruschtschow-Memoiren*) nachzulesen ist, hatte kurz vor dem Powers-Flug, im April 1960, schon eine andere U-2-Maschine das Gebiet um Swerdlowsk und den Südural überflogen. Im April 1960 waren die »Boden-Luft-Raketen« der Sowjets noch nicht einsatzbereit, und die Abfangjäger konnten die 21-Kilometer-Höhe nicht erreichen, in der sich die Aufklärungsmaschine befand. Der erste, zweite Flug der U-2 und zigfache in den vorausgegangenen Jahren dienten – so Chruschtschow in seinen Erinnerungen – dem Fotografieren aller Gebiete im Ural-Territorium; aber gezielt der Swerdlowsker und Tscheljabinsker Region. Die Marschroute der US-Luftwaffe Afghanistan–Norwegen über den Ural war viele Jahre für die amerikanischen U-2-Flüge üblich. Schon allein aus diesem Grund hätte die CIA aus der Foto-Analyse eigentlich über den Umfang der Katastrophe in diesem Bezirk informiert sein müssen.

Außerdem waren der CIA Gerüchte und mündliche Auskünfte über eine Katastrophe in einem Landkreis des Ural von 1957 bekannt. Zahlreiche Emigranten, sowjetische Agenten, die zu westlichen Nachrichtendiensten übergelaufen waren, und eigene Agenten, wie zum Beispiel der ziemlich gut informierte Oleg Penkowskij, lieferten zu jener Zeit

*) ›Der Spiegel‹, Nr. 18–20, 1974 (Eigenübersetzung). »The Last Testament. Khrushchev remembers«. Little Brown & Co., Boston 1974

ständig gezielte Hinweise. So wurde dann auch in den US-Zeitungskommentaren die CIA-Version verbreitet, ein Unfall an einem militärischen Reaktor habe zwar stattgefunden, doch die Folgen hätten sich schnell wegräumen lassen. (Die innerhalb eines Jahres veröffentlichten tatsächlichen Dokumente derselben Agentur widerlegten die anfängliche, beschönigende Version.)

Die vorliegende Arbeit analysiert, was tatsächlich 1957 in der Tscheljabinsker Region im Südural passiert ist. Dieses Buch ist nicht deshalb geschrieben worden, um irgendwelche Geheimnisse mit Sensationscharakter zu lüften, von denen ich zur Zeit meiner wissenschaftlichen Arbeit in der UdSSR Kenntnis hatte. Obwohl ich viele Details der Kernkatastrophe im Ural schon 1958 wußte, so stammen diese Informationen keineswegs aus geheimen Quellen. Millionen Menschen, die im Ural lebten, wußten ebenfalls von diesem folgenschweren Unglück. Doch den einfachen Menschen erschien die Darstellung über die Explosion einer atomaren Mülldeponie schlicht erlogen. Die Leute glaubten mehr den unvermeidlichen Gerüchten über die versehentliche Explosion einer Atombombe. Vor der Bevölkerung von Swerdlowsk, Tscheljabinsk und den anderen Städten den Anschein einer Katastrophe kaschieren zu wollen, wäre eine unrealistische Einschätzung der Behörden gewesen. Denn alle Krankenhäuser und Kliniken in diesen Städten waren überfüllt – und zwar mit Tausenden evakuierter Bewohner aus dem betroffenen Landkreis, die in den Hospitälern unter Beobachtung standen. Und eines kam noch hinzu: Als nach einer gewissen Zeit ebenfalls in weiter abgelegenen Orten Indizien der Strahlenkrankheit auftraten, mußte das Evakuierungsgebiet erweitert werden. In Windeseile wurden Erholungsheime und Sanatorien zu Krankenhäusern umgerüstet. Die Situation war bedrohlich: Im gesamten südlichen und mittleren Ural wurden Jagd und Fischfang verboten. In den Städten waren für einige Jahre der Fleisch- und Fischverkauf auf Privat- und Kolchos-Märkten ohne eine besondere Radioaktivitätskontrolle nicht zugelassen.

Um eine seriöse wissenschaftliche Arbeit der Kernkatastrophe vom Ural vorzubereiten, brauchte ich nicht allzu sehr mein Gedächtnis anzustrengen. Meine persönlichen Erinnerungen würden ohnehin nicht als objektive Beweise ausreichen. Zu dieser Zeit waren auch die Daten der amerikanischen Aufklärung noch nicht der Öffentlichkeit zugänglich gemacht. Die Analyse der Mikrofilme mit den Aufnahmen, die auf den U-2-Routen gedreht wurden, blieb bis zum heutigen Zeitpunkt eine strenggeheime Verschlußsache. Zur Bestimmung der Radioaktivität war es auch nicht erforderlich, Filterproben aus der Luft von den Jahren 1957–58 zu entnehmen; eine Arbeit, die tatsächlich von britischen Experten nach meinem ersten Aufsatz durchgeführt wurde. Nach Mitteilung der Zeitschrift »New Scientist« vom 23./30. Dezember 1976 »hat die Atomenergie-Behörde nichts Abnormes in der gesamten Beta-Aktivität der britischen Atmosphäre finden können. Sie hatten die Filter-Proben für den Zeitraum November 1957 bis Februar 1958 durchgeprüft. Daraus schließen die Experten, daß es keine Atomexplosion gegeben haben könne, die radioaktiven Niederschlag in die Atmosphäre entlassen hätte...«

Ich bin mir darüber nicht im klaren, wieviel Zeit es gebraucht hätte, diese Arbeit noch einmal zu wiederholen, und wozu sie überhaupt notwendig ist. In meinem Artikel sprach ich lediglich von der Explosion einer Abfall-Deponie. Sie konnte nur eine ausgedehnte, lokale Verseuchung der umliegenden Gebiete hervorrufen. Natürlich gelangt die lokale Verseuchung nicht in eine der höheren Schichten der Atmosphäre und Stratosphäre, die zum Weitertransport der Aktivität über den ganzen Erdball geeignet sind.

Das Wesentliche, was ich benötigte, um objektive Rückschlüsse über Charakter und Ausmaß der Katastrophe und den gegenwärtigen Zustand der radioaktiven Verseuchung des Territoriums zu ziehen, war eine Durchsicht der Autoren- und Stichwort-Register der US-Referatszeitschrift »Biological Abstracts«. Ferner mußte ich in einer der Filialen der Britischen Bibliothek in London, dem »Bayswater Branch of the British Library«, das Material in den sowjetischen Zeitschriften-Jahrgängen studieren. Diese Bibliothek verfügt über eine ziemlich umfangreiche Sammlung sowjetischer wissenschaftlicher Zeitschriften und Bücher. Einige Aufsatzkopien, die für meine Arbeit wichtig waren, erhielt ich aus der Nationalen Leihbibliothek für Wissenschaft und Technologie. Die hier mehrmals zitierte sowjetische Zeitschrift »Genetik« hat die Bibliothek des Instituts abonniert, in dem ich arbeite. Mehrere Bücher und Sammelwerke mit interessantem Material waren in meiner persönlichen Bibliothek, und einige Sonderdrucke bekam ich von sowjetischen Autoren auf einfache Anfrage hin zugeschickt.

Als ich die Analyse aus dem gesamten Material anfertigte, bemühte ich mich, sie für ein breites Leserpublikum möglichst verständlich darzustellen. Aber mein Buch soll auch für Radiobiologen, Radioökologen und Genetiker interessant sein. Dabei denke ich nicht nur an die ausländischen, sondern auch an die russischen Wissenschaftler. Für die sowjetischen Autoren der hier sezierten Arbeiten wird es wahrscheinlich nützlich sein zu erfahren, wie unsinnig ihre Versuche waren, dieses Material zu verheimlichen, zu verändern und manchmal auch zu verfälschen. Material, das nicht den Hauch einer Chance hat, die Zensurbehörden zu passieren.

Schließlich konnte ich mir nicht auch noch über jene den Kopf zerbrechen, die ausschließlich das dürftige Dossier der Geheimdienste benutzten und meinen ersten Artikel als »Unsinn«, »wissenschaftliche Phantasterei« und »Frucht der Einbildung« klassifizierten. Mir kam es vor allem darauf an, denen zu helfen, die sich um die Reinerhaltung der Umwelt von atomarer Verseuchung sorgen – einer Umwelt, in der die Menschheit viele Millionen Jahre leben muß. Politiker planen ihre Entscheidungen in einer zeitlichen Begrenzung von 20 bis 30 Jahren. Kernenergie-Experten hingegen überdenken ihre Konzeptionen in der Dimension einiger Jahrhunderte. Biologen und Genetiker, zu deren Kreis auch ich zähle, denken über die Zukunft aus der Evolutionsperspektive nach. Sie entwerfen ein Bild der Zukunft in Hunderttausenden von Generationen.

3. Die Ural-Katastrophe

In meinem zweiten Aufsatz im »New Scientist« 1977 [2] schrieb ich bereits, daß ich von der Kern-Katastrophe in der Tscheljabinsker Region zum ersten Mal durch Professor Wsjewolod M. Kletschkowskij erfuhr, der den Lehrstuhl für Agro- und Biochemie an der Moskauer Landwirtschaftsakademie K. A. Timirjasew innehatte. Damals arbeitete ich an diesem Lehrstuhl als Leitender wissenschaftlicher Mitarbeiter im Labor für Biochemie. W. M. Kletschkowskij war in der UdSSR der führende Experte auf dem Gebiet der angewandten Radioisotope und Strahlenkunde in Landwirtschaft, Pflanzen- und Bodenforschung. Zudem war er Berater im Staatskomitee für Atomenergie. So erhielt er 1958 den Auftrag, in der Tscheljabinsker Region eine Versuchsstation zur Erforschung der Auswirkungen radioaktiver Verseuchung auf Pflanzen- und Tierwelt aufzubauen. Kurz zuvor hatte W. M. Kletschkowskij meine wissenschaftliche Arbeit über selektive Radioautographie als Vortrag für die UNESCO-Konferenz in Paris im September 1957 empfohlen; die Konferenz befaßte sich mit der Anwendung radioaktiver Isotope in der wissenschaftlichen Forschung. Zur Delegation gehörte auch W. M. Kletschkowskij, zu dem ich im Laufe der Jahre eine sehr freundschaftliche Beziehung entwickeln konnte. Während der UNESCO-Konferenz wohnten wir etwa zwei Wochen im selben Hotelzimmer am Seine-Ufer. Für mich war das die erste Auslandsreise (und bis 1973 die letzte – erst dann bekam ich eine Reiseerlaubnis nach London. Dort wurde mir die sowjetische Staatsbürgerschaft entzogen und damit die Möglichkeit, je wieder in meine Heimat zurückzukehren).

Schon 1958 hatte ich ziemlich viel Erfahrung mit radioaktiven Isotopen gesammelt. Deshalb bot mir Kletschkowskij für seine Versuchsstation in der Tscheljabinsker Region eine sehr attraktive Stellung als Leiter eines der geplanten Laboratorien an. Diese Arbeit auf der Station brachte nicht unbedingt die Verpflichtung mit sich, von Moskau in den Südural umzuziehen; denn im Winter konnten die führenden Wissenschaftler wieder nach Moskau zurückkehren. Der Nachteil des verlokkenden Angebots: Alles, was die Folgeerscheinungen in diesem Gebiet anbelangte, unterlag der *obersten Geheimhaltungsstufe*. Das bedeutete, daß ich keinerlei Resultate hätte publizieren können, eine schriftliche Enthaltsamkeitserklärung darüber hätte abgeben müssen, mich nicht mit Ausländern zu treffen, keinen Briefwechsel mit Ausländern zu führen, keine Auslandsreisen zu unternehmen usw. Sogar Kontakte mit Landsleuten hätten der Kontrolle der Spezialabteilungen, das heißt dem Geheimdienst KGB, unterstanden. Aus diesem Grunde sagte ich ab. Denn diese Perspektive erschien mir auf lange Sicht nicht die richtige zu sein.

Trotzdem gab eine Reihe anderer junger Wissenschaftskollegen für die verschiedenen Positionen in der Tscheljabinsker Region ihre Zusagen. W. M. Kletschkowskij, der in Moskau seinen Lehrstuhl und eine Reihe anderer Posten beibehielt, übernahm die gesamte wissenschaftliche Leitung über die Station. Bis zu seinem Tode im Jahre 1971 blieb er mit dieser Tätigkeit eng verbunden.

Von W. M. Kletschkowskij erfuhr ich 1958 einige Einzelheiten über die Ural-Katastrophe. Mir waren die professionellen Details hinlänglich bekannt. Das Hauptdetail bestand darin, daß eine Deponie mit konzentrierten Reaktor-Abfällen militärischer Herkunft, die irgendwo unter der Erde begraben lagen, explodiert war. Radioaktive Produkte, durch viele Jahre hindurch aufgehäuft, waren an die Oberfläche geschleudert und vom Wind (oder Schneesturm) Dutzende von Kilometern weitergetragen worden. Deshalb bot es sich an, die Versuchsstation irgendwo am Rand der verseuchten Zone aufzubauen. Doch auch an der Peripherie lag der Radioaktivitätspegel noch mehrfach über »normal«. In der Hauptverseuchungszone gab es keine Großstädte, lediglich Dörfer und Arbeitersiedlungen. Da die Explosion und die Ausbreitung der Radioaktivität so unerwartet passierten, konnten die Messungen des Verseuchungsgrades an den einzelnen Orten nur verspätet durchgeführt werden. Alle Arbeiten unterlagen strikter Geheimhaltung. Sie lähmte jegliche Aktivität; dringende Maßnahmen wurden verlangsamt umgesetzt. Erst nach mehreren Tagen begann die erste ernstzunehmende Evakuierung. Sie betraf auch nur jene Dörfer, die der Explosionsstelle am nächsten lagen. In der darauffolgenden Zeit traten erste Anzeichen der tückischen Strahlenkrankheit auch an entlegeneren Orten auf. Hinzu kam, daß die erforderlichen Behandlungsmethoden damals noch nicht hinreichend genug entwickelt waren. Letztlich betraf die Evakuierung einige Tausend Menschen; es können auch Zehntausende gewesen sein. Aber die Zahl der durch die Strahlenkrankheit Umgekommenen blieb unbekannt. Die Frage nach der Quantität der Todesopfer in ähnlichen Fällen erscheint dennoch sehr relativ, gemessen an der Strahlenschädigung und ihren Folgewirkungen (besonders in Verbindung mit absorbiertem radioaktivem Strontium und Caesium). Diese beiden gefährlichen Isotope rufen noch nach vielen Monaten, Jahren oder gar Jahrzehnten die sogenannte Strahlenkrankheit und sonstige schwere Leiden hervor. Eine schwerwiegende Folgewirkung auch deshalb, weil die nächste Generation von Eltern abstammt, in deren Knochen sich Strontium-90 dauerhaft festgesetzt hat und deren Zellen strahlengeschädigt sind.

In den nächsten Jahren – ich war schon nicht mehr in Moskau, sondern forschte am Institut für Medizinische Strahlenkunde in Obninsk (100 km südlich von Moskau) – hörte ich des öfteren en passant Berichte über die Katastrophe im Südural. Auch traf ich Leute, die in dieser gefährlichen Zone gearbeitet hatten. Schon lange vor Professor Tumermans Erklärung wußte ich, daß auf den Straßen zwischen Tscheljabinsk und Swerdlowsk Schilder vor radioaktiver Gefahr warnten und befahlen, mit Höchstgeschwindigkeit durchzufahren und das Fahrzeug nicht zu verlassen. Warnschilder stehen in der gesamten Zone, auf den Straßen und an sichtbaren Stellen in den Wäldern. Häuser und Gehöfte in den Siedlungen hatten die Explosion unbeschadet überstanden, sonst wären auch die Wälder in Mitleidenschaft gezogen worden. Im nachhinein brannten Einsatzbrigaden innerhalb der Sperrzone alles bis auf die Grundmauern nieder, um die Einwohner an der Rückkehr zu ihrer radioaktiv verseuchten Habe zu hindern.

Abgesehen von der Tragik der Katastrophe bot die Tatsache einer so ausgedehnten Umweltverseuchung mit radioaktiver Substanz unterschiedlicher Konzentration einmalige wissenschaftliche Forschungsmöglichkeiten, und zwar für die Bereiche Radioökologie, Strahlengenetik, Radiobiologie, Radiotoxikologie und viele andere Disziplinen. Angesichts der generellen Probleme bei der militärischen und friedlichen Nutzung von Strahlen und Radioisotopen existierten in der UdSSR zwischen 1958 und 1960 sehr viele Forschungslabors – Institute und verschiedene Forschungszentren –, die auf kleinen Parzellen, in großen Holzkisten, in Glasgefäßen und in kleinen abgelegenen Teichen Versuche anstellten. Ihre Aufgabe war es, bei unterschiedlichen streng experimentellen Modell-Bedingungen die Streuung radioaktiver Isotope in der Umwelt zu studieren; ihre Übertragung von Pflanzen auf Lebewesen, die Aufnahme verschiedener Isotope durch Wasserpflanzen in Teichen und viele andere Fragen der Radiobiologie, Strahlenökologie und Strahlentoxikologie. Das unerwartete Auftauchen eines riesigen, *natürlichen*, mit Radioaktivität verseuchten Gebietes schuf für Tausende von Wissenschaftlern völlig neue Möglichkeiten, einmalige Perspektiven, die es noch in keinem einzigen Lande gegeben hatte.

Doch die Geheimhaltung aller Probleme, die mit der *Explosion* in Zusammenhang standen, begrub jegliche Hoffnung auf eine Nutzung dieser Möglichkeiten und Perspektiven. Seit ich 1951 experimentelle Untersuchungen mit radioaktiven Isotopen begann (zunächst nach einfachen Schemata der Isotopenverteilung in Pflanzen und der genauen Beobachtung der Aktivität von Eiweißsynthese und Nukleinsäuren im Pflanzengewebe), erschien es mir, daß die Publikation von Forschungs-Resultaten enorme Schwierigkeiten bereiten würde. Das betraf selbst Arbeiten, die in keiner Hinsicht einer Geheimhaltung unterlagen. Nach Regeln, an die alle gebunden waren, mußte ein beliebiger Artikel bis zur Absendung an die jeweilige Zeitschrift eine »Kommission« durchlaufen. In Instituten, Universitäten und anderen Wissenschaftszentren existierten eigene »Kommissionen«, die eine

»Urkunde« darüber ausstellten, daß der vorliegende Aufsatz »keine Hinweise mit geheimem Charakter enthält«. Ohne ein entsprechendes Zertifikat konnte kein Verlag, keine Zeitschrift einen Sammelband oder einen Aufsatz zur Veröffentlichung annehmen. Die Zensur (Glawlit) steht nur mit den verantwortlichen Verlagsangestellten oder Chefredakteuren der Zeitschriften in Verbindung; bei der Zensur durften Artikel nur mit der »Urkunde über Nicht-Geheimhaltung« abgegeben werden. Ohne Entscheidung der Zensur konnte außerdem kein Manuskript in Satz gehen. Zu dieser Zeit galt *alles,* was sich auf radioaktive Isotope und Strahlen bezog, *offenkundig* als geheim. Die Instituts-Kommissionen waren nicht bevollmächtigt, die Frage über die Geheimhaltung selbst zu entscheiden, wenn in einem Artikel Begriffe wie »Bestrahlung«, »Radioaktivität«, »radioaktive Isotope« und dergleichen vorkamen. Dabei war es ohne Bedeutung, in welchem Kontext sie standen. Alle derartigen Artikel mußten zwecks Zusatzprüfung an die eigene Zensur des Staatlichen Atomenergie-Komitees geschickt werden. Dort wurde jeder Artikel einer ergänzenden, häufig sehr langen Expertise unterzogen.

Das alles bezog sich auf wissenschaftliche Arbeiten, die in nichtgeheimen, »offenen« Instituten geleistet wurden. Geheime Labors vom Typ der Experimentalstation, die in der verseuchten Ural-Zone errichtet wurden, hatten nicht einmal für x-beliebige Resultate eine Publikationsmöglichkeit.

Ende 1964, nach Chruschtschows Sturz, kam auch das Ende der Ära Lyssenko in der Biologie. Schon 1965 entstanden in kurzer Zeit zahlreiche neue Forschungszentren und Laboratorien für Genetik, Strahlen- und Populationsgenetik, Radiobiologie, Biophysik und viele weitere theoretische

Richtungen innerhalb der Biologie. Für diese neuen Zentren benötigte die Wissenschaft eine Versuchsbasis. In Swerdlowsk war bereits ein Institut für Ökologie von der sowjetischen Akademie der Wissenschaften in unmittelbarer Nähe der radioaktiven Zone der Tscheljabinsker Region gegründet worden. In diese Zeit fiel die Reorganisation des Staatskomitees für Atomenergie. Sein Vorsitzender Wassilij Jemeljanow wurde in Pension geschickt. Die strenge Publikationsordnung für wissenschaftliche Aufsätze, die sich mit Isotopen und Strahlen befaßten, wurde dahingehend geändert, daß solche Untersuchungen als »nichtgeheim« einzustufen seien. In der Praxis hieß das: Wissenschaftler brauchten ihre Arbeiten nicht mehr beim Komitee einzureichen, sondern es genügte die Entscheidung der lokalen Kommissionen, die von sechs auf drei Leute reduziert wurden.

Das war eine gewisse Erleichterung; denn für einen Wissenschaftler ist die Veröffentlichung seiner Forschungsergebnisse eine prinzipiell wichtige Frage. Erst die publizierte Arbeit gibt einem ein Gefühl der Genugtuung. Der Ehrgeiz eines Wissenschaftlers nach einem anerkannten Namen und nach einem gewissen Prestige sollte nicht unterschätzt werden: sein Renommé rührt letztlich von der Anzahl seiner wissenschaftlichen Veröffentlichungen her.

Unter den neuen Bedingungen war es endlich möglich, ohne Intervention der Regierung eine Zusammenarbeit zwischen den verschiedensten Wissenschaftler-Gruppen anzubahnen. Das zeigte sich insbesondere bei dem Forschungsteam, das in der Katastrophen-Zone im Südural einen geheimen Auftrag ausführte (außer der von W. M. Kletschkowskij geleiteten Versuchsstation arbeiteten dort viele weitere Laboratorien und Stationen), und bei den einzelnen Forschungsgruppen, die auf den Gebieten Ökologie, Radiobiologie, Genetik, Radiotoxikologie in sogenannten »offenen« Einrichtungen der Sowjetischen Akademie der Wissenschaften und deren Filialen im Ural und in Sibirien sowie an den Universitäten von Moskau, Nowosibirsk und Swerdlowsk arbeiten. Diese gemeinsame Forschung förderte die Veröffentlichung von Untersuchungsergebnissen in der wissenschaftlichen Fachpresse. Das war für die Forscher von außerordentlicher Bedeutung; denn die Kommissionen, die über das Schicksal der Publikationen in den »offenen Instituten« zu entscheiden hatten (wie etwa dem Institut für Allgemeine Genetik, dem Institut für Morphologische Entwicklung der Tiere, dem Institut für Forstwirtschaft, dem Institut für Bodenkunde, der Biologischen Fakultät der Moskauer Universität, dem Institut für Zytologie und Genetik der sibirischen Abteilung der Akademie der Wissenschaften sowie vieler anderer Institute), setzten sich häufig aus demselben Kreis von Wissenschaftlern zusammen, der auch seine eigenen Aufsätze und die seiner Kollegen gedruckt sehen wollte. Zum Kreis der Ko-Autoren gehörten schließlich auch die Mitarbeiter der »Geheim«-Stationen. Allerdings trugen deren Publikationen normalerweise den Namen des offiziellen Instituts, die Stationsbezeichnungen dagegen wurden nicht erwähnt. Die obligatorische Zensur konnte dadurch unterlaufen werden, daß bei der Beschreibung von Forschungsmethoden heikle Details einfach nicht erwähnt wurden. Das bezog sich auf *Ortsangaben*, auf die *Ursachen* der radioaktiven Verseuchung, die *Gesamtfläche* und einige andere Details.

In der wissenschaftlichen Forschung existieren Standards, die besonders bei der Methodenbeschreibung verbindlich sind. Diese Standards werden bei Arbeiten auf dem Gebiet der Strahlenökologie in den USA, in England und in anderen Ländern strikt eingehalten. Dieselben Kriterien werden auch bei den sowjetischen Forschungen in der Radioökologie angewendet, soweit sie auf experimentell erstellten Modellflächen entstanden. Wieso es bei der Beschreibung der in der Katastrophen-Zone des Südural durchgeführten Versuche allerdings unmöglich war, diese Standards einzuhalten, wird in den folgenden Kapiteln erläutert.

Hätte ich alle sowjetischen Arbeiten über Radioökologie, Radiobiologie oder Strahlengenetik durcharbeiten müssen, dann wäre ich auf eine Zahl von mehreren Tausend gekommen. Aber meine Lage war etwas besser. Das hatte einen schlichten Grund. Ich kannte nämlich mehrere Wissenschaftler, die zusammen mit W. M. Kletschkowskij seit 1958/59 in der Tscheljabinsker Region zu forschen begonnen hatten. Die Namen der jungen Wissenschaftler, die bis 1958 Aufsätze geschrieben und veröffentlicht hatten (mit einem von ihnen hatte ich in den Jahren 1956 bis 1957 gemeinsam zwei Forschungsarbeiten herausgebracht), verschwanden nach 1958 aus der Wissenschaftsliteratur. Es gelang mir weder, ihre Namen in den Autorenregistern der internationalen Referatszeitschriften vom Typ »Biological Abstracts« ausfindig zu machen, noch fand ich sie in den Verzeichnissen des sowjetischen »Jahrbuchs der Zeitschriften-Aufsätze«, dem bibliographischen Universalhandbuch der Sowjetliteratur. Alles, was sie in den Jahren 1959 bis 1965 in ihren Labors geleistet hatten, lagerte offensichtlich als handschriftliche Rechenschaftsberichte wohlverwahrt im »Sonder-Ressort«. Doch ab 1966/67 tauchten ihre Namen in der wissenschaftlichen Fachliteratur wieder auf. Allerdings stets im Kreis weiterer Autorengruppen, die unter der Adresse diverser Institute firmierten. In Wirklichkeit erleichterte das meine Suche, denn neue Namen bedeuteten neue Fährten für meine Nachforschungen. Diese neuen Namen konnte man in den darauffolgenden Jahren auch in anderen Gruppen antreffen, die über dieselbe Thematik forschten. So konnte ich anhand der Kontrollnamen aus der Menge der umfänglichen »radioaktiven« Literatur genau das aussieben, was sich auf die Ural-Katastrophe bezog.

4. Radioaktive Verseuchung der Seen, ihrer Pflanzen und Fische

Als im Südural unmittelbar nach der erfolgreichen Erprobung des ersten Versuchsreaktors Groß-Reaktoren zur Plutonium-Produktion gebaut wurden (den ersten Reaktor dieser Art hatte man 1947 in Gang gesetzt) [3], wurde nicht weit vom Industriekomplex der Tscheljabinsker Region ein radiobiologisches Zentrum errichtet. Wie es unter Stalin üblich war, tarnte man dieses Geheimzentrum als ein normales wissenschaftliches Institut. Tatsächlich stand es unter der Aufsicht des Ministeriums für Staatssicherheit (MGB). Es war ein »Speziallager«, in dem hauptsächlich inhaftierte Wissenschaftler und aus Deutschland verschleppte Experten arbeiteten. Allerdings gab es in diesem Spezialzentrum auch freie Mitarbeiter. Doch sie arbeiteten mit Sonderverträgen, die ihnen das Recht vorenthielten, sich im ganzen Land frei zu bewegen oder den Arbeitsplatz zu wechseln. Die radiobiologischen und genetischen Untersuchungen unterstanden hier N. W. Timofejew-Ressowskij. Er war einer der Begründer der Radiobiologie, als Wissenschaftler und Gelehrter weltweit bekannt. Er emigrierte 1926 aus der UdSSR und arbeitete seitdem in Deutschland, nicht weit von Berlin. Von 1926–1945 veröffentlichte er mehr als einhundert wissenschaftliche Arbeiten über Strahlengenetik und Biophysik. Einige Bücher wurden Klassiker. Nach dem Zusammenbruch Deutschlands wurde Timofejew-Ressowskij verhaftet und 1946 in die Sowjetunion verbracht. Danach »verschwand« er, und viele seiner europäischen und amerikanischen Kollegen und Freunde fanden keine Hinweise über sein Schicksal. Timofejew-Ressowskij kam nicht sofort in das »wissenschaftliche« Zentrum im Ural. 1946 wurde er als »deutscher Spion« verurteilt und in ein Konzentrationslager gesteckt. Als man 1947 begann, in Lagern und Gefängnissen alle auszusondern, die irgendeine Beziehung zur Physik und Strahlenkunde hatten, befand sich Timofejew-Ressowskij schon im Krankenhaus – er hatte nur noch ein oder zwei Monate zu leben. Er war damals 47 Jahre alt. Man brachte ihn erst nach Moskau, und nach einigen Monaten Behandlung kam er in den Ural, wohin man seine Frau, eine Radiobiologin, aus Deutschland verschleppt hatte. Hier fing er an, das erste seriöse Forschungszentrum für Radiobiologie und Strahlengenetik in der UdSSR aufzubauen; dazu holte er sich einige seiner früheren Mitarbeiter, ebenfalls vorher verhaftet und aus Deutschland verschleppt (S. Zarapkin und seinen Sohn L. Zarapkin, K. G. Zimmer und andere), und weitere Biophysiker und Radiobiologen, die er in verschiedenen Lagern und Gefängnissen ausfindig machen konnte. (N. W. Lutschnik, der heute die Abteilung für Biophysik am Institut für Medizinische Strahlenkunde in Obninsk leitet, war 1947 zu Timofejew-Ressowskij aus dem Gefängnis-Lager von Transkaukasien »eingeladen« worden.)

Doch das Verbot von 1949, weiter nach der klassischen Genetik Forschung zu betreiben, führte zum System der Lager-Institute. Deshalb sattelte die Gruppe Timofejew-Ressowskij auf den Arbeitsbereich Strahlen-Ökologie um. In kurzer Zeit arbeiteten sie neue Forschungs-Methoden für die Streuung der einzelnen Radioisotope in Wald-, Feld- und anderen Biozönosen und in Wasserreservoir-Komponenten aus und schufen die theoretischen Grundlagen der »Strahlen-Biogeozönologie«.

Die Gesamtleitung des radiobiologischen und radiologischen Zentrums oblag dem Stellvertretenden Minister für Gesundheitswesen A. I. Burnasjan, der gleichzeitig den militärischen Rang eines Generalleutnants innehatte.

Als das radiobiologische Zentrum von der Genetik zur Radioökologie umsattelte, mußte man dafür einige junge, auf dem Bereich der Agrochemie und Bodenkunde qualifizierte Mitarbeiter anwerben. 1949 war ich Student im vierten Jahr an der Fakultät für Agrochemie und Bodenkunde der Landwirtschaftlichen Akademie Moskaus und hatte viele Freunde unter den Studenten des Endsemesters, die im Mai 1949 den letzten, fünften Ausbildungskursus beendeten. Nach dem Diplom unterliegen die Studenten in der UdSSR der sogenannten »Verteilung«, das heißt, ihnen wird der Dienst an dem einen oder anderen Ort nahegelegt. Für die Absolventen der Fakultät für Agrochemie und Bodenkunde heißt das natürlich vor allem im Bereich der Landwirtschaft. 1949 gab es unter den Studenten, die zur »Verteilung« anstanden, eine Sensation, deren Bedeutung ich erst viele Jahre später verstand. Unter den Verteilungs-Ordern befanden sich sechs Geheimposten in irgendeiner geheimgehaltenen Einrichtung im Ural, schlicht bezeichnet als »Postfach Nr. Sowieso«. Drei dieser Stellen wurden vom Gesundheitsministerium, drei vom Innenministerium vergeben. Diese »Vakanzen« wurden mit den besten Studenten besetzt, und sie »verschwanden« auf viele Jahre. Erst 1964 traf ich einige von ihnen in der N. W. Timofejew-Ressowskij-Gruppe wieder, als er mit seinen Mitarbeitern in das Institut für Medizinische Strahlenkunde nach Obninsk übersiedelte.

Nach Chruschtschows »Geheimrede« über die Verbrechen Stalins 1956 wechselte das wissenschaftliche Gefängnislager-Zentrum in den Status eines »offenen« Laboratoriums über und zählte als »Biophysikalisches Labor« nun zum Bestand der Ural-Filiale der Akademie der Wissenschaften. Die Laborbasis befand sich in Swerdlowsk, die Experimentalbasis in Miassowo in der Tscheljabinsker Region nahe dem Miass-See. Seit 1956 veröffentlichten die Mitarbeiter im Labor einige Dutzend Aufsätze und Sammelbände mit strahlungsökologischen Studien.

Nach der Kernkatastrophe im Ural wäre es normal gewesen, daß man gerade dieses erfahrene und große Kollektiv mit den radioökologischen Forschungsarbeiten im verseuchten Gebiet betraut hätte. Dennoch verwehrte man diesem wissenschaftlichen Zentrum, das sich aus ehemaligen Häftlingen zusammensetzte, die zum Teil noch nicht rehabilitiert waren, den Zugang zu strenggeheimen Untersuchungen. Deshalb wurde parallel eine zusätzliche, aber geheime wissenschaftliche Basis in einem nahegelegenen Landkreis des Südlichen und Mittleren Ural eingerichtet. Das »offene« Biophysikalische Labor der Ural-Filiale der Akademie der Wissenschaften veröffentlichte in der Zeit von 1958–1966 seine Arbeiten in der offiziellen Wissenschaftspresse, das zweite, »geschlossene« wissenschaftliche System konnte nur geheime Rechenschaftsberichte fertigstellen.

Ich erwähne dieses Paradoxon deshalb, um auf den tiefgreifenden Unterschied in den methodischen Voraussetzungen zwischen diesen beiden Wissenschaftszentren, die nebeneinander arbeiteten, hinzuweisen. Als 1966/67 die Kollegen der »geheimen« Stationen ebenfalls begannen, ihre Resultate teilweise zu veröffentlichen, da standen sie vor denselben wissenschaftlichen Problemen. Doch während die Gruppe um Timofejew-Ressowskij alle Grundbedingungen der Experimente immer exakter beschrieb, die Radioaktivitätsdosen, die Zeitdauer, die Methoden der Durchführung ihrer Experimente, ihren Standort, die klimatischen und übrigen Bedingungen aufzeichnete, waren die Mitarbeiter der »Geheim-Labors« bei ihren Veröffentlichungen gezwungen, vieles zu verbergen, über vieles zu schweigen, einige Details zu entstellen. Außerdem wurden dieselben Aufgaben, die die Biophysiker unter wirklichen Modellbedingungen lösten (künstliche Wasserbecken entstanden in großen Glasgefäßen, künstliche »Boden-Pflanzen«-Systeme in großen Kästen), von der zweiten Gruppe dem Ausmaß nach unter ganz anderen Bedingungen erarbeitet. Die Gruppe Timofejew-Ressowskij benutzte natürliche Bedingungen und kleine Teiche, doch immer mit genauer Beschreibung der Zeitpunkte, der Mengen und Zusammensetzung der eingegebenen Isotope und bei voller Radioaktivitätsbalance am Ende eines jeden Versuchs. 1958–63 untersuchten die Labors von Timofejew-Ressowskij bereits in Biozönosen das Schicksal 17 verschiedener radioaktiver Isotope der kurz- und langlebigen Produkte des Uranzerfalls. Das Material, das später die Geheim-Labors zu veröffentlichen begannen, hatte dagegen nur mit der Verteilung von Strontium-90 und Caesium-137 in Biozönosen zu tun, von Isotopen, deren Verhalten in verschiedenen Systemen bis 1967 sowohl in ausländischen wie sowjetischen experimentellen Untersuchungen bereits hinreichend gut studiert war.

1964, nach Chruschtschows Sturz, erlangte die Genetik in der Sowjetunion endlich ihren »legalen« Charakter wieder. Es war dringend nötig, Genetik-Zentren und -Labors zu errichten. T. D. Lyssenko verlor jeden Einfluß. Unter diesen Bedingungen war es für N.W. Timofejew-Ressowskij nur natürlich, seine Arbeit auf dem Gebiet der Strahlen- und Entwicklungsgenetik wiederaufzunehmen. 1964/65 kamen Timofejew-Ressowskij und seine nächsten Mitarbeiter aus der »Verbannung« im Ural in das Wissenschaftsstädtchen Obninsk, einer »Trabantenstadt« Moskaus. Hier leitete Timofejew-Ressowskij die Abteilung Genetik im kurz zuvor gegründeten Institut für Medizinische Strahlenkunde. Ich kam schon Ende 1962 nach Obninsk, um an diesem Institut ein Labor für Molekular-Radiobiologie aufzubauen. Mein Labor wurde 1965 der Abteilung Genetik und Radiobiologie einverleibt, dessen Leitung N.W. Timofejew erhielt.

Zur Zeit der »Geheim-Forschung« im Bereich der Atomenergie hatte man es sich angewöhnt, gebräuchliche Termini der Wissenschaftssprache sogar in geheimen Rechenschaftsberichten gegen »Code-Wörter« auszutauschen. Diese Praxis entsprang dem Mißtrauen gegen Schreibkräfte, Kuriere und andere, die nur von technischer oder finanzieller Seite in das eine oder andere Forschungsvorhaben verwickelt sein könnten. Diesen »Geheimjargon« behielt Timofejew-Ressowskij auch in Gesprächen über die Ural-Katastrophe bei. Die Explosion, die weite Flächen der Tscheljabinsker Region verseucht hatte, nannte er »Spucke«, die Mülldeponie »Fettschicht«. Das entsprechende russische Wort »Juschka« bezeichnet im Ural-Dialekt (nach dem Wörterbuch von Dal') eine dicke Fettschicht, die beim Kochen von »Uchá« – einer Fischsuppe – entsteht. Da man Uchá gewöhnlich in Metallkesseln kocht, so mußte man das Wort »Juschka« in dem Sinne, wie es Timofejew-Ressowskij gebrauchte, als einen Kessel mit dicker, konzentrierter und *kochender* Radioisotopen-Lösung auffassen. 1965 interessierten mich die Probleme der Ökologie und der Lagerung radioaktiver Abfälle wenig. Ich war mit den Grundfragen der Differenzierungsmechanismen des Alterns und der bei diesen Prozessen auftretenden somatischen Strahlenmutationen beschäftigt.

Timofejew-Ressowskijs Untersuchungen im Bereich der Radio-Ökologie im Ural bis 1958 möchte ich hier deshalb noch erwähnen, weil gerade er der tatsächliche Begründer dieses Wissenschaftszweiges in der UdSSR war. Er übte allein durch seine anonymen, geheimen Untersuchungsberichte aus dem Gefängnis-Institut während der Jahre 1948–55 seinen Einfluß auf die Arbeit vieler anderer Gruppen aus. Häftlinge stießen erst später nach ihrer Entlassung auf einige Daten aus seinen Berichten in den Publikationen »freier« Kollegen der Atom-Institutionen. Die Forscher erarbeiteten in der Haft die wissenschaftlichen Ergebnisse, doch Generalleutnant A.I. Burnasjan und andere kassierten für alle diese Leistungen Belohnungen, Titel und Prämien. Erst nach 1956 konnte Timofejew-Ressowskij seine Forschungen unter eigenem Namen publizieren. Eine kurze Zeitlang veröffentlichten sowohl er wie seine Mitarbeiter Dutzende wissenschaftlicher Arbeiten, Sammelbände und Bücher im Bereich der Strahlen-Bioökologie und Biogeozönologie. Als Beispiel möchte ich mich nur auf einige Standard-Werke berufen, in denen eine erschöpfende Bibliographie all dieser unzähligen Forschungsserien enthalten ist [4–8]. Die Arbeiten [7, 8] waren als Dissertationen zur Erlangung des akademischen Grads von Timofejew-Ressowskij und seiner Frau entstanden, obwohl jeder von ihnen zu dieser Zeit bereits mehr als hundert wissenschaftliche Arbeiten geschrieben und einen internationalen Namen hatte. Timofejew-Ressowskij war 62, seine

Frau 63 Jahre alt. Was ihren Aufenthalt bis zu ihrer Haft in Deutschland anbetraf, zog man bei der Beurteilung ihrer wissenschaftlichen Qualifikation in der UdSSR nicht ihre früheren wissenschaftlichen Verdienste heran; sie waren gezwungen, für die formale Bestätigung ihrer Posten als Leiter wissenschaftlicher Kollektive noch eine Dissertation zu verfassen und zu »verteidigen«, die den sowjetischen Standards entsprach; doch fand die Beglaubigung ihrer Wissenschaftsgrade in Moskau erst 1965 statt – nach der Enthebung T. D. Lyssenkos von allen seinen leitenden Posten.

Die Formeln, Schlußfolgerungen und experimentellen Daten, die bereits hinreichend klar unter streng kontrollierten Modellbedingungen sowohl für 17 einzelne Radioisotope wie ihre Gemische in den Jahren 1957–63 dargestellt waren, wurden unerwartet Gegenstand einer weiteren Arbeit. Ihr Autor berief sich aus irgendeinem Grund nicht auf die Ergebnisse von Timofejew-Ressowskij und seinen Mitarbeitern, obwohl man sie leicht in solchen Zeitschriften wie den »Vorträgen der Akademie der Wissenschaften der UdSSR«, dem »Botanischen Journal der UdSSR«, dem »Bulletin der Moskauer Gesellschaft der Naturforscher« und anderen finden konnte. Ich stieß zufällig darauf, als ich die sowjetische Zeitschrift »Atomenergie« durchblätterte. Ihr Autor, F. J. Rowinskij, stand nicht in der Liste der mir bekannten Namen, doch war er in einer der Arbeiten erwähnt, auf die ich später zu sprechen komme. Der Titel des Aufsatzes von F. J. Rowinskij war rein theoretisch [9], die Forschungsaufgabe ebenso. Der Autor präsentierte ein fingiertes, rundes Wasserbecken ohne Zufluß, mit Bodenfalten und einer dicken Schicht von Bodenablagerungen, die schrittweise ein (theoretisch) einmalig in das Becken eingeführtes radioaktives Isotop absorbierten. Da sich in biologischen Komponenten eines Wasserbeckens ein Isotop nur vorübergehend aufhält, in Schlammablagerungen am Boden jedoch beständig, so bot sich an, die Biomasse beiseitezulassen und das Wasserbecken als *Zweikomponenten-System* zu betrachten. In dieser *Zweikomponentigkeit* lag auch das Hauptprinzip, das es erlaubte, die mathematische Gleichung der Geschwindigkeit abzuleiten, mit der die Isotopenkonzentration im Wasser mit der Zeit abfallen würde. So entstand eine theoretische Berechnungskurve, wonach das Isotop zu Anfang rasch abnahm und ungefähr nach einem Jahr sich allmählich dem Gleichgewicht (Plateau) näherte.

Nach Erhalt von Gleichung und theoretischer Kurve mußte ihre Anwendbarkeit auf natürliche Bedingungen nachgeprüft werden. Rowinskij stellte dafür keine experimentellen Versuche an, sondern bekam, wer weiß woher, fertige Zahlen über die Veränderung der Radioaktivität in zwei Seen ohne Zufluß, die einmalig durch ein Gemisch radioaktiver Isotope verseucht worden waren – unter ihnen kurz- und langlebige –, von denen der Autor nur Strontium-90 erwähnt. Rowinskijs Arbeit ging im Mai 1964 in die Redaktion. Kalkuliert man die Zeitspanne von der Fertigstellung solcher Arbeiten bis zur Druckerlaubnis ein, dann muß man annehmen, daß die letzten Aktivitätsmessungen in diesen Seen nicht später als im Herbst 1963 vorgenommen wurden, ein Zeitpunkt, von dem an ein See über fünf bis sechs Monate unter einer Eisdecke ruht – ein allen Seen auf 90% des UdSSR-Territoriums gemeinsames Schicksal. Die Aktivitätsmessungen liefen über 65 Monate, das heißt, sie waren irgendwann zwischen 1957 und 1958 begonnen worden.

Nirgends gibt der Autor die absoluten Zahlen der realen Radioisotopen-Konzentration im Wasser an, er operiert mit

Abb. 1 Rowinskij [9]
Strontium-90 in stehenden Gewässern

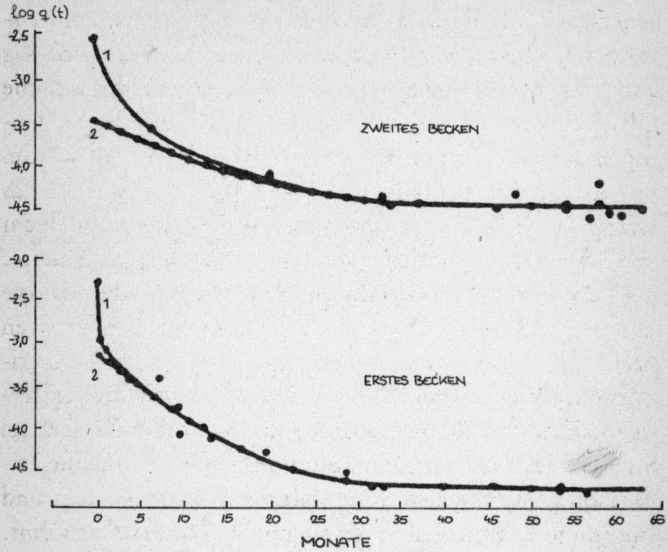

Vergleich der Kurven tatsächlicher (•) Veränderung der Isotopen-Konzentration im Wasser (1) und der errechneten (●) Veränderung der Konzentration von Sr-90 im Wasser (2) von experimentellen Wasserbecken.

relativen Verhältnis-Zahlen und Logarithmen von den Ausgangsgrößen der Primär-Verseuchung. Die theoretischen Kurven und die dem Autor zur Verfügung gestellten experimentellen Radioaktivitätsmessungen im Wasser fielen im wesentlichen zusammen. Dennoch rief ein im Aufsatz erwähntes Charakteristikum der beiden Seen Verwunderung hervor.

Die experimentellen Wasserreservoire waren Seen des eutrophen [nährstoffreichen, d. Übers.] Typs mit einer Fläche von 11,3 km^2 (der erste See) und 4,5 km^2 (der zweite See). Der Boden der Seen ist flach und schüsselförmig. Sie haben starke Schlammablagerungen, die das ursprüngliche Bodenrelief vollkommen eingeebnet haben. Die Ufer wachsen teilweise mit Schilf zu ... gute Bedingungen für die Entwicklung einer Biomasse: hohe Sommertemperaturen, hoher Beleuchtungsgrad der Wassermasse usw. [S. 300]

Nach der Tabelle (s.Abb.1) zu urteilen, war die hydrochemische Zusammensetzung der Seen sehr unterschiedlich; das spricht für eine verschiedenartige geologische Natur der Grundgesteinsschichten. Der Natriumgehalt im Wasser des zweiten Sees lag neunmal, der von Kalium fünfmal, von Magnesium zweimal, von Chlor zwanzigmal höher als im ersten. Gleichzeitig fand sich im ersten See bedeutend mehr Kalzium. So konnten diese Seen wohl kaum nebeneinander liegen.

Es taucht die plausible Frage auf: Warum waren überhaupt *zwei* Seen nötig, und warum von so großem Ausmaß? Die Nachprüfung der Aufgabe wäre nach Art der Versuche von Timofejew-Ressowskij leicht unter künstlichen Bedingungen durchführbar gewesen. Vielleicht hätte man bei dem Wunsch nach *natürlichen* Bedingungen kleine Teiche finden können (1–2 Hektar oder weniger). Doch gleich zwei Seen mit einer Gesamtfläche von über 15 Quadratkilometern und mit guter

Biomasse sind von kolossalem Wert für die Fischfangindustrie; in ihrer Nähe liegen sicherlich auch Dörfer oder Siedlungen. Wozu sie dann mit einem Isotopengemisch verseuchen?

Seen von solchem Umfang sind bereits in sowjetischen Schulatlanten im Maßstab 1:4 000 000 markiert, wo 1 *cm* 40 *km* entspricht. Die an Seen reichste Region der UdSSR – Karelien – hat keine »hohen Sommertemperaturen«, denn sie liegt im Norden. Unter den –zig Regionen des russischen Kontinentalteils findet man die meisten Seen jeden Typs (mit und ohne Zufluß) im Tscheljabinsker Distrikt; auf meiner Karte mit größerem Maßstab liegen an die 50, einige von ihnen mit genau gleicher Größe. Ljew Tumerman nannte nach den Erzählungen der Uraleinwohner die Stadt Kyschtym als dem Katastrophenort am nächsten gelegen. Die Straße, die er entlangfuhr, liegt 40–50 km östlich von Kyschtym, und das gesamte Territorium ist buchstäblich übersät mit Seen (mit und ohne Zufluß), und einige Seen reichen, der Fläche nach, genau an obige Daten heran. (Siehe die Karte auf der folgenden Seite.)

Doch das sind nur meine Vermutungen. Obwohl die Ausmaße der »experimentellen« Seen *geographisch* bedeutsam erscheinen und solche Seen Bezeichnungen haben und in den Standard-Nachschlagewerken der Seen der Welt erwähnt werden, nannte F.J. Rowinskij weder die Namen noch die geographische Lage. Auch gab er nicht, wie bereits erwähnt, die tatsächliche Konzentration der Radioaktivität im Wasser an. Sehr wenig wahrscheinlich schien es, daß diese Seen mit einem Volumen von circa 10^{11} Litern Wasser für irgendwelche Versuche verseucht worden waren. Rowinskij selbst erhielt die Zahlen über die Aktivitätsveränderungen im Laufe von fünf Jahren in fertiger Form. Selbst um experimentelle

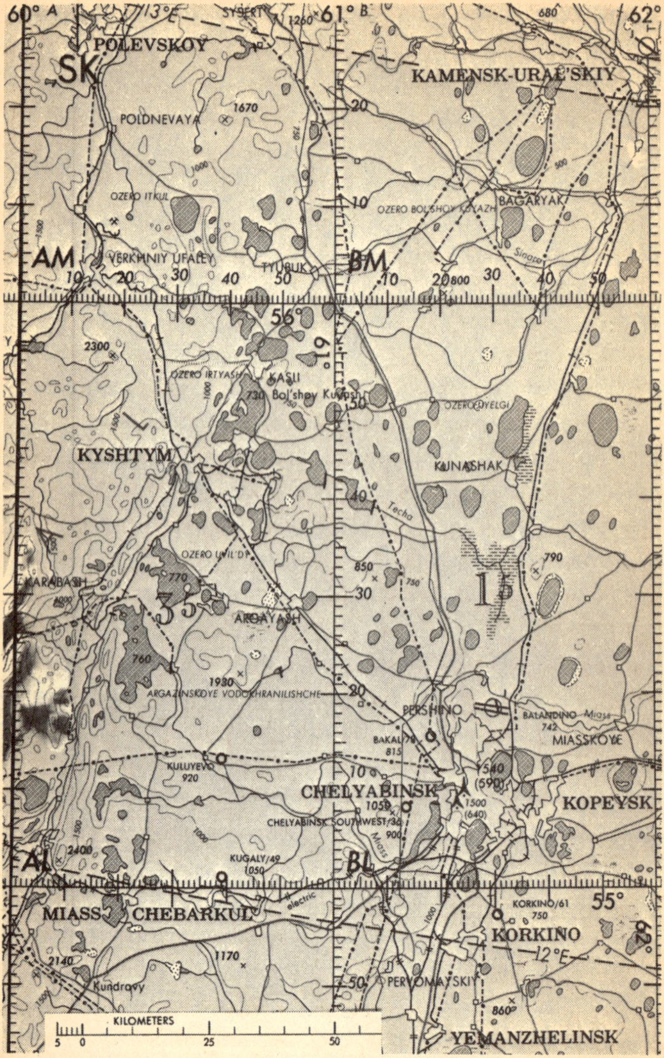

POLEVSKOY
KAMENSK-URAL'SKIY
POLDNEVAYA
OZERO ITKUL'
BAGARYAK
VERKHNIY UFALEY
TYUBUK
KASLI
Bol'shoy Kuyash
OZERO IRTYASH
OZERO UYELGI
KYSHTYM
KUNASHAK
Techa
OZERO UVIL'DY
KARABASH
ARGAYASH
ARGAZINSKOYE VODOKHRANILISHCHE
PERSHINO
BALANDINO
MIASSKOYE
KULUYEVO
CHELYABINSK
KOPEYSK
CHELYABINSK SOUTHWEST
KUGALY
MIASS
CHEBARKUL'
KORKINO
Kundravy
PERVOMAYSKIY
YEMANZHELINSK
KILOMETERS

»Indikator«-Dosen von Strontium im Wasser zu erhalten, hätte man in zwei Seen solchen Ausmaßes nicht weniger als 5000 Curie Strontium-90 einleiten müssen; und das ist eine Aktivität von industrieller, aber nicht experimenteller Größenordnung. Ein beliebiger See, an dem ein Reaktor oder eine Aufbereitungsanlage von Reaktorprodukten steht, kann durch eine einmalige unvorhergesehene Funktionspanne bis zu einem solchen Grad verseucht werden. Doch bei dem »Versuch« handelte es sich um *zwei isolierte* Seen, auf unterschiedlichen Gesteinsschichten gelegen. Dabei waren sie gleichzeitig verseucht worden. Wie konnte eine solche Situation auftreten? Doch das alles sind vorläufig noch Fragen und Zweifel. Das einzige, worüber man aus dieser Arbeit eine bestimmte Schlußfolgerung ziehen kann, ist: die Verseuchung der Seen mit einem Radioisotopen-Gemisch passierte entweder 1957 oder 1958.

Wie aus Abb. 1 ersichtlich (hier nach der Publikation von Rowinskij wiedergegeben), fielen die theoretischen und experimentellen Kurven nur im Verlauf der ersten 12–13 Monate nicht zusammen, danach waren sie identisch. Die von Rowinskij berechneten theoretischen Kurven waren an dem wahrscheinlichen Verhalten von Strontium-90 orientiert. In den realen Seen wurde, wie der Autor selbst erklärte, im Lauf der ersten zwei Jahre die gesamte Radioaktivität eines Radioisotopen-Gemischs registriert (die Beschaffenheit des Gemischs wurde nicht angegeben). Es ist ganz offensichtlich, daß sich in den ersten 12 Monaten in den Seen im Zustand radioaktiver Verseuchung nicht weniger als 40% kurzlebiger Radioisotope befanden, die gegen den Abschnitt des Zusammenfallens der theoretischen und »experimentellen« Kurven hin verschwinden.

Das Radioisotopen-Gemisch, in dem zu 60% langlebige Uran-Zerfallsprodukte (hauptsächlich Strontium) überwogen, ist charakteristisch für Reaktorabfälle nach einer bestimmten Lagerungsfrist oder für ein Gemisch »alter« und neuer Abfälle (bei einem Übergewicht der »alten«). Doch wie und wodurch diese Seen 1957 oder 1958 verseucht wurden, das erwähnt der Autor nicht. Und die oben angestellte Überlegung kann uns vorläufig nur als Hypothese dienen.

Die Seen, die im Aufsatz von Rowinskij erwähnt wurden, enthielten viel Sauerstoff und waren reich an Biomasse. Zweifellos gab es in diesen Seen auch Fische; in Sibirien und im Ural sind auch kleinere Seen Objekte der Fischfang-Industrie; nur im europäischen Teil der UdSSR züchtet man Fische auch in Teichen. Deshalb wäre es völlig natürlich gewesen, daß die beiden zuflußlosen Seen für Versuche einer seriösen Studie im Bereich der Radioökologie der Fische (Studium der Nahrungsketten) und der Wasserpflanzen (Konzentration verschiedener Isotope aus dem Wasser) einmalige Möglichkeiten geboten hätten. Auch das hätte man nützen müssen. In kleinen künstlichen Wasserbecken, die der Gruppe um Timofejew-Ressowskij als Arbeitsbasis dienten, waren all die Probleme der *Radioökologie* der Fische schwer zu studieren, Rowinskij jedoch hatte eine große *geographische*, im Wasser lebende radioaktive Biozönose.

Unterdessen wurden in der UdSSR von 1969–70 Forschungen allergrößten Maßstabs über Probleme der Radio-Ökologie von Fischen und Wasserpflanzen unter natürlichen Umweltbedingungen durchgeführt, und zwar in einem für solche Vorhaben bedeutend weniger geeigneten See *mit Zu- und Abfluß*. Weder der Name dieses Sees noch seine geographische Lage wird in den veröffentlichten Aufsätzen genannt.

»Schlüssel«-Untersuchungen, deren Analyse viele interessante Fragen aufwarf, kamen in zwei Aufsätzen von A. I. Iljenko [10, 11] heraus, ebenso in seinem Buch [12], das nicht nur Arbeiten des Autors über die Bio-Ökologie in Seen, sondern über die Zoo-Ökologie in Gegenden enthielt, die sich zweifellos neben dem wissenschaftlich erforschten See befanden (das ist am zeitlichen Zusammenfall der Entnahme von Wasserproben und Fischen mit dem Einfangen von Tieren und Abschießen von Vögeln erkennbar).

1969 brachte A. I. Iljenko einen großen Bericht »Die Radio-Ökologie bei Süßwasser-Fischen« heraus (Anfang 1968 in Druck gegeben) [13], doch finden sich in dieser Übersicht noch keine Daten über eigene Forschungen, die an dem See gemacht wurden, den wir einmal mit »X« bezeichnen wollen, worauf wir weiter unten zu sprechen kommen. Folglich kann man annehmen, daß dieser Überblick das Resultat der methodischen und theoretischen Vorbereitung vor dem Beginn eigener Experimente war. Der erste, sehr kurze Aufsatz über Untersuchungen im See »X« erschien bereits 1970 [10]. Sein Titel *»Ansammlung von Strontium-90 und Caesium-137 in Süßwasser-Fischen«* und eine kurze Methodenbeschreibung zeigen, daß der untersuchte See mit *Strontium und Caesium* verseucht war (die Fische waren zuletzt im Sommer 1969 entnommen worden). Da der Aufsatz in der Rubrik »Kurze Mitteilungen« stand, war vom Autor keine detaillierte Beschreibung der Verfahrensweise zu erwarten. Trotzdem enthielt die so knappe Mitteilung folgende *Mengenangaben*: Die Konzentration von *Strontium-90* im Wasser des Sees »X« war gleich 0,2 Mikrocurie auf einen Liter; die Konzentration von

Caesium-137 im Wasser 0,025 Mikrocurie pro Liter. Im See lebten nur vier Fischarten: Plötze (Rutilus rutilus L.), Weißfische (Leuciscus idus L.), Barsche (Perca fluviatilis L.), Hechte (Esox lucius L.).

Zur Untersuchung der Radioisotopen-Konzentration fing man nur Plötze und Hechte (der Hecht ernährt sich von Plötzen). Caesium findet man hauptsächlich in den Muskeln, Strontium in den Knochen. Insgesamt wurden im Sommer 1969 für die Analyse des Caesium-137- und Strontium-90-Gehalts 44 Plötze und 32 Hechte gefangen.

Vor allem muß man darauf hinweisen, daß die Strontium-Konzentration, die zehnmal höher als die des Caesium lag, *nach den gültigen Standards der UdSSR ebenfalls höher war als die zulässigen Höchstwerte für Strontium im Trinkwasser oder für die Fischzucht* [14]. Nach den Gesundheitsnormen, die in der Sowjetunion gelten und auch in alle Standard-Lehrbücher wie die »Medizinische Enzyklopädie« von 1968 aufgenommen wurden, darf die zulässige Höchstkonzentration von Strontium-90 im Wasser von offenen Becken und Quellen, die der Wasserversorgung dienen, nicht 3×10^{-11} Curie pro Liter überschreiten, das heißt, sie ist fast 5000mal niedriger als die in dem untersuchten See. In experimentellen Wasserbecken kann man unbedingt diese Dosis erhöhen, aber 0,2 Mikrocurie pro Liter – das liegt viel höher, als man für nur experimentelle Zwecke braucht.

Aus der Übersicht der Monographie [13, 14] ist ersichtlich, daß Iljenko schon 1960/61 die Ausbreitung von Strontium-90 und Caesium-137 in Fischen, die in Wasserbecken mit solcher Isotopen-Verseuchung lebten, experimentell untersuchte. In diesem Fall hatte der Autor eine doppelt geringere Strontium-, aber eine fast viermal so hohe Caesium-Konzentration. Doch das war ein experimentelles Becken, in das man auch radioaktiven Phosphor gegeben hatte. Bei Versuchen anderer Autoren werden für experimentelle Zwecke weit geringere Konzentrationen angewendet.

Trotzdem gibt es in der Arbeit von Iljenko von 1970 keinerlei Angaben, die Schätzungen über die Ausmaße des Sees zulassen. Der Fang von 32 Hechten und 44 Plötzen scheint kein hinreichend zuverlässiger Indikator zu sein. Im Ural (in der Tscheljabinsker, Swerdlowsker und in anderen Regionen) gibt es eine 5000 km^2-Fläche von Seen, die für den gewerblichen Fischfang genutzt werden, und die *mittlere Fangquote* der Ural-Seen beträgt pro Hektar 16–25 kg Fisch; die Hechte machen gewöhnlich 2–6% des Fangs aus [15]. Bei Iljenko wogen die Hechte je 3–6 kg. Die Plötze sind kleiner. Nach groben Schätzungen fing er im Sommer Hechte mit einem Gesamtgewicht von 150 kg. Für ökologische Zwecke darf der Fang nicht höher liegen als für gewerbliche; deshalb kann man vorläufig annehmen, daß der im Artikel erwähnte See *nicht weniger als 100 ha* groß war. Doch können seine tatsächlichen Ausmaße bedeutend höher liegen.

Zwei Jahre später veröffentlichte Iljenko eine ausführlichere Arbeit [11], die in derselben Gegend und an demselben See vorgenommen wurde. Es besteht absolut kein Zweifel daran, daß es sich um ein und dieselbe Untersuchung handelt, da sie einen Vermerk auf die Arbeit von 1970 als *informatorische Vorwegnahme* enthält. Dennoch wurde in der ausführlicheren Arbeit nur die Ausbreitung von Caesium-137 in Nahrungsketten untersucht, aber nicht von Strontium-90. Aus Iljenkos später erschienenem Buch wird ersichtlich, daß Strontium in den letzten Versuchen in diesem See nicht mehr untersucht wird, nur Caesium. Die Gründe für diese Auswahl sind nicht klar und wissenschaftlich unbegründet, weil beide Isotope sowohl im Pflanzenbestand wie in Fischen eine völlig verschiedene Lokalisierung und unterschiedliche Austauschart haben. Sonderbar erscheint auch, daß Iljenko weder in seinem neuen Aufsatz noch in dem Buch überhaupt erwähnt, daß sich in diesem See-Wasser außer Caesium auch radioaktives Strontium befand. Die gesamte Darstellung ist so gehalten, als ob Caesium-137 das einzige radioaktive Isotop sei.

Ein Methodik-Abschnitt fehlt im Aufsatz ganz, und die Charakteristika des Sees und die Erklärungen, wie radioaktives Caesium da hineingelangt war, *stellen für sich allein eine offensichtliche, allerdings anscheinend aufgezwungene Fälschung dar.* (Leider wird es uns noch mehrmals passieren, auf offen gefälschte Fakten zu stoßen.) Die Fische (Hechte und Plötze) wurden im Laufe von zwei Jahren gefangen, von Juni 1969 bis Dezember 1970. (Die vorausgegangene Mitteilung von 1970 erwähnt nur einen Fang vom Sommer 1969.) Iljenko weist in seiner Einführung [11, S. 174] darauf hin, daß der See ein *stehendes Gewässer* war und daß seine Caesium-Konzentration als Resultat einer *künstlichen* Veränderung in seiner Zusammensetzung saisonalen Schwankungen unterworfen war. Wie man das verstehen soll, ist nicht klar, aber anscheinend soll man glauben, daß Caesium-137 besonders 1969 und 1970 von außen ergänzt worden sei. (Über variierende Caesium-Konzentration wird in der Mitteilung von 1970 nichts gesagt.) Der Charakter der Caesium-Schwankung im Wasser wie im Körper der Plötze und Hechte wird von Iljenko in Form einer Grafik wiedergegeben (s. Abb. 2).

Aus der Grafik ist ersichtlich, daß sich die Caesium-137-Konzentration im Seewasser praktisch jeden Monat änderte. Für die Periode von Juni bis September 1969 wuchs die Cae-

Abb. 2 Iljenko [11]

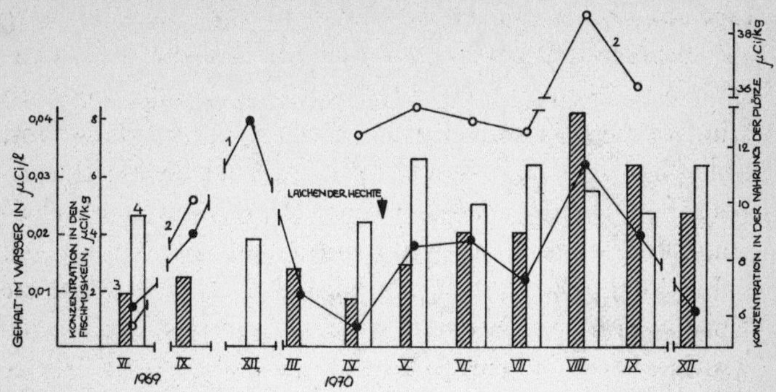

Gehalt von Caesium-137 im Wasser des Beckens (1) und seine Konzentration in der Nahrung der Plötze (2), in ihren Muskeln (3) und den Muskeln der Hechte (4).

sium-Konzentration gleichmäßig von 0,005 Mikrocurie pro Liter auf 0,02 Mikrocurie/l, also um das Vierfache an. Wenn man der »Einführung« glaubt, dann konnte es mit der ständigen Beigabe von Caesium in den See zusammenhängen. Im Herbst wuchs jedoch die Konzentration weiter und erreichte im Dezember ihr Maximum (0,04 Mikrocurie/l). Es ist unverständlich, wieso man den Isotopengehalt zum Winter erhöhen mußte, wenn die Seen zufrieren und die biologische Aktivität der Fische praktisch ruht.

Zum Frühjahr (April) fiel die Caesium-Konzentration im Seewasser auffallend steil ab (um das Achtfache), erhöhte sich im Mai und fiel danach im Juli etwas. Im August 1970 stieg sie wieder auf das Doppelte (bis 0,04 Mikrocurie/l), begann aber bis Dezember auf 0,01 zu fallen. Diese krassen Schwankungen, wären sie experimentell verursacht, entbehren der Logik, und für einen See »ohne Zu- und Abfluß« sind sie überhaupt undenkbar. Der See war, wie wir noch sehen werden, ziemlich groß (einige Quadratkilometer). In einem solchen See kann man die Isotopen-Konzentration durch Zugabe von außen erhöhen, doch konnte – nach der Gleichung von Rowinskij [9] zu urteilen – ein unerwartet krasser Abfall um das Achtfache innerhalb von 2–3 Monaten im Frühjahr 1970 in einem *durchflußlosen* See nicht passieren. Doch wenn man einräumt, daß dies zugunsten der Biomasse geschah (das gilt zweifellos für den besonders krassen Abfall von Dezember bis März, als der See mit Eis bedeckt war und die Wassertemperatur 3–4° C betrug), dann ist das Absinken bis *Dezember 1970* auch unmöglich mit dem Wuchs des biologischen Verbandes zu erklären. Caesium konnte in solchen Mengen aus dem See nur als Resultat einer *Wassererneuerung* entweichen, wie sie für Seen *mit Zu- und Abfluß* typisch ist. Es mußte unbedingt eine *äußere starke* Quelle für die Seeverseuchung mit Caesium-137 (und entsprechend mit Strontium) geben, deren Einwirkung nicht regelmäßig war, sondern anscheinend von klimatischen Faktoren abhing (Niederschläge, Zufluß von Grundwasser u. ä.). Es existierte also ein Prozeß der Wasserumwälzung, und das bedeutet die Existenz von Durchfluß im See, *den Iljenko nicht aufdecken durfte.* Doch wenn ein Abfluß vorhanden ist (und das bezieht sich auch auf Strontium-90), taucht die Frage auf: *wohin?* Der Abfluß von den fließenden Gewässern des nördlichen Teils der Tscheljabinsker Region und des Kreises Kyschtym erfolgt durch ein System kleiner Flüsse in die starke Ob und ins Arktische Meer. Der Abfluß aus dem südlichen Teil der Tscheljabinsker Region und den anderen Orten im Südural geht ins Kaspische Meer. In beiden Fällen findet auf den Abflußwegen mit einer Ausdehnung von Tausenden von Kilometern eine biologische und chemische Verbindung von Strontium und Caesium statt. Über diesen Aspekt der radioaktiven Verseuchung der Flüsse mit großer Reichweite zu berichten, war aus Zensurgründen unmöglich.

Auf die Frage, *wo das Strontium geblieben ist*, eine Antwort zu geben, ist auch nicht schwer. Die erste Arbeit stellte Iljenko im Sommer 1969 schnell fertig. Es wurden Wasserproben entnommen, ihre Aktivität bestimmt (0,2 Mikrocurie/l für Strontium-90 und 0,025 für Caesium-137). Danach wurden zwei, drei Monate lang Fische herausgeholt und die Strontium-Konzentration in den Knochen, die von Caesium in den Muskeln gemessen. Die Resultate wurden in Moskau rasch überarbeitet (A. Iljenko arbeitet dort im Institut für Entwicklungs-Morphologie und -Ökologie der Tiere bei der Akademie der Wissenschaften), an die Zeitschrift geschickt und sehr schnell, schon Mitte 1970, publiziert. Von September bis Dezember 1970 gab es keinen Fischfang, und im Dezember wurden nur Hechte gefangen (offensichtlich einige Exemplare bei einem komplizierten Fischfang unter dem Eis).

Als die Gruppe im Dezember 1970 ihre Arbeit fortsetzte (die ganze Arbeit erfordert dem Umfang der Messungen und technischen Operationen nach eine große Menge technischer Mitarbeiter, A. I. Iljenko war sicher nur der Leiter), stellte sie ein krasses Ansteigen der Caesium-Konzentration fest (und natürlich auch von Strontium), doch hatte der Fischfang keinen systematischen Charakter. Mit der Analyse der Biomasse wurde erst ab Sommer 1970 begonnen, als der erste Aufsatz bereits gedruckt vorlag. Im Frühling begann das krasse Absinken der Isotopen-Konzentration (der Zufluß-Pegel steigt im Frühjahr wegen der Schneeschmelze immer an). Aber der See war doch bereits als *zuflußlos* bezeichnet worden, und für Seen ohne Zufluß hatte Rowinskij beim *Strontium* schon früher eine andere Dynamik pro Zeiteinheit angegeben. Aber beim Caesium war es offensichtlich, daß der See doch einen Zufluß hatte, nur konnte die Dynamik des Strontium nicht mit der Dynamik des Caesium zusammenfallen (das unterschiedliche Verhalten dieser Isotope ist seit langem bekannt); das widerlegte den »künstlichen« Charakter der Verseuchung. Nimmt man die Kurven von zwei Isotopen aus einer Arbeit, so wird deutlich, daß es keine *»periodische künstliche Veränderung im Caesium-Gehalt«* gegeben haben konnte. Das Strontium mußte aus Publikationsgründen geopfert werden; zu zweit hätten diese Isotope das Bild zu sehr verkompliziert. Ihre Verbreitung in Gewässer-Komponenten ist sehr unterschiedlich, in Modellversuchen aber bereits hinlänglich gut untersucht. Der Strontium-Gehalt hätte sich in einem solchen See im Laufe von zwei Jahren allmählich verringert.

Die möglichen Dimensionen des Sees. Der Autor macht darüber keine Angaben, doch indirekte Schätzungen kann man aufgrund der gefangenen Hechtmenge anstellen – es sind Raubfische; deshalb ist ihre Anzahl auf das Vorhandensein der Fische begrenzt, von denen sie sich ernähren. Bei den Verhältnissen des untersuchten Sees ernährten sich die Hechte *ausschließlich* von Plötzen, und insgesamt lebten im See nur vier Fischarten, davon drei Raubfische.

Die Seen des Ural und Sibiriens enthalten überwiegend einen Reichtum an verschiedensten Fischarten [15], doch gibt es auch »arme« Seen, in denen Plötze, Barsche und Hechte überwiegen. A. I. Iljenko untersuchte im Laufe von zwei Jahren die Nahrungsketten zwischen Pflanzen- und Tiergemeinschaften des Sees und innerhalb der »Fisch«-Biozönose. Bei derartigen Untersuchungen durfte der Hechtfang die normale Balance zwischen Raubfischen und ihrer Nahrung nicht zerstören, das heißt, der gesamte Hechtschwarm im See sollte keinen wesentlichen Veränderungen unterliegen. In zweijähriger Beobachtung fing A. I. Iljenko mehr als 100 Hechte mit einem Gewicht von je 3–5 kg, einige wogen 10–12 kg. Der Fang solch gewaltiger Hechte beweist, daß der See seit vielen Jahren nicht der gewerblichen Nutzung ausgesetzt war, was einem Teil der Hechte erlaubte, sich derart zu entwickeln. Auf diese Weise kam das Gesamtgewicht der von Iljenko gefangenen Hechte auf circa 400–450 kg.

Im Sammelband »Biologische Produktivität der sibirischen Seen« (1969), aus dem wir schon einen Artikel über den Ural erwähnten [15], ist der Fischbestand verschiedener Seen-Kategorien aufgeführt. In den Wasserbecken der Swerdlowsker und Nord-Tscheljabinsker Region überwiegen tatsächlich Seen, in denen Plötze, Barsche und Hechte dominieren. Südlicher gelegene Seen haben eine reichere Pflanzenwelt und einen komplizierteren Fischbestand, nicht selten bis zu 36 verschiedene Fischarten (Große und Kleine Maräne, Renken, Brachsen, Karpfen, Zander u. a.). Die Produktivität von Seen mit reichem Fischbestand ist höher als die mit armem. Die Produktivität hängt auch von der Seetiefe ab, die wir aber nicht kennen. In vielen stehenden Gewässern ist die Produktivität insgesamt gleich 10 kg pro Hektar, in Seen mit Zuflüssen von 16 bis 25 kg pro Hektar. Die Fangerträge (auch in der Bilanz eines Sees des »armen« Typs, in dem nur drei bis vier

Arten leben, wie im Versuchssee von Iljenko) weisen ein spezifisches Gewicht von 80–83% bei Plötzen, von 3–10% bei Barschen, von 2–6% bei Hechten auf. Nehmen wir beim Hecht das mittlere Gewicht – 4% – an, dann bedeutet das für den gewöhnlichen »armen« See nur etwa 1 kg pro Hektar. Iljenko fing 1970 mehr als 300 kg Hecht, das spricht für einen See mit einem Ausmaß von *nicht weniger als 300 Hektar*, also nicht weniger als 3 km². Doch bei Populationsforschungen und der Analyse von Nahrungsketten muß man einen noch vorsichtigeren Ansatz befolgen als bei der gewerblichen Nutzung von Seen. Man muß voll davon überzeugt sein, daß ein Fang von 100 Hechten in keiner Weise die Balance im See stört. (Der Ertrag von Plötzen hatte das geringste Quantum im Verhältnis zu seinem Vorkommen im See). Ein Ökologe arbeitet, ohne das Gleichgewicht zu verändern. Deshalb mußte Iljenko der Überzeugung sein, daß 100 Hechte nicht mehr als 5–10% ihrer Population ausmachten. Doch ein Schwarm von 1000–2000 Hechten in einer solchen Art von See des »armen« Typs kann nur bei einer Seegröße von etwa 10 km² vorkommen. So wurden, wie im Fall der »experimentellen« Seen in der Arbeit von Iljenko, Versuche in einem See unternommen, der eine *geographische* Einheit darstellte, aber kein kleines Wasserbecken war. Wir werden weiterhin nur den möglichen *Minimal-Umfang* berücksichtigen.

Quantität der Radioisotope im See. Angenommen, der See war seicht, wie die meisten Seen im Ural, dann erforderte die Erhöhung der Caesium-137-Konzentration von 0,01 auf 0,08 Mikrocurie/l von September bis Dezember 1969 für einen See solcher Größe an die 5000 Curie. Bei zwei weiteren Erhöhungen 1970 wären ebenfalls etwa 5000 Curie zuzuführen gewesen. Doch die Konzentration von Strontium-90 war noch höher (0,2 Mikrocurie). Folglich befanden sich allein im Seewasser nicht weniger als 20 000 Curie Strontium-90. Eine solche Menge hat zweifellos nicht experimentelles, sondern industrielles Niveau. Aber das ist nur das Wasser. Die Bodenablagerungen oder die Biomasse (Wasserpflanzen und Plankton) horten viel größere Mengen an Radioisotopen und stellen dadurch die »biologische Reinigung des Wassers« sicher. Abbildung 2 macht die Dynamik der Caesium-137-Konzentration in der Nahrung der Plötze deutlich (Plankton, Algen). Diese Dynamik ist ziemlich aktiv, das spricht für eine Umwälzung des Wassers im See. Im August 1970 betrug die Konzentration in der Fischnahrung 38 Mikrocurie pro Kilogramm. Nach Iljenkos Berechnungen »übersteigt die absolute Menge an Caesium-137 in der Fischnahrung bedeutend den Isotopengehalt im Wasser (um das 520–4200fache, im Durchschnitt um das 1300fache)« [S. 175]. Für Strontium in der Fischnahrung gibt er keine Zahlen an, aber nach den Daten aus Rowinskijs Arbeit zu urteilen, liegt die Isotopenmenge in den Bodenablagerungen und im Schlamm (die Biomasse nicht mitgerechnet) um einige zehn Male höher (in absoluten Größen) als im Wasser.

Die Caesium-Konzentration in den Fischmuskeln lag auf dem Pegel 5–10 Mikrocurie pro Kilo, die von Strontium in den Knochen enthielt 5–10mal höhere Werte – das macht die Verwertung des Fisches als Nahrung für den Menschen aus diesem See zweifellos inakzeptabel.

Wenn dic Zahlen, mit denen Iljenko auf *absolute* Größen von Radioaktivität in der Fischnahrung hinweist, hinreichend fundiert sind, dann erhalten wir allein für Caesium-137 bei einer Berechnung seiner Dynamik (drei krasse Steigerungen in zwei Jahren) die phantastisch hohe Zahl von zehn Millionen Curie: das entspricht einem Äquivalent von zehn Tonnen Radium. Und dann war noch Strontium in beträchtlich großen Mengen dabei. *Solche Mengen, die man in Megacurie messen kann, existieren in Reaktoren.* Es gibt keine reale Chance dafür, daß Iljenko – selbst mit einer Gruppe ungenannter Mitarbeiter – mit ähnlichen Radioaktivitätsmengen irgendwelche biologischen Experimente hätte durchführen können. Bei all diesen Berechnungen sind nicht die Bodenablagerungen berücksichtigt, die nach Angaben von Rowinskij den größeren Teil der Radioaktivität absorbieren.

Unsere Berechnungen kommen sich natürlich sehr nahe, obwohl es keine Angaben über die *Dynamik* des Strontium gibt. Für 1969 gab Iljenko eine zehnmal höhere Strontium- als Caesium-Konzentration an. Wenn der See einen Zufluß hat (und das kann man aus der Isotopen-Dynamik folgern), dann muß das die Höhe der in den See geleiteten Aktivität erhöhen. Es ist unklar, seit wann man begann, die Radioaktivität in den See zu leiten, aber offensichtlich ist das bis 1969 passiert. Als Iljenko im Juni 1969 Caesium-Messungen vornahm, war seine Konzentration in den Hechten dieselbe wie beispielsweise im Juni 1970. Einigermaßen paradox erscheint es, daß die Muskeln der Hechte in fast allen Messungen (außer zweien) eine höhere Caesium-Konzentration enthalten als die Muskeln der Plötze, die doch den Hechten als Nahrung dienen. Und die Caesium-Konzentration in den Muskeln der großen Hechte (10–12 kg) lag zweimal höher als die bei Hechten mit einem Gewicht von 3–5 kg. Die Periode der halben Ausscheidung des Caesiums aus dem Organismus beträgt bei Säugetieren 150 Tage [16]. Bei Fischen geht der Stoffwechsel zweifellos langsamer vor sich, besonders wenn man die Periode der Winterruhe außer acht läßt. Ein hoher

Caesium-Pegel in den Muskeln der Hechte zu Beginn der Messungen im Juni 1969 spricht dafür, daß seine Anhäufung lange vor 1969 und offensichtlich in den vorangegangenen Jahren begonnen hatte, als die Isotopen-Konzentration in den Komponenten des Wasserbeckens noch höher war, was sich auch im *Endglied* der Nahrungskette – den Hechten – und in größerem Maße in den großen (alten) Exemplaren widerspiegelt als in den mittelgroßen Fischen.

All diese Angaben (genaue Ausmaße des Sees, Gesamtmenge der eingeleiteten Isotope, Lage des Sees) und viele andere Details, die für die Berechnung des Klimas nötig sind, hätten unbedingt vom Autor selbst angegeben werden müssen. Ohne sie verliert die ganze Arbeit ihren ökologischen Wert; alles, was im Aufsatz mitgeteilt wird, war im Grunde von früheren Versuchen mit kleinen Wasserbecken und unter künstlichen Bedingungen her bekannt. Besonders die Einmaligkeit der Bedingungen und die gewaltigen Dimensionen des Sees haben in den Arbeiten von A. I. Iljenko Wert, aber diese *Einmaligkeit* verbirgt der Autor sorgfältig; manchmal fälscht er auch die Beschreibung der realen Versuchsbedingungen. Bei ergänzendem gründlichem Überdenken dieser Arbeiten ist völlig unbestreitbar, daß die Verseuchung des Sees entweder das Ergebnis einer ernsten Panne war oder mit dem industriellen Ablassen radioaktiver Abfälle in den See durch irgendeinen großen örtlichen Atombetrieb zusammenhängt, etwa vom Typ einer Wiederaufbereitungsanlage von Reaktormüll. Das letztere scheint dennoch für 1969–70 wenig wahrscheinlich, weil die Vorschriften für das Ablassen von Aktivität in die äußere Umwelt damals sehr streng wurden, und Millionen Curie von Strontium und Caesium zweifellos nicht einfach in das Wasser des nächsten Sees geflossen sein können. Wahrscheinlicher erscheint die Hypothese über die Verseuchung des Sees und seines Umlands als Folge eines Unfalls; dabei geschah eine natürliche Verlagerung der Aktivität in den Zufluß und ins Grundwasser. Eine solche Verseuchungsquelle kann auch die Caesium-Schwankungen im Wasser erklären: im Frühjahr 1970 senkten die tauenden Schneemassen die spezifische Aktivität des Wassers rapide; von April bis August wuchs sie mit dem Eintritt des stärker radioaktiven Grundwassers wieder an. Der Herbst 1969 mochte trocken sein, der Herbst 1970 übermäßig regnerisch; deshalb konnte der Oberflächenzufluß in Flüsse und Seen die Aktivität senken.

Die Bestätigung der Hypothese, daß die Radioaktivität des Sees und ihre Schwankungen unmittelbar mit der Verseuchung des um den See liegenden Geländes (des Seebassins) in Zusammenhang stand, beweist ein unbestreitbarer Tatbestand: A. I. Iljenko und seine Mitarbeiter-Gruppe führten in derselben Zeit (Sommer und Herbst 1969 und 70) breit angelegte Versuche über die Verteilung ebendieser Radioisotope Strontium und Caesium bei Landlebewesen und Vögeln durch, die sie zu Hunderten einsammelten, einfingen und abschossen. Um diese beiden großen Programme gleichzeitig und ohne Unterbrechung bewerkstelligen zu können, war es nötig, sie in benachbarten, nebeneinander gelegenen Gebieten anzulegen.

5. Säugetiere in der radioaktiv verseuchten Ural-Zone

Die Frage nach der Existenz der über der Erde und im Boden lebenden Tiere, die jahrelang unter den Bedingungen radioaktiver Biozönose lebten, müßte logischerweise bei den Systemen der niederen Lebewesen beginnen, den Bodenwürmern, Ameisen, Schnecken, Insekten usw., und erst danach zu den Amphibien, Reptilien, Vögeln und Säugetieren übergehen. Vielleicht sollte man vorher noch einen Überblick über die Radioökologie der Pflanzen geben. Doch ich begann bei den Fischen und komme nun zu den Säugetieren, da die vorliegende Arbeit nicht bloß ein Überblick über die Strahlen-Botanik oder -Zoologie sein soll, sondern die Analyse eines bestimmten Ereignisses. Deshalb muß man in erster Linie die Fakten und Untersuchungen betrachten, die am besten die Natur der Atom-Katastrophe im Ural enthüllen. Danach wird auch das Material über die Insekten oder die Boden-Algen verständlicher sein. Es wird Klarheit entstehen, warum die Beobachtungen auf unübliche Weise ausgewählter Radioaktivitätsdosen und mit gravierender Abweichung von der logisch korrekten *experimentellen* Methodik angestellt wurden, einer Methodik, die unbedingt bei einem im voraus projektierten Forschungsvorhaben hätte eingehalten werden müssen.

Die radioaktive Biozönose im Ural ist offensichtlich die größte in der Welt, doch ist sie keineswegs einmalig. Verseuchungen großer Gebiete mit radioaktiven Isotopen sind auch in anderen Ländern vorgekommen, teilweise als Folge mißlungener Atombomben-Versuche (radioaktive Emission eines unterirdischen Versuchs im US-Staat Nevada, worüber ich gesondert berichten werde; ein radioaktiv verseuchter Gebietsstreifen von 16–17 Hektar, der nicht weit vom Oak Ridge National Laboratory in Tennessee bekannt wurde, an der Stelle eines 1956–58 ausgetrockneten Sees, der als Müllkippe für radioaktive Abfälle diente – und noch andere derartige Fälle). Diese Gebiete radioaktiver Verseuchung wurden in den letzten Jahren zur experimentellen Grundlage vieler radioökologischer Untersuchungen, in denen der Einfluß von Isotopen-Absorption auf Pflanzen, Tiere und sogenannte »Nahrungsketten« verfolgt wird. Diese Forschung berührt sowohl höhere wie niedere Tiere, Pflanzen und Mikroorganismen, und sie wird in offiziellen Zeitschriften mit genauester Beschreibung der Methodik, der Quelle der Verseuchung, ihrer Geschichte und vieler übriger experimenteller Details veröffentlicht, worüber in den Arbeiten der sowjetischen Autoren, die sie im Gebiet des Südural durchführten, fast nichts gesagt wird.

Beim Verfassen ihrer Publikationen (z. B. im Bereich der Biochemie oder Physiologie) folgen die sowjetischen Autoren in der Beschreibung der Methoden und der Forschungsbedingungen, die deren Wiederholbarkeit gewährleistet, bereits seit langem festen internationalen Standards. Das Fehlen dieser »Offenheit« (es gab auch offene, methodische Pseudo-Information als Surrogat) ist klar in den Arbeiten der Forschungsgruppen festzustellen, die gerade die radioaktive Verseuchung im Ural untersuchten. Deshalb möchte ich, bevor ich die Forschungen sowjetischer Autoren durchgehe, die sich mit den Säugetieren befaßten, einige Untersuchungen hervorheben, die in den USA über dieselben Probleme, nur etwas früher, erarbeitet und veröffentlicht wurden [17–19]. Sie könnten als Methodenvergleich dienen. Diese Arbeiten über die Verseuchungsfolgen im Staate Nevada und in anderen Orten sind von mir willkürlich aus vielen anderen ausgewählt worden, einfach deshalb, um zu beweisen, daß Untersuchungen auf diesem Bereich seit langem im Gange sind. Die ersten Veröffentlichungen über »Nahrungsketten« bei Säugetieren in radioaktiver Umwelt beziehen sich direkt auf den Beginn der sechziger Jahre. Möglich, daß gerade das auch einer der stärksten Stimuli war, um die sowjetischen Verfasser, die doch unter den Bedingungen einer bedeutend breiteren und vielfältigeren radioaktiven Ökologie arbeiteten, aufzuwecken, nun mit der Veröffentlichung des eigenen Materials zu beginnen. Letztlich waren auch in den Geheim-Laboratorien die Wissenschaftler nicht ohne Forscher-Ambitionen, was die *Priorität* der einen oder anderen Entdeckung anbelangt.

Die erste Arbeit, auf die ich aufmerksam machen möchte, habe ich aus der Flut sowjetischer Wissenschaftsliteratur über Strahlen-Ökologie ausgewählt; sie erschien 1967 von dem uns aus dem vorigen Kapitel bekannten A. I. Iljenko und seinem Kollegen G. N. Romanow [20]. Die Autoren liefern Material über saison- und wachstumsbedingte Veränderungen der Strontium-90-Ansammlung bei *nur einer einzigen* Art von Feldmäusen – der dunklen Erdmaus (Microtus agrestis L.), die unter natürlichen Bedingungen in einem Revier lebte, das mit Strontium-90-Dosen *von 1,8 bis 3,4 Millicurie pro* m^2 verseucht war. Diesen Verseuchungsgrad (von 1,8 bis 3,4 Millicurie pro m^2) hebe ich besonders hervor, weil wir später noch von vielen anderen Arbeiten mit diesem Niveau hören werden, zwar von anderen Autoren und an anderen Objekten durchgeführt, jedoch aus demselben hier genannten radioökologischen System. Andere Verseuchungsdosen (industrielle Verseuchung diesen Grades hat einen chaotischen Zufallscharakter) werden auch auftauchen und in Serien verschiedener Arbeiten wiederkehren.

Iljenko und Romanow machen keine Angaben darüber, *wo* sie denn genau ihre Beobachtungen anstellten, und ihr ausgewähltes Forschungs-Objekt, die dunkle Erdmaus, findet man in fast allen Gegenden der UdSSR.

Dennoch ist es wichtig, die Mitteilung der Autoren zu erwähnen, daß sie ihre Beobachtungen *1964–65* anstellten. In den verseuchten Revieren war die Sterblichkeit der Mäuse höher als im Kontrollgelände, wobei die zu Sommerbeginn geborenen Mäuse für die Überwinterung geschwächt waren, und ihre Sterblichkeitsrate zur Zeit der Winterruhe höher lag als bei den Mäusen, die im selben Revier zu Ende des Sommers auf die Welt kamen.

Im zweiten Artikel[21] gab Iljenko ein Schema des Reviers, in dem die Mäuse eingefangen wurden, sowie die darauf verteilten Zonen unterschiedlicher Aktivität (von 1,8 bis 3,4 mCi pro m^2) des verseuchten Bodens. Dieses Schema ist im Buch reproduziert[12, S. 37]. Ich gebe hier das Revierschema wieder (Abb. 3), weil die sehr chaotische, mosaikartige Zufallsverteilung der Zonen unterschiedlicher Aktivität augenfällig beweist, daß die Ausbreitung der Aktivität über das gegebene Gelände willkürlich vor sich geht und nicht nach irgendeinem Experimental-Schema. Das Revier maß einen Hektar; Angaben, wie die Verseuchung sich vollzog, werden aber nicht gemacht (sondern nur die Tatsache erwähnt, daß die Mäuse

Abb. 3

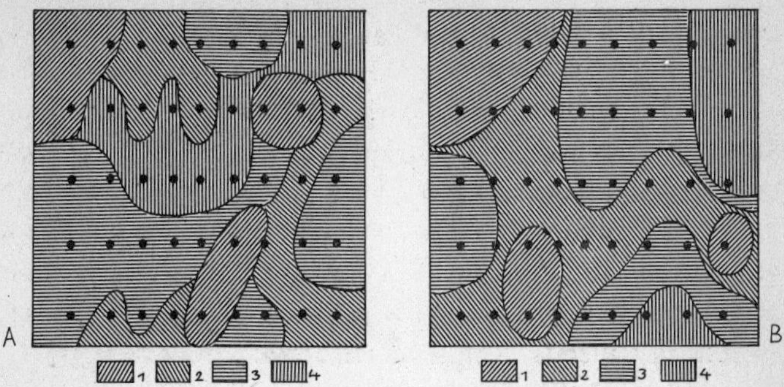

A. Mittlerer Strontium-90-Gehalt (in Mikrocurie pro Gramm – µCi/g – Trockenmaterie) der Pflanzen in dem Drahtnetz-Gehege:
1 – 0,25; 2 – 0,20; 3 – 0,15; 4 – 0,10

B. Bodenverseuchung mit Strontium-90 (Millicurie pro m^2 – mCi/m^2) im Tiergehege:
1 – 3,4; 2 – 2,7; 3 – 2,1; 4 – 1,8

sich schon lange in dieser radioaktiven Umwelt aufhielten). Trotzdem bezeichnet Iljenko auf einem Schema des Reviers dessen botanische Charakteristik: einen jungen Birkenwald, unter dessen Dach fünf verschiedene Sorten von Grasdecken existierten. Im Revier waren 50 Mausefallen verteilt. Die Verteilung von Strontium-90 in Pflanzen und Mäusen entsprach seiner Konzentration im Boden, was nicht unerwartet ist – das hätte man vorhersagen können.

Seltsam erscheint ein methodischer Umstand: das Fehlen von Angaben über die Aktivität der Bodenverseuchung nicht nach Flächenmaßen, sondern bis zu einer gewissen Tiefe. Strontium-90 wird bei Oberflächen-Einleitung dauerhaft nur von den obersten Bodenschichten festgehalten. Deshalb sind auch die Art und Weise des Eindringens und die *Tiefe* der Verseuchung wichtige ökologische Faktoren: eine geringe Steigerung der Tiefe des Eindringens vermindert die Oberflächenstrahlung und verändert den Charakter der Strontium-Absorption durch die Pflanzen; mit größerer Tiefe wird die Absorption durch Bäume, mit geringerer die durch Gräser stärker. Außerdem können die Zahlen 1,8–3,4 Millicurie *pro* m^2 *Boden* für 1964–65 nicht auch für 1962 oder 63 typisch sein. Deshalb müßte man die Dosen der *Primär-Verseuchung* angeben. Schon die Absorptions-Daten der Pflanzen – 0,25 Mikrocurie pro Gramm Trockenmaterie auf Bodenflächen mit 3,4 Millicurie, und 0,10 Mikrocurie auf Flächen mit 1,8 Millicurie – zeigen die Bedingtheit der Zahlen über Bodenverseuchung. Obwohl der Verfasser keine absoluten Angaben über den Umfang der Pflanzenmasse pro m^2 macht, ist auch ohnedies bekannt, daß die Pflanzenmasse (nur Gras) auf einem Quadratmeter bis zu 1 kg Feucht- bzw. 100 Gramm Trockengewicht betragen kann. Doch auch die Bäume nehmen aus dem Boden Strontium-90 auf. Das Trockengewicht von Bäumen, sogar jungen, bemißt sich in Kilogramm pro m^2. Auf diese Weise erhält man als Summe der Aktivität in Bäumen und Gräsern bei den Pflanzen sogar höhere Werte als beim Boden (etwa 3–10 Millicurie pro m^2). *Daraus ist ersichtlich, daß sich die Zahlen der Bodenverseuchung nach irgendeiner obersten Bodenschicht errechneten und nicht nach der Gesamtbodenmasse in diesen Revieren.*

In diesen ersten Arbeiten war ein Revier von einem Hektar zur Durchführung der Beobachtungen durch einen Zaun vom übrigen Gelände abgegrenzt worden, weil die Dynamik der Strontium-Ansammlung in den Mäusen aus periodisch den Mäusen entnommenen Schwanzsegmenten errechnet wurde, wonach man sie wieder laufen ließ. Auf diese Weise stand jede Maus (aus einer Gesamtzahl von ca. 300) im Laufe von zwei Jahren unter Beobachtung, und man konnte ihre Sterblichkeitsrate rechnerisch in Beziehung setzen zur Ansammlung von Strontium-90 in ihrem Skelett. Das Versuchsschema erforderte ein *isoliertes* Gelände, doch wenn auf diesem eingezäunten Stück Land die Isotopen-Einleitung tatsächlich experimentell gewesen wäre, dann hätte ein x-beliebiger Experimentator, wenn er den Regeln der Feldforschung folgt, das gesamte Gelände in eine Reihe einzelner, dem Umfang nach innerhalb der Begrenzung isolierter Quadrate unterschiedlicher Aktivität aufteilen müssen (z. B. 0,1; 1,0; 2,0; 3,0; 4,0 Millicurie). Eine Zufallsverteilung verseuchter Zonen mit einer sich vergleichsweise in nahen Grenzen bewegenden Aktivität (1,8–3,4 mCi) für ein *geplantes wissenschaftliches Projekt* herzustellen, war unsinnig, und eine solche Isotopen-Verteilung konnte nur dadurch gerechtfertigt sein, daß dieses Gebiet schon zu Anfang der Untersuchungen verseucht war.

Ein Jahr später veröffentlichte A. I. Iljenko eine neue Arbeit[22], in der die Ansammlung von Strontium bei neun verschiedenen Arten kleiner Säugetiere behandelt wird. Versuchsziel war ein Niveauvergleich von Strontium im Skelett verschiedener Arten. In diesem Fall brauchte der Verfasser nicht ein und dieselben Tiere zu verschiedenen Zeitpunkten zu beobachten. Die in Fallen gefangenen Tiere wurden getötet und das Strontium-90 in den Oberschenkel-Knochen bestimmt. Deshalb waren die Beobachtungsreviere nicht eingegrenzt. In welchem Jahr diese Messungen stattfanden, wird nicht mitgeteilt, doch sofern der Artikel Mitte 1967 bei der Zeitschrift eingereicht wurde, kann man annehmen, daß diese Arbeit gleich nach der vorhergegangenen angefertigt wurde, nämlich 1965–66. Verteilungsschemata der Radioaktivität nach Revieren kommen nicht vor, doch hier waren es schon ganz andere Gebietsstreifen, denn man fing die Tiere in Revieren mit einer Verseuchungsdichte von 0,6; 1,0 und 2,5 Millicurie pro m^2. Der Gesamtumfang des mit Strontium-90 verseuchten Geländes wird nicht genannt, doch war die Tierfang-Fläche zweifellos größer als einen Hektar, weil für die Messungen 1066 kleine Wildtiere 9 verschiedener Arten eingefangen und getötet wurden. Da auch die Beziehung zwischen dem Strontium-Pegel in den Knochen und dem Nahrungstyp festgestellt wurde, durfte der Fang von 1066 Tieren das Populationsgleichgewicht in der vorliegenden Umwelt nicht wesentlich zerstören. Wenn der Fang ungefähr 10% der Tiere in der gegebenen Biozönose ausmachte, dann mußten für die Gesamtzahl der Tiere aller Arten, die unter Beobachtung standen, die *minimalen* Ausmaße des verseuchten Geländes sich in Grenzen zwischen *100–200 Hektar* bewegen. Der Vegetationscharakter in diesem Territorium und seine Lokalisation sind nicht bezeichnet.

Aus der vorliegenden Untersuchung kann man zwei Schlüsse ziehen, die man beachten sollte. Erstens war die Verseuchung mit Strontium allem Anschein nach in der Oberflächen-Schicht des Bodens, weil das Skelett des gewöhnlichen Hamsters, der sich von *unterirdischen* Pflanzenteilen und Samen ernährt, eine minimale Ansammlung von Strontium aufwies. Zweitens gab es nicht weit von besagtem Gelände auch »saubere«, reine Biozönosen. Das ergibt sich daraus, daß bei den *wandernden* Arten Tiere vorkamen, die fast kein Strontium-90 im Skelett aufwiesen, was der Autor mit ihrem möglichen, kürzlich erfolgten Überwechsel aus »sauberen« Gebieten verbindet. Zweifellos war deshalb auch ein Rückwechsel radioaktiv »verschmutzter« Tiere in »saubere« Zonen denkbar. Das Gelände, auf dem diese Beobachtungen stattfanden, hatte offensichtlich eine andere Bodenbeschaffenheit, weil die Strontium-90-Konzentration in Pflanzen zehnmal höher lag als die in der vorangegangenen Arbeit angegebene. Die Aufnahme von Strontium-90 hängt stark vom Bodentyp ab. Die Flächenabschnitte mit unterschiedlichem Verseuchungsgrad waren ihrem Umfang nach nicht gleich und entsprachen zweifellos verschiedenen Biozönose-Typen, da auf ihnen der Artenbestand der Tiere unterschiedlich war. Der größte Abschnitt war ein mit hohen Dosen verseuchter Streifen (2,5 Millicurie pro m^2). In diesem Revier wurden 8 Arten eingefangen, unter ihnen 108 Spitzmäuse der Sorte Sorex caecutiens und 40 der Sorte Sorex araneus. Diese Tiere ernähren sich hauptsächlich von Regenwürmern aus dem Boden und durchwandern große Distanzen. In anderen Revieren kam die Art Sorex caecutiens in den Fallen nicht mehr vor. Das zweite Revier war offensichtlich ein Waldgebiet, weil unter den nur 4 hier gefangenen Arten die Waldmäuse (Apodemus silvaticus) vorherrschten, von ihnen wurden 308 Stück gefangen, im Vergleich zu 30 im Revier mit der Maximalverseuchung und 45 im schwachverseuchten Abschnitt (Angaben über die Konzentration in Pflanzen werden nur beim Revier mit der Maximalverseuchung gemacht).

Das alles weist wieder auf den willkürlichen Charakter der Verseuchung, und nicht auf eine vorher projektierte Arbeit hin. Außerdem wären für die gesamte Verseuchung eines solchen Gebietes (mit der Strontium-Berechnung in den Pflanzen) mindestens an die 4000 Curie Strontium-90 vonnöten gewesen. Bei einer speziell geplanten experimentellen Arbeit hätte man sich für diese Schlußfolgerungen auf 2–3 Hektar, wenn nicht kleinere Reviere, beschränken können. Auf Hunderte von Jahren hinaus 100–200 Hektar nicht-eingegrenztes Gelände zu verseuchen, kann man schwerlich für vernünftig halten, um so mehr, als die *wandernden* Säugetierarten, Vögel, Insekten, Pflanzensamen und -pollen auf beträchtlich großen Entfernungen eine *Sekundär-Verbreitung* von Strontium hervorrufen.

1969 veröffentlichten Sokolow und Iljenko[23] einen Überblick über die Ökologie der Wirbeltiere, worin auch ihre eigenen, früher nicht publizierten experimentellen Daten nicht nur über Strontium-90, *sondern auch über Caesium-137* präsentiert werden. Diese Experimentaldaten führen sie jedoch ein ohne Hinweis auf Versuchsmethodik und ohne Vermerke auf gewisse früher publizierte Arbeiten, in denen man die Methodik hätte finden können. (In seinem zusammenfassenden Werk [12] zitiert Iljenko erneut diese Daten, macht aber eine Anmerkung zum hier ausgewählten Überblick.)

Für Strontium-90 bieten Sokolow und Iljenko, neben Tabellen, die schon in früher zitierten experimentellen Aufsätzen vorkamen, Angaben[4, S. 249] über die Häufigkeit von vier verschiedenen Mäusearten in Revieren mit unterschiedlichem Verseuchungsgrad (von 1–3 Millicurie pro m^2). Doch ist dies wieder ein neues Gelände (die Revierfläche wird nicht angegeben), weil es sich von früher untersuchten Revieren durch seinen Vegetationscharakter unterscheidet. Es wurden drei Kategorien von Pflanzendecken überprüft: Waldsaum (3

Millicurie pro m^2), hohes Unkrautgestrüpp (2 Millicurie pro m^2) und Wiesen mit Sträuchern (1 Millicurie pro m^2). Wieder wird völlig deutlich, daß für die Versuche schon vorher verseuchtes Gelände genutzt wurde, weil beim Studium der Populationsdichte im Zusammenhang mit dem Verseuchungsgrad (auch das gehörte zum Versuchsziel) *unbedingt* die verschiedenen Grade *bei jeder Biozönose* hätten nachgeprüft werden müssen, das heißt nicht 3, sondern 9 verschiedene Reviere, je 3 für jedes ökologische System.

In diesem Aufsatz taucht zum erstenmal ein Caesium-137-verseuchtes Gelände auf, und in den Revieren mit drei Caesium-Niveaus wird die Quantität dieses Isotops in sechs verschiedenen Mäusearten bestimmt. Es kommen keinerlei methodische Details vor, doch ist völlig klar, daß alle drei Reviere unterschiedliche Vegetation und Ökologie besaßen, weil sie offensichtlich ungleichartigen Aufbau zeigten: im ersten konnte man nur 2 Arten Mäuse fangen, im zweiten und dritten 4 Arten, doch die zwei restlichen Reviere wiesen zwei nicht miteinander vergleichbare Mäusegattungen auf. Der Verseuchungsgrad der Geländeabschnitte mit Caesium-137 war nicht mehr in Millicurie, sondern in Mikrocurie gemessen (7,85; 5,30 und 4,45 Mikrocurie pro m^2), das heißt, er war annähernd 500mal niedriger als die Maximal-Verseuchung mit Strontium-90. Ob es sich um dasselbe Gebiet handelte, in dem es auch Strontium gab, oder um das zweite, blieb unklar. Getrennte Radioaktivitäts-Bestimmungen über Strontium und Caesium anzustellen ist sehr einfach, weil beide Isotope zu unterschiedlichen Radioaktivitäts-Typen gehören (Beta- und Gamma-Strahlung). Daß die Verseuchung mit Caesium auch nicht experimentell herbeigeführt worden war, kann man aus den allzu ähnlichen Verseuchungsgraden der verschiedenen Abschnitte vermuten. Bei geplanten Versuchen wäre der Unterschied in den (Versuchs-)Bedingungen im voraus zweifellos stärker gewesen.

Bei Primärprozessen des Uranzerfalls in Atomreaktoren (aber auch bei Atomexplosionen) unterscheidet sich die Bildung von Strontium und Caesium nicht so wesentlich voneinander. Deshalb würde bei einer Gebietsverseuchung durch versehentlichen lokalen Fall-out, der von Atomwaffen-Versuchen herrührt, oder bei industriell verursachter Verseuchung durch *frische* Reaktor-Abfälle der Bodengehalt an Strontium-90 und Caesium-137 sich vielleicht nicht um das 300–500fache unterscheiden. Caesium verhält sich analog zu Kalium, und dieses Isotop (Cs-137) setzt sich weniger dauerhaft in Biomasse (offenbar auch im Boden) fest. Deshalb könnte man mit der Zeit einen Ausgleich im Verhältnis Caesium zu Strontium im verseuchten Gelände erwarten. Nur nicht sehr schnell. Dennoch sondert man bei der Aufarbeitung der Abfälle vor ihrer »Bestattung« das Caesium-137 häufig aus, weil es Gamma-Strahlung enthält und deshalb vielleicht für Bestrahlungsapparate praktisch genutzt werden kann. Dank einer längeren Halbwertszeit ist eine Caesium-Bestrahlungsquelle besser geeignet als Kobalt, und für jede Bestrahlungsquelle, die z. B. für medizinische Zwecke eingerichtet und in jedem beliebigen Krankenhaus nötig ist, sind Tausende Curie eines Gammastrahlers notwendig. Möglicherweise findet die Gamma-Bestrahlung mit Caesium noch andere praktische Anwendungsbereiche außerhalb des medizinischen. Wenn in industriellen Atomzentren die Ausscheidungsprozesse nicht nur für Plutonium und Uran, sondern auch für Caesium genutzt werden, dann müssen vergrabene Abfälle weit mehr Strontium als Caesium enthalten. Daß auch im See »X« und im Boden das Strontium-Ceasium-Verhältnis um das 10–300fache schwankte, kann man nur so interpretieren, daß die Verseuchung direkt mit dem Ablassen von Rückständen aus verschiedenen Produktionszyklen von Produkten der Atomindustrie in Zusammenhang stand. Sehr wahrscheinlich ist es, daß wegen des sehr niedrigen Caesium-Gehaltspegels in den untersuchten Biozönosen (in Grenzen von 4–8 Mikrocurie pro m^2) der *radiobiologische* und genetische Bestrahlungs-Effekt von Caesium bei Tieren und Pflanzen zu schwach war und häufig einfach ignoriert wurde. Abgesehen von der Beta-Strahlung des Strontium, machte das Vorhandensein dieses Isotops in der Umwelt in Konzentrationen, die die von Caesium um das 200–300fache übersteigen, wie auch seine dauerhaftere Fixierung in biologischen Strukturen gerade dieses radioaktive Isotop zum dominierenden radiobiologischen Faktor, der sowohl auf Pflanzen wie auf Tiere eine klare physiologische, genetische und populations-ökologische Wirkung ausübt. Das wird auch durch das Material von Iljenko [12] bestätigt, der eine Unmenge von morphologischen und physiologischen Veränderungen bei Tieren untersuchte, die in Regionen mit einem Strontium-Niveau von 1–3 mCi pro m^2 lebten. Deshalb hätte man so hohe Dosen zum Studium von *Nahrungsketten* nicht anwenden dürfen. Aber offensichtlich blieb den Autoren keine Wahl.

Wenn man das Material über Caesium-137 und neue Daten über die Abhängigkeit der Populationsdichte vom Strontium-90-Niveau und dem Biozönosetyp berücksichtigt, dann erhöht sich die Gesamtzahl der in Fallen gefangenen verschiedenen Mäusearten auf 1500. Hierbei muß man zugeben, daß dies nur ein Teil der Population ausmacht, der das

Gleichgewicht in den normalen Nahrungsketten nicht beeinträchtigt. (Unter Vorbehalt errechne ich diese 10% der Gesamtpopulation, obwohl es auch weniger sein können.)

Nach dem Material von Nikitina[24], das die Wanderungsdynamik verschiedener Mäusearten und anderer Nagetiere in verschiedenen Gegenden der UdSSR untersuchte, variiert die »Bevölkerungsdichte« einer Hauptart in den Ural-Wäldern – der roten Wühlmaus (Clethrionomyss rutilus Pall.) – von 20 bis 80 Tieren pro Hektar. Iljenko stellte bis zu 48 Fallen pro Hektar auf. Bei Untersuchungen der Entwicklungskurven bei Mäusen in Wäldern und anderen Gebieten des Ural benutzt man dieselbe Sorte Mausefallen, und die Fangquote an Mäusen folgt dem statistischen Prinzip: im Durchschnitt gehen in 24 Stunden ein bis zwei Tierchen in eine der 100 Fallen[25]. Eine Berechnung dieser Daten erlaubt es, die Frage nach den möglichen Ausmaßen des verseuchten Geländes auf Hunderten von Hektar zu stellen, und das wäre nur die *Mindestgröße*. Auf diese Weise erweitert die einfache Prüfung konsequent durchgeführter Untersuchungen systematisch das verseuchte Gebiet, auf welchem die Forschungen in der Größenordnung von fast einem km^2 stattfanden. Doch auch dies ist, wie wir sehen werden, durchaus nicht die Grenze des Umfangs der verseuchten Zone.

Über Caesium-137 publizierte A. I. Iljenko mit dem Ko-Autor E. A. Fjodorow [26] einen eigenen Aufsatz. Ein methodischer Abschnitt fehlt in dieser Arbeit wieder, doch die Verfasser geben in der Einleitung zu, Caesium sei nicht das einzige radioaktive Isotop im verseuchten Gelände gewesen: »... Die Untersuchungen erfolgten in experimentellen Parzellen, die durch radioaktives Material verseucht waren (als Modellentwurf industrieller Verseuchung), *in dessen Zu-*

sammensetzung sich auch Caesium-137 befand.«[S. 1371] (Hervorhebung von mir)

Die physikalische Verseuchungsdichte in den Parzellen mit Caesium kam 4–8 Mikrocurie pro m^2 gleich. Die Verseuchungsdichte mit anderen Isotopen wurde jedoch nicht genannt. Ziel der Arbeit war das Studium von Nahrungsketten und der Konzentration von Caesium-137 im Körper von 22 Tierarten. Die Arbeit lief in noch größeren Dimensionen ab als alle vorhergehenden, und außer kleinen Säugetieren erlegte man auch größere, wie Rehe (Capreolus capreolus) und seltene Pelztiere, wie den sibirischen Marder (Mustela sibiricus) und Hermeline (Mustela erminea) und auch einige Vogelarten. Am Tierbestand kann man leicht feststellen, daß die Arbeit entweder in Westsibirien oder im Ural stattfand, weil einige Arten im europäischen Teil der UdSSR nicht vorkommen. Der Hermelin ist ein so seltenes Tier mit einem so einmaligen Fell, daß man mit seinem Schwanz in alten Zeiten gewöhnlich nur den Mantelsaum des Zaren verzierte. Trotzdem ist der Hauptindikator für territoriale Ausmaße zweifellos das Reh. Die Beobachtungen liefen über zwei Jahre, und man brauchte Sicherheit darüber, daß alle Tiere innerhalb der Grenzen des radioaktiven Gebiets migrierten. Der Abschuß von 5 Rehen beweist, daß im vorliegenden Gebiet ein Rudel von mindestens 30–40 Rehen lebte. Das Nahrungsareal eines Rehs beträgt im Sommer nicht weniger als 40–80 Hektar, und im Winter, wenn die dicke Schneedecke die Ernährung erschwert und die Tiere hauptsächlich von Baumrinden leben, wandern die Rehe viele Kilometer weit. Ein km^2 umfaßt 100 Hektar, deshalb mißt offensichtlich das gesamte mit Caesium verseuchte Gebiet bereits *Tausende von Hektar.* Im selben Jahr (1970) bringt A. I. Iljenko einen ausführlicheren Artikel

[27] heraus, aus dem schon klar hervorgeht, daß sowohl die Reviere, die von 1967–69 auf die Verbreitung von Strontium hin untersucht wurden, als auch jene Bezirke, die in den Artikeln [23] und [26] als Caesium-137-verseucht bezeichnet werden, *in sich ein Gesamtterritorium darstellen.*

In den Tieren wurden gleichzeitig Strontium-90- und Caesium-137-Konzentrationen registriert, wobei aus den Konzentrations-Zahlen der Tabellen über Nahrung, Skelett und Muskeln eine Wiederholung der Daten sichtbar wird, die bereits früher veröffentlicht wurden.

Die Strontium-90-Verseuchung reichte von 0,6 bis 2,5 Millicurie pro m^2. Das ist derselbe Wert, wie er in der Arbeit [22] vorkommt, nur ohne Einteilung in Parzellen. Die Einteilung in Abschnitte mit verschiedener Aktivität: 0,6; 1,0 usw. war für kleine Nagetiere (verschiedene Mäusearten) und für Pflanzen möglich. Mäuse wandern nicht weit von ihren Höhlen fort, Pflanzen stehen unverrückbar. Doch für Radioaktivitätsbestimmungen bei Rehen und Hirschen und anderen weit wandernden Säugetieren oder Vögeln ist eine so differenzierte Dosierungsmessung nicht mehr realistisch. Das beweist noch einmal, daß die Arbeit nicht im vorhinein geplant war, weil unter experimentellen Bedingungen die ungleichmäßige Aktivitätsverteilung über ein Gebiet für die Bestimmung von *Nahrungsketten* große Unbequemlichkeiten mit sich bringt. Das macht besonders ernste Schwierigkeiten bei der Beobachtung von Raubtieren, deren Sippen gewöhnlich ein gewisses »Jagd«-Revier haben, ein bestimmtes, in Grenzen liegendes Areal, das man in den einen oder anderen Grad von radioaktiver Verseuchung hätte versetzen müssen.

Der Verfasser begriff zweifellos die existierenden methodischen Schwierigkeiten und gab deshalb die Zahlen der Strontium-Konzentration im Skelett für die verschiedenen Tierarten diesmal in Form von Mittelwertsummen an. Bei der Arbeit mit Mäusen wurde die Radioaktivität, wie wir gesehen haben, noch bei jeder Maus einzeln gemessen.

Für *Caesium* liefert Iljenko einen Verseuchungsgrad von 4,6 Mikrocurie (μCi) pro m^2 (aber nicht »von 4 bis 8«, wie in einer weiteren Publikation [26]), doch sind die Zahlenwerte für Tiere und Pflanzen häufig Tabellen entnommen, die Iljenko und Fjodorow dort [26] mit einer ganz anderen methodischen Interpretation versahen. Zum Beispiel beträgt die Caesium-137-Konzentration bei Mäusen der Art ›dunkle Erdmaus‹ in beiden Arbeiten 2,8 Mikrocurie pro kg im Körper und 5,4 in der Nahrung; und zur Caesium-Bestimmung wurden dieselben 5 Rehe geschossen: sie hatten 0,4 Mikrocurie im Körper. Für die anderen Tiere errechnet der Verfasser den Mittelwert aus früheren Daten, die er in Gruppen zusammenfaßt; trotzdem sind bei Vögeln (Elstern, Staren, Feldsperlingen und anderen) die Kennziffern für abgeschossene Tiere und die Caesium-Konzentration in beiden Arbeiten identisch. Zur Strontium-Bestimmung wurden 11 Rehe geschossen.

In der Einleitung spricht der Verfasser deutlich davon, daß das Gelände mit *Strontium und Caesium* verseucht war. Nach dem Zahlenmaterial zu urteilen, führte man die Caesium- und Strontium-Bestimmung häufig getrennt durch, manchmal tötete man mehr Tiere für die Caesium-, manchmal mehr für die Strontium-Messung. Deshalb ist es nicht ausgeschlossen, daß für die Analysen insgesamt 16 Rehe abgeschossen wurden. Identische Zahlen findet man in beiden Arbeiten auch für die Caesium-Analyse bei Fröschen und Pelztieren, wie Hermelin und dem sibirischen Marder.

Auf diese Weise wird bei einer Gegenüberstellung der Daten klar, daß das Gebiet – welches groß genug war, einigen Tausend verschiedener Tierarten, unter ihnen ein großes Rehrudel (Abschuß von 16 Tieren ohne Störung des ökologischen Gleichgewichts), als Existenzgrundlage zu dienen – mit Strontium (von 0,6–2,5 Millicurie pro m^2) und Caesium (Verseuchungsgrad um 500–600mal niedriger) verseucht war. Von einer kritischen Warte aus (bezüglich der Rehe) kann man einen möglichen Gebietsumfang von 50–100 km^2 zugestehen, ihn in Hektar zu bemessen ist noch nicht möglich. Um das Strontium-Niveau zu erhalten, wie in diesen Arbeiten angegeben, muß man über das Gebiet ungefähr 500 000 Curie verteilen. Bei der Berechnung von Strontium in Pflanzen steigt die Zahl *bis zu einer Million Curie* – das sind zweifellos industrielle, aber keine experimentellen Größen. In keinem Land der Erde ist es irgendeinem Forscher gestattet, -zig Quadratkilometer mit Strontium zu verseuchen, in Konzentrationen, die die Indikatormengen um vieles übersteigen und die eine Vielzahl morphologischer Veränderungen hervorrufen wie erhöhte Sterblichkeitsrate bei Tieren nebst einer Reihe anderer Folgen.

Die Verfasser sagen gewöhnlich weder über den Ort der Versuchsaktionen noch über Gesamtflächen-Masse etwas aus. Dennoch sind methodische Fälschungen in den Veröffentlichungen bei einem Vergleich klar sichtbar. Abgesehen davon, daß Iljenko in drei seiner Arbeiten [22, 26, 27] von 1968–1970 ein und dasselbe Material wiederholt – nur in anderem Kontext und mit unterschiedlichen Erklärungen über den Verseuchungscharakter des Gebietes –, sind diese Erläuterungen manchmal widersprüchlich. Aus der Arbeit von Iljenko [27] ist ersichtlich, daß die Verseuchung des Geländes mit Caesium mit der Verseuchung durch Strontium einherging. Ungeklärt bleibt, wie bei den »Versuchen« der allzu große Unterschied in den Verseuchungs-Dosierungen von Strontium und Caesium zustande kam. Darüber, wie die Verseuchung entstand, gibt es keine Erklärungen. Zur selben Zeit wird in der Arbeit von Iljenko und Fjodorow [26], in der sie nur Caesium feststellen, gesagt, daß die verseuchten Reviere »angelegt wurden, um Methoden zur Dosimetrie [zur Bestimmung von Strahlendosen] auszuarbeiten, mit denen man Objekte der äußeren Umwelt kontrollieren kann«. (Korssakow et al., 1969).

So behaupten die Autoren auch, eine andere Gruppe von Forschern, die sich mit Dosimetrie beschäftigt hätten, habe die Verseuchung herbeigeführt. Dennoch ruft die Vertrautheit mit der Arbeit, auf die eben verwiesen wurde, großen Zweifel daran hervor, ob Iljenko und Fjodorow gesehen haben, was ausgerechnet in dieser Arbeit veröffentlicht war. Anscheinend haben sie sie durch ein zufälliges Referat oder auf sonstwelche Weise kennengelernt. Die Sache ist die, daß der Hinweis auf den Artikel *als ausländischer* Veröffentlichung erfolgt und sein Titel englisch wiedergegeben wird.

Unterdessen ist der Aufsatz von Korssakow, Popylko und Ternowskij [28] in Wien, aber *in russischer Sprache,* erschienen. Internationale Agenturen, die mit der UNO verbunden sind – und als solche tritt die Atomenergie-Agentur in Wien auf, die Arbeiten eines Symposiums publizierte –, erkennen Russisch als Arbeitssprache an und veröffentlichen russische Vorträge ohne Übersetzung. Die Verfasser des Aufsatzes sind Mitarbeiter des Instituts für Atomenergie I. Kurtschatow in Moskau. Ihre Arbeit war, wenn man all ihren Beschreibungen glauben darf, tatsächlich experimentell und bestand in einer Indikator-Verseuchung eines Geländes mit einem Gemisch radioaktiver Reaktor-Produkte, »die man nach beendeter Strahlung im Reaktor im Laufe von 200–350 Tagen zurückbehalten hatte«. (Warum redet man, wenn es sich um einen einzigen Reaktor handelte, von 200–350 Tagen und nicht von einem genauen Zeitraum?) Das heißt, es waren Reaktorabfälle nach fast einjähriger Lagerung. Unter den radioaktiven Isotopen waren auch Caesium-137, Strontium-90 und eine Reihe anderer (wie Zerium-144; Zirkonium-95; Ruthenium-106).

Diese radioaktiven Stoffe verstreute man über ein ziemlich großes Gelände (einschließlich einem bewohnten Dorf und einer Landwirtschaftlichen Produktionseinheit), doch mit einer Verseuchungsdichte *von 1 Curie pro km². In diesem Fall kommt auf 1 m² ein Isotopengemisch von 1 Mikrocurie (µCi)*. In welchem Teil der Sowjetunion diese Arbeit ausgeführt wurde, wird nicht gesagt. Doch war allein die Caesium-Aktivität bei Iljenko und Fjodorow 4–8mal höher, und die von Strontium 1000–2500mal höher als im Vortrag von Korssakow für das internationale Symposium angegeben war. Inwieweit in den Arbeiten von Iljenko und Fjodorow danach Detailanalysen über die Aktivität in Organen und Geweben geboten werden, rechtfertigt nicht die Zweifel an den von ihnen angegebenen hohen Verseuchungsgraden. Folglich hatte entweder ihr Gelände nichts mit dem von der Korssakow-Gruppe »experimentell« verseuchten Gebiet gemein, oder Korssakow und seine Mitarbeiter fälschten die echten Daten über die Verseuchung, um ihrer Arbeit einen »experimentellen« Charakter zu verleihen.

Iljenko zitiert in diesem Bilanz-Bericht [27] auch sein früheres Material über die Aktivitätsbestimmungen bei Fischen

(Plötzen, Hechten u. a.) – Material, das wir bereits auseinandergenommen haben [10] –, Messungen, die aus dem ersten Jahr, Sommer 1969, stammen. Da die Radioaktivitätsanalysen bei Tieren 1969 in erweitertem Umfang fortgesetzt wurden, wird deutlich, daß der gewisse See »X«, über den wir im vorigen Abschnitt verschiedene Vermutungen anstellten, sich auf einem Territorialmassiv mit Wald- und Wiesenflächen und anderen Biozönosen befand, die mit Strontium und Caesium verseucht waren. Weil diese Gebietsflächen sich über Dutzende von Quadratkilometern erstrecken, ist es am wahrscheinlichsten, daß gerade der Oberflächen-Abfluß und der Zufluß aus dem Grundwasser die Quelle der Radioaktivitätsschwankungen im Seewasser ausmachten.

Zur gleichen Zeit, als all diese breit angelegten, einen großen Zeitaufwand sowie eine Unzahl technischer Hilfskräfte erfordernden, experimentellen Arbeiten liefen, bauten A. I. Iljenko und A. D. Pokarschewskij noch eine Untersuchungsreihe auf [29], und zwar über den Einfluß *verschiedener Biozönosen* auf die Ansammlung von Strontium-90 in kleinen Säugetieren (5 Mäuse- und Spitzmausarten). Diese Arbeit lag 1972 gedruckt vor, war aber im Juni/Juli 1968 und von Juni bis August 1969 durchgeführt worden. (Im Juni/August 1969 begannen, wie wir sahen, auch die Strontium- und Caesium-Untersuchungen an den Fischen im See »X«[10].)

In der neuen Publikation wird *zum ersten Mal* mitgeteilt, »daß die Verseuchung der Gebietsstreifen einige Jahre vor Beginn unserer Untersuchungen verursacht worden ist; zum Zeitpunkt unserer Arbeit war Strontium-90 vollkommen in den Biozönosen akkumuliert und vom Materiekreislauf aufgenommen«[S. 1219].

Gleichzeitig *war dies schon wieder ein neues Gebiet,* das

gänzlich andere Verseuchungsgrade mit Strontium aufwies. Im Gelände wurden 5 Reviere mit einer Verseuchungsdichte von 3,21; 1,23; 0,44; 0,37; 0,14 Mikrocurie pro m^2 ausgewählt. So wird in der vorliegenden Arbeit die Verseuchung in Mikrocurie gemessen, das heißt, das Aktivitätsniveau im Boden liegt um 1000–2000mal niedriger als in den anderen Arbeiten von Iljenko*). Unterdessen sind die Forschungsziele im Grunde dieselben. Die Reviere hatten unterschiedliche Böden, unterschiedliche Vegetation und gleichzeitig verschiedene Radioaktivität. Das beweist wiederum den *Zufallscharakter der Verseuchung*, weil man bei experimenteller Verseuchung den Vergleich verschiedener Biozönosen unter den Bedingungen identischer oder ähnlicher Verseuchungsgrade anstellen muß. Die Verfasser bieten eine minuziöse botanische Charakteristik der Reviere, welche Pflanzenarten vorherrschten, ein Geländerelief usw. Obwohl Flächenangaben fehlen, wird aus den Beschreibungen sichtbar, daß sie hinreichend groß sind – äußerstenfalls nicht weniger als 5–10 Hektar pro Revier. Eins von ihnen (Nr. 3) *stellt in sich ein »Seeufer« dar.* Die Varianten der Bodentypen (grauer Waldboden im Revier Nr. 1, sandige Böschung im Revier Nr. 3, *Schwarzerde-Boden* in den Revieren Nr. 2, 4 und 5) beweisen das *geographische* Ausmaß des gesamten Gebietsstreifens. Außerdem war eine genügend großräumige Isolation der Reviere nötig, um keinen Überwechsel der wandernden Tierarten (Spitzmäuse) von einem Revier ins andere zuzulassen.

Wenn man in einem bestimmten Gebiet, in dem Iljenko mit seinen Mitarbeitern forschte, das Vorhandensein einer riesi-

*) Bezüglich dieser Verseuchungsgrade s. Kap. 7. Nach einer anderen Arbeit zu urteilen, ist in diesen Revieren die Dosierung in μCi falsch angegeben. In Wahrheit muß sie mCi lauten.

gen industriellen Verseuchung zugestehen will, die eine Reihe von Jahren vor Versuchsbeginn mit Säugetieren passierte, dann liegt diese Serie von Parzellen in ihrer Aktivität weit niedriger, als es in anderen Arbeiten von derselben Verfassergruppe an der Peripherie des verseuchten Hauptgebiets offensichtlich festgestellt werden konnte. Oder diese Unterschiede erklären sich sogar als Folge der sogenannten »Sekundär-Verseuchung«[28], die aus der Verbreitung von Staub, Samen und anderen Produkten durch den Wind resultierte. Die Staub-Ausbreitung, die die »Sekundär-Verseuchung« verursacht, wie in dieser Arbeit gezeigt wurde, ist im Frühjahr und im Spätherbst besonders deutlich zu sehen, wenn die Pflanzendecke verschwunden, aber die Schneedecke nicht mehr oder noch nicht vorhanden ist.

Wie wir jedoch im weiteren sehen werden, erscheinen dieselben Reviere in den folgenden Untersuchungen bei Vögeln, doch bereits mit einem Verseuchungsgrad in Millicurie (mCi) pro m^2, und nicht in Mikrocurie (μCi). In russischen Texten erscheint dieser Fehler sehr häufig. Zu Anfang der fünfziger Jahre wurde die internationale Terminologie der Abkürzungen für Radioaktivität für die russische Sprache adaptiert: mCi wurde *›Mkjuri‹*, aber μCi wurde *›Mkkjuri‹*. Zwei ›k‹ nebeneinander im Fall von ›Mkkjuri‹ machen auf die Sekretärin, den Korrektor oder Setzer in der Druckerei den Eindruck eines grammatischen Fehlers, und wenn sich *Mkk* mehrmals wiederholt, dann können sie leicht *Mk* in *Mkk* umändern. Wenn aber in der Arbeit häufiger *Mk* in der Erinnerung haftet, dann entsteht die Tendenz, *Mkk* in *Mk* zu »verbessern«. Wenn der Verfasser Korrektur liest, läßt er leicht diesen sehr wesentlichen Unterschied durchgehen.

6. Der Distrikt Tscheljabinsk zur Zeit der Katastrophe Herbst/Winter 1957

In den vorhergehenden Kapiteln sprach ich über den Ural, dem Ort all dieser Untersuchungen, hauptsächlich anhand indirekter Merkmale. Vor allem ist der Artenbestand der Lebewesen typisch für die Gegenden des Mittleren und Südlichen Ural und Westsibiriens [25, Gesamtband, 15, 30, 31, 32]. Das bezieht sich auch auf den Artenbestand der Pflanzen – die Mischung westsibirischer, Ural- und europäischer Arten weisen auf ein Gebiet zwischen Europa und Asien im Klimagürtel des Südlichen Ural (einige Steppensorten und Schwarzerde-Streifen, neben Wald- und anderen Bodensorten). Im Südural fallen wenig Niederschläge. Das macht sich in der Vegetation und in den Böden bemerkbar. Dennoch kann man nach den Ausbreitungsgebieten der verschiedenen Pflanzen- und Tierarten nur eine geographische Primärzone bestimmen, jedoch keine genauere Lokalisierung. Unterdessen findet sich, im Gegensatz zu den in praktisch allen ausländischen Publikationen zur Radioökologie eingehaltenen Normen, weder in einer der bisher erwähnten Arbeiten noch in allen anderen, die wir noch streifen werden, *außer einer einzigen*, irgendein Hinweis auf die geographische Lage der untersuchten Gebiete, was allerdings nach *ökologischen Prinzipien* unerläßlich ist, denn auch viele biologische Merkmale hängen vom geographischen Lokalisationsgebiet, dem Klima und ähnlichen Faktoren ab. Strontium-90 und Caesium-137 werden von Pflanzen und Tieren ganz unterschiedlich absorbiert je nach den verschiedenen geographischen Bedingungen. Auf diesen Prozeß haben die Höhenlage der Reviere, Art und Zusammensetzung des Bodens, Temperatur, Dauer des Winters und vieles andere Einfluß. Das Fehlen dieser Angaben vermindert den Forschungswert, doch durfte die Lage der verseuchten Reviere, offensichtlich aus Zensurgründen, nicht preisgegeben werden.

Obwohl er den Ort der Untersuchungen selbst in seinem Buch [12] nicht verrät, nennt Iljenko mit einer Gruppe von Mitarbeitern in einer verhältnismäßig neuen Publikation [33] endlich die Region im Ural, in der der Tierfang stattfand. Offensichtlich kam dies zufällig durch mangelnde Wachsamkeit bei Verfassern und Zensur zustande.

Diesmal war das Versuchsziel, die denkbare Adaptation einiger Mäusearten (derselben wie oben) an die radioaktive Bestrahlung festzustellen, als das Ergebnis ihres lange andauernden Aufenthalts in der mit Strontium-90 verseuchten Biozönose. Das Problem ist ziemlich interessant und reicht auch in das Gebiet der genetischen Forschung hinein, worüber ich später berichten werde. Die Frage, die sich Iljenko und seine Mitarbeiter gestellt hatten, lautete: Kommt es nicht beim Aufenthalt in radioaktiver Umwelt zu einer *Auslese der radio-resistenteren* Verwandtschaftslinien der Mäuse? (Die höhere Sterblichkeit bei Mäusen in verseuchtem Gelände war früher von demselben Autor demonstriert worden, und die Frage über eine mögliche Auslese tauchte dabei völlig logisch auf.)

Um das Problem zu lösen, wurden die in radioaktiven und »sauberen« Revieren gefangenen Mäuse einer zusätzlichen äußerlichen Bestrahlung mit verschiedenen Dosierungen unterzogen. Man erwartete, daß die Mäusepopulationen, die viele Generationen durchlaufen und viele Jahre in radioaktiver Umwelt gelebt hatten, weniger empfindlich sein würden.

Bei einer solchen Arbeit ist es Pflicht, darauf hinzuweisen, wie viele Jahre die Mäusepopulationen in der radioaktiven Biozönose verbracht hatten.

Im vorliegenden Fall fing man Mäuse verschiedener Arten von einigen »sauberen« Kontrollrevieren und von Parzellen, die mit Strontium-90 verseucht waren (bei Graden von 1,2 und 0,2 Millicurie pro m^2). Dieses Niveau ist wieder anders als früher, doch lief auch die Arbeit einige Jahre später ab, deshalb konnten sich die Aktivitätsstärken geändert haben (Dosierungen von 1,8–3,4 Millicurie pro m^2 hatten für die Versuche von 1964–65 gegolten). In der neuen Arbeit heißt es: »Im Herbst 1970 und 1971 wurden spezielle Untersuchungen an Gruppen von roten Wühl- und Waldmäusen aus Nagetier-Populationen vorgenommen, die 14 Jahre lang in künstlich mit Strontium-90 verseuchten Revieren gelebt hatten...« [S. 573].

Die Verfasser schreiben, *diese 14 Jahre bezögen sich auf den Beginn ihrer Untersuchungen*, das heißt *auf Herbst 1970. Folglich ereignete sich die Verseuchung im Herbst 1957.* Man darf auch nicht vergessen, daß im Herbst 1970 Iljenko noch die intensive Arbeit an der Beobachtung der Radioaktivitätsverteilung im See »X« fortsetzte [11].

Das Einfangen der Mäuse fand *»in der Umgebung von Moskau und im Tscheljabinsker Distrikt«* statt. Zwei von sechs Mäusearten gingen in den Gebieten des Mittleren Ural, also im Swerdlowsker Distrikt, in die Falle. Die Bestrahlung der Mäuse, die aus dem Tscheljabinsker Distrikt und dem Mittleren Ural stammten, fand nach dem Transport der lebenden Mäuse nach Moskau statt, wo es spezielle Vorrichtungen zur Außenbestrahlung und Vivarien zur Beobachtung der Sterblichkeitsdynamik nach den Bestrahlungen gab.

In den 14 Jahren, in deren Verlauf die Mäuse im verseuchten Gelände lebten, hatten sich in dieser Zone, wie die Verfasser schreiben, *»mehr als 30 Nagetier-Generationen abgelöst«*; bei der einen Art beobachtete man schwache Adaptations-Veränderungen, bei der anderen gab es keine. Wichtig ist dennoch die zweite. In 14 Jahren folgen tatsächlich 30–35 Mäusegenerationen aufeinander. Doch wenn ein einzelnes Weibchen auf der Nahrungssuche sich noch nicht weit von seiner Höhle entfernt, so muß die neue Nachkommenschaft, wenn sie aufgewachsen und selbständig geworden ist, in größeren Entfernungen vom Ort der Geburt fortwandern. Die Beobachtung der Platzwechsel-Abstände verschiedener Nagetierarten [24] zeigt zum Beispiel, daß die rote Wühlmaus, die sich von Samen ernährt, sehr beweglich ist und sich von ihrem Nest bis zu 500 m im Umkreis entfernt. Beim Ausschwärmen *der neuen Brut* anderer Mäusearten kommt die Migration auf eine Distanz bis zu 1000 und mehr Metern. *In Hungerzeiten können Mäusemigrationen Dutzende von Kilometern betragen.* In 14 Jahren waren Hungerzeiten unausbleiblich, und in Arbeit [25] findet man für den Ural eine Populations-Dynamik von Waldmäusen nach Jahrgängen angegeben, aus der krasse Schwankungen bei der roten Wühlmaus sichtbar werden, die auf Nahrungsmangel zurückzuführen sind. Wenn Iljenko die *Adaptation* bestimmt, muß er völlig überzeugt davon sein, daß alle 30–35 Generationen, die das radioaktive Gebiet bevölkerten, auch tatsächlich in diesem Gebiet gelebt haben, ungeachtet der Abwanderung neuer Generationen und der Nahrungs-Migrationen. Für 30 Generationen darf der minimale Flächenradius in diesem Fall nicht weniger als 30 km betragen. Wenn man dem Versuchsvorhaben Vertrauen schenken kann, dann war die verseuchte Zone für jeden der beiden Strahlenpegel nicht weniger als 1000–1500 km^2 groß.

Die Strahlenempfindlichkeit der Mäuse aus der radioaktiven Biozönose am Ural mit der der »Kontroll-Gruppe« aus Moskaus Umgebung miteinander zu vergleichen, ist völlig unmöglich, weil der krasse Unterschied der Klimafaktoren mit hineinspielt, der die unterschiedlichen Rassen derselben Mäuseart hervorbringt. Die »Moskauer Mäuse« wurden anscheinend einfach zum Vergleich der Artunterschiede in der Strahlen-Empfindlichkeit herangezogen. In diesem Fall wurden, nach den von den Autoren präsentierten Tabellen zu urteilen, sechs Mäusearten miteinander verglichen. Aus der radioaktiven Umwelt kamen nur zwei Arten in die vergleichende Beobachtung – rote Wühlmäuse und Waldmäuse aus dem Distrikt Tscheljabinsk. Im Mittleren Ural (Swerdlowsker Distrikt) fing man gewöhnliche Wühlmäuse und Mäusejunge, die auch nur in die Gruppe zum Vergleich der Strahlen-Resistenz kamen, aber nicht in die in radioaktiver Biozönose lebende Gruppe.

Als Summe allen bereits analysierten Materials kann man auf diese Art eine vorläufige Charakteristik des Forschungsgebiets geben, wovon in den Kapiteln 4, 5, und 6 die Rede ist. Diese Zone liegt im Tscheljabinsker Distrikt, nimmt eine Fläche von nicht weniger als 1500 Quadratkilometern ein und schließt einige Seen ein. Die radioaktive Verseuchung dieser Zone mit Strontium-90, Caesium-137 und geringeren Mengen anderer Isotope geschah im Herbst 1957. Der Verseuchungsgrad bemißt sich auf Millionen und Abermillionen

Curie. Von diesem Hauptverseuchungs-Gebiet mit einer Aktivität im Bereich von 1–4 Millicurie pro m^2 nahm eine Sekundär-Ausbreitung der Aktivität ihren Ausgang, die Landstriche in verschiedenen Richtungen mit Boden- und Stauberosion überzog und auf einen Teil der Nachbar-Distrikte Kurgan und Tscheljabinsk im Süden *(die Schwarzerde-Böden)* übergriff, doch lag in diesen Gebieten der Verseuchungsgrad bereits viel niedriger.

Manchmal geschah die Evakuierung der Bevölkerung offensichtlich auch aus Gebieten der »Sekundär«-Verseuchung, dann wurden diese Regionen »frei« für die strahlen-ökologische Forschung. Doch bei sehr schwachem »sekundärem« oder »tertiärem« Verseuchungsgrad gab es keine Evakuierung der Bevölkerung, was einigen Autoren (Korssakow und Mitarbeitern [28]) erlaubte, auch über die Radioisotopen-Verteilung im System »Landwirtschaftliche Produktion – Mensch« Beobachtungen anzustellen.

7. Vogelwelt in der radioaktiven Umwelt

Ich erwähnte bereits zwei Arbeiten [26, 27], in denen neben Säugetieren auch Vögel auf ihren Strontium-90- und Caesium-137-Anteil untersucht wurden, die ebenso in radioaktiven Biozönosen lebten. Die Vögel stellen eine besondere Tier-Gruppe in den sogenannten »Nahrungsketten« dar, weil sich die einzelnen Arten von den Samen der Bäume und Feldpflanzen ernähren, von Kerbtieren im Boden, fliegenden und kriechenden Insekten, kleinen Säugetieren und sogar von Tierkadavern. Wasservögel leben von Fischen, Amphibien und vielen anderen Produkten aus Seen und Teichen.

Ein komplexes Studium der Flora und Fauna einer radioaktiven Biozönose schließt die Vogelwelt unbedingt mit ein. Doch viele Vogelarten in der UdSSR kommen im Frühjahr aus südlichen Gegenden und fliegen im Herbst zum Überwintern in verschiedene Länder: an die Küsten des Mittelmeeres, nach Mittelasien, nach Georgien, auf die Krim, nach Nordafrika, in den Iran, und bleiben dort viele Monate. Bei weitem nicht jeder Zugvogel kehrt zurück – 20–30% können umkommen. Und nicht jeder Vogel kehrt an denselben Ort zurück, von wo er im voraufgegangenen Herbst aufbrach – das sind Eigenschaften der *Migration und des Konservatismus,* und auch die Wanderrouten erforscht man auf vielfältige Weise, hauptsächlich durch die *Methode der Beringung.*

Die »heiße Zone« der gefährlichen Verseuchung war 1957 vielleicht nicht größer als 2000 km², doch wurde die Vogeljagd im gesamten Mittleren und Südlichen Ural untersagt. Caesium konnte in den ersten Jahren bei einigen Mäusegruppen hohe Werte erreichen, doch auch Strontium in den Knochen konnte sehr gefährlich werden, denn die Knochen junger Vögel werden oft zusammen mit dem Fleisch verspeist.

Doch in anderen Ländern und in den südlichen Gebieten der UdSSR, wohin im Winter die Vogelzüge aus dem Ural fliegen, war die Jagd nicht verboten. Ich glaube nicht, daß die Menschen in diesen Gegenden sich einer allzu großen Gefahr aussetzten, wenn sie z. B. Wildenten vom See »X« verzehrten. Aber dennoch sollte die Regierung der UdSSR ein internationales Programm ausarbeiten, um das Überfliegen radioaktiver Vogelschwärme zu beobachten und ihm vorzubeugen. Zu Anfang hat offensichtlich niemand darüber nachgedacht, und danach entschied man, daß es dazu schon viel zu spät sei.

Wenn der eine oder andere mit Radioaktivität gesättigte Vogel den Sommer überstand und bei dem langen Flug in den Süden nicht ums Leben kam, geht wohl auch der Jäger nicht daran zugrunde, der ihn seiner Familie zum Abendbrot mit nach Hause bringt. Gerade bei den Vögeln geht die Blutbildung äußerst aktiv vor sich; sie gehören zur strahlenempfindlichsten Tiergattung. Aber über die sogenannten »entfernten Strahlungseffekte« wußte man in der UdSSR von 1958–63 noch fast gar nichts – auch eins der Probleme, die zur Zeit der »Chromosomen-Genetik« tabu waren.

Die erste ausführliche Arbeit über das Studium von Vögeln in einer radioaktiven Biozönose wurde ebenfalls von A. I. Iljenko 1970 veröffentlicht [34]. Ein eigener methodischer Abschnitt fehlt in diesem Aufsatz. Bei der Erklärung der Natur der Verseuchung schreibt der Verfasser: »Es wurden Vögel in

Revieren abgeschossen, die künstlich mit Strontium-90, Stärke 1,8–3,4 Millicurie pro m², und Caesium-137 mit einer Dichte von 4–8 Mikrocurie pro m² verseucht waren, was eine industrielle Verseuchung imitieren sollte...« Wie wir sehen, ist das genau dieselbe Biozönose (1,8–3,4 Millicurie pro m²), in der vorher die Mäuse gefangen wurden. Doch ist diese Biozönose strahlungsgefährlich: die in ihr lebenden Mäuse hatten eine verkürzte Lebensdauer und wiesen anatomische und physiologische Veränderungen auf, die mit dem hohen Strahlungsniveau zusammenhingen. Es ist wohlbekannt, daß in Fällen, in denen der Verseuchungsgrad eines Gebietes krasse Störungen in den biologischen Lebensfunktionen bei Tieren ausübt, dann solche Reviere zum Studium *ökologischer Wechselbeziehungen* wenig taugen.

In der vom Autor zitierten Tabelle wird Strontium-90 in Mikrocurie pro Gramm Knochengewebe und Caesium in Mikrocurie pro Kilogramm Muskeln angegeben. Die Konzentrationsschwankungen innerhalb der Arten waren sehr hoch, doch in einer etwas seltsamen Form dargeboten (Rohgewicht x 10^{-2}). Dieses Meßsystem ist ganz und gar nicht üblich – weshalb und welche Größen man denn mit 10^{-2} multiplizieren soll, ist mir nicht klar. Wenn man die Zahlen der Tabelle durch 100 dividieren soll, dann wäre es einfacher, sie in »Picocurie« anzugeben, das heißt, Einheiten die 1000mal kleiner sind als Mikrocurie. Gerade »Picocurie« ist für andere strahlenökologische Arbeiten üblich. Doch anscheinend wären die von den Verfassern gewonnenen Daten in »Picocurie« zu hoch erschienen, das hätte die Aufmerksamkeit mit einem Schlag auf sich gelenkt. Für professionelle Radioökologen gebe ich hier die Tabelle ganz wieder (s. Tab. 1).

Tab. 1

Konzentration von Sr-90 und Cs-137 bei Vögeln in Waldumgebung
(aus: Iljenko [34])

Konzentration von Strontium-90 mit Yttrium und Caesium-137 im Körper und der Nahrung von Vögeln in Waldbiozönose (10^{-2})

	Strontium-90			Caesium-137		
Vogelarten	Anzahl Exemplare	Konzentr. im Skelett	Gehalt i. d. Nahrg.	durchschnittl. Probenmenge	Konzentr. i. d. Muskeln	Gehalt i. d. Nahrg.
Kohlmeise (Parus major)	6	9,0	6,2	–	–	–
Lapplandmeise (Parus montanus)	–	–	–	1	0,41	–
Frühlingslaubsänger (Phylloscopus trochilus)	5	25,4	0,22	1	1,44	–
Baumpieper (Anthus trivialis)	11	2,5	0,63	9	1,8	–
Gewöhnl. Gartenammer (Emberiza citrinella)	6	11,0	0,61	6	0,62	1,5
Goldammer (E. aureola)	1	5,7	0,54	4	1,2	–
Feldsperling (Passer montanus)	7	9,2	0,41	6	2,0	2,3
Star (Sturnus vulgaris)	5	2,2	–	3	1,8	9,0
Misteldrossel (Turdus pilaris)	–	–	–	12	0,38	0,85
Pirol (Oriolus oriolus)	5	0,27	0,046	3	0,086	–
Karmingimpel (Carpodacus erythrinus)	–	–	–	1	0,85	–
Grasmücke (Sylvia borin)	–	–	–	3	1,74	–
Elster (Pica pica)	2	9,0	–	3	6,3	8,1

Krähe (Corvus corone)	–	–	–	3	0,36	3,0
Wendehals (Jynx torquilla)	4	27,0	0,37	–	–	–
Weißrücken-Specht (Dendrocopus leucotus)	3	8,2	0,19	–	–	–
Ziegenmelker (Caprimulgus europaeus)	2	0,08	0,005	–	–	–
Birkhahn (Lyurus tetrix)	4	5,4	0,12	11	0,55	1,1
Turmfalke (Falco tinnunculus)	–	–	–	2	0,054	0,1**)
Grauer Waldkauz (Strix aluco)	2	2,1	19,0*)	4	1,2	2,1**)
Waldohreule (Asio otus)	–	–	–	3	0,9	2,0**)

*) kleiner Nagetiere und Vögel (127 Stck.) stammt aus dem Abschußgebiet der Eulen

**) Konzentration von Caesium-137 im Körper kleiner Nagetiere, die in den Jagdrevieren von Raubvögeln erlegt wurden.

Für Strontium liegt bei einigen Arten die Radioaktivitäts-Konzentration in den Knochen zweifellos sehr hoch und kann im Laufe der Zeit Strahlenschäden im Knochenmark hervorrufen, dem für Strahlung anfälligsten Gewebeteil.

Diese Tabelle sowie die in den Fußnoten aufgeführten Listen der lateinischen Bezeichnungen anderer Vogelarten, die in späteren Studien untersucht wurden, können für die Ornithologen interessant sein, die vielleicht das Schicksal der Zugvogelarten verfolgen wollen und diese Vögel irgendwo im Niltal oder auf den griechischen und jugoslawischen Inseln mit Strontium-90 im Skelett antreffen. Natürlich gehören nicht alle der 21 in der Tabelle zitierten Arten zur Gruppe der

Zugvögel. Einige überwintern im Ural, andere fliegen nicht sehr weit in den Kaukasus, ans Kaspische und Schwarze Meer, nach Turkmenien oder Usbekistan. Daten über Dosierungsmessungen fehlen in dieser Arbeit, doch wird gerade durch diese Angaben zum ersten Mal genügend klar vermerkt, daß das Gelände *mit Strontium und Caesium gleichzeitig verseucht wurde.* Für Strontium sind die Verseuchungswerte genau dieselben, wie sie schon in zwei anderen Arbeiten vorkamen [20, 21], für Caesium sind sie identisch mit der bei Iljenko und Fjodorow [26] angegebenen Aktivität. Noch einmal wird ein Verweis auf Korssakow [28] gebracht, doch ich bemerkte schon, daß dies zweifellos eine Fälschung ist. Bei Korssakow lag der Verseuchungsgrad 1000mal niedriger, und das verseuchte Gebiet umfaßte *bewohnte Siedlungen und Dörfer*, für die die Dosierungen der Arbeiten von Iljenko viel zu gefährlich gewesen wären.

Sonderbar erscheint ein Umstand. In der Arbeit von Iljenko und Fjodorow tauchten in der Caesium-Analyse auch 7 Vogelarten auf (Elster, Star, Birkhuhn, Feldsperling, Baumpieper, die gewöhnliche Ammer, der graue Waldkauz), und dabei handelte es sich um ein und denselben Versuch, weil alle Zahlen über diese Vögel aus Arbeit [26] sich im Aufsatz von Iljenko [34] wiederholen, den er im selben Jahr veröffentlichte. Nur bietet er in diesem Aufsatz Material über 21 Arten und nicht über 7, und in der verseuchten Fläche wurden Strontium *und* Caesium registriert, nicht nur Caesium allein. Doch sind bei den 7 Arten die Zahlen für den Caesium-Anteil (Konzentration in Skelett und Nahrung) absolut identisch. Iljenko und Fjodorow [26] geben in ihrer Arbeit genau den Zeitpunkt des Abschusses an – Juni 1968 –, und man muß vermuten, daß sich 4–8 Mikrocurie pro m^2 Caesium auf den

Zeitraum 1967–68 beziehen. Und 1,8–3,4 Millicurie pro m^2 Strontium waren für 1964 gemessen worden! [20, 21]. Für 1968 müßten diese Zahlen *unbedingt* schon anders lauten; vier Jahre können nicht ohne Veränderung der Strontium-Konzentration in der Umwelt vergehen. Folglich gab es nach 1964 keine reale Dosierungsmessung von Strontium in der Umwelt, und der Verfasser nimmt alte, schon verjährte Daten zu Hilfe. Doch vielleicht verlegten die Forscher die »Experimental«-Zone näher an das Verseuchungszentrum, wo auch nach vier Jahren noch dieselbe Verseuchungsdichte vorlag?

In dieser noch vorläufigen Arbeit über Vögel gibt es eine Abschußquote von circa 200 Stück. Ohne Störung des ökologischen Gleichgewichts kann man das im Juni auf einigen Quadratkilometern machen. Anhand von Vogelatlanten zu urteilen [35, 36], kommen alle Arten im Ural vor. In der Mehrzahl sind sie charakteristische Mischwaldbewohner; einige jedoch sind typischer für Landwirtschaftsgebiete und sogar für Städte. Iljenko schreibt, alle Arten seien in Waldbiozönose geschossen worden. Trotzdem sind die Arten Emberiza citrinella (Gartenammer), E. aureola (Goldammer), Sturnus vulgaris (Stare), Corvus corone (Krähen) keine typischen Waldvögel, sondern bevorzugen lichte Mischwälder und offene Gelände. Der Feldsperling (Passer montanus) lebt grundsätzlich überhaupt nicht auf Feldern, sondern in besiedelten Orten mit Landwirtschaft. All dies spricht noch einmal für ein ausgedehntes Gebiet.

Unter all diesen Arten befindet sich nicht eine einzige, die für feuchte Gegenden oder offene Gewässer charakteristisch ist, was ungewöhnlich erscheinen kann, zieht man die große Anzahl Seen in den Gebieten des Südlichen Ural in Betracht.

Dieser Zweifel verschwindet jedoch nach Ablauf von 4 Jahren, als A. I. Iljenko und I. A. Rjabzew eine spezielle Arbeit *über Wasservögel* [37] herausbringen, deren Grundidee sehr originell ist. Sie befaßt sich mit dem *Konservatismus der Rückkehr* von Vögeln an genau denselben See im Frühjahr, von woher sie im voraufgegangenen Herbst abflogen.

Die Forschungsmethode war sehr einfach. Vögel, die an einem radioaktiven See leben, enthalten in ihren Knochen Strontium-90. Wenn man *im Frühjahr* die an diesen See *zurückkehrenden* Vögel einfängt oder abschießt, dann gelten diejenigen Exemplare, die in ihren Knochen Strontium-90 haben, als *Rückkehrer* an den alten Platz. Die »sauberen« Vögel – das sind dann die »Zugereisten« von anderen Orten, die »Immigranten.« Für solche Versuche ist gerade Strontium geeignet, denn Caesium, das sich in den Muskeln konzentriert, verliert sich wegen des Stoffwechsels in den südlichen Gegenden, wo die Vögel einige Wintermonate verbringen.

Methodik und Ergebnisse dieser interessanten Arbeit kommen am besten als unmittelbares Zitat des Materials aus diesem Aufsatz zur Geltung:

Die vorliegende Arbeit wurde in einem experimentellen Wasserbecken durchgeführt, das künstlich mit Strontium-90 verseucht war (Rowinskij, 1965). Dieses Isotop setzt sich im Knochengewebe dauerhaft fest und wird während eines langen Zeitraumes nicht daraus abgebaut... Der Grad des Nest-Konservatismus bemaß sich nach der Anzahl der Einzeltiere, die im Skelett Strontium-90 besaßen und nach der Radioisotopen-Menge im Knochengewebe der Vögel. Diese Indikatoren bieten die Möglichkeit, die Vögel zu bestimmen, die im untersuchten Gewässer genistet haben oder aufgewachsen sind, und sie bringen die Dauer ihrer Kontakte zum Nistgebiet für die der Untersuchung vorhergehenden Jahre zum Ausdruck. Der Abschuß der Wasservögel geschah zu Beginn des Frühjahrs 1970–72 zur Zeit ihrer Ankunft nach dem Überwintern. Er erfolgte in zeitweilig nicht verseuchten

Wasserbecken vor dem Auftauen des verseuchten Teichs und dann in diesem, nachdem er vom Eis befreit war. In der Hauptsache wurden Erpel geschossen.
In unserem Untersuchungsgebiet hatte es im Laufe vieler Jahre keine von Menschen ausgehenden Aktivitäten gegenüber Tieren gegeben (Jagd, Fischfang, Abbrennen von Wiesen, Heumahd, Viehweide u. a.), was sehr wichtig ist für die Bildung örtlicher Wasservogel-Populationen.
Die Anzahl der Entenmännchen und -weibchen mit Strontium-90 im Skelett ist ungleich (s. Tabelle): Die überragende Mehrzahl der Weibchen enthält Radioisotope im Skelett, wogegen Erpel mit Isotopen im Knochengewebe 11–73% der Gesamtzahl der überprüften Tiere ausmachen. Erpel, die kein Strontium-90 im Skelett vorweisen, sind zweifellos im vorliegenden Wasserbecken zum ersten Mal erschienen. (S. 308).

Die Abschlußarbeiten an den Vögeln wurden im *Frühjahr 1970* begonnen. Ich mache darauf aufmerksam, daß im selben Frühjahr A. I. Iljenko noch damit beschäftigt war, monatliche Wasserproben auf Radioaktivität im See »X« zu entnehmen, dort Hechte und Plötze zu fangen sowie Proben von Wasseralgen und Biomasse zu entnehmen. Zu dieser Zeit liefen auch die Arbeiten an den anderen Projekten. Es kann keinen Zweifel daran geben, daß all diese gleichzeitig durchgeführten Untersuchungen mit Hilfe eines umfangreichen technischen Personals in ein und demselben Gebiet stattfanden. (In der UdSSR ist es nicht üblich, Laboranten und Techniker unter die Ko-Autoren bei der Publikation von Untersuchungen einzureihen; freundliche Wissenschaftler drücken gelegentlich ihren Dank »für technische Hilfe« aus. Das war bei Iljenko und seinen wissenschaftlichen Mitarbeitern nicht der Brauch – sie hätten ihnen eine zu lange Liste widmen müssen.) Doch wozu schoß man in diesem Fall Vögel von dem vorher von Rowinskij [9] untersuchten See, aber nicht von dem See »X«? Der Unterschied zwischen dem See »X« und

Tab. 2

Anzahl der »verseuchten« Enten verschiedener Arten vor und zu Beginn der Nistzeit:

Arten	♂ Anzahl der Exemplare	♂ davon mit Sr-90	♀ Anzahl der Exemplare	♀ davon mit Sr-90
Wildente, Stockente (Anas platyrhynchos)	18	11	7	7
Schnatterente (Anas strepera)	26	19	13	13
Krikente (Anas crecca)	11	5	4	3
Knäkente (Anas querquedula)	9	1	3	3
Tafelente (Aythya ferina)	6	4	6	6
Insgesamt	70	40	33	32

dem von Rowinskij überprüften liegt klar in der Dynamik ihrer Radioaktivität. Im See »X« zeigte die Radioaktivität krasse Schwankungen (Gewässer mit Zu- und Abfluß), in den Seen, von denen schon 1965 in der Arbeit Rowinskijs die Rede war, blieb die Aktivität seit 1960 stabil (vgl. Abb. 1). Zweifellos erlaubte gerade das, die ankommenden Vögel an einem gewissen mehr oder weniger stabilen Radioaktivitätsniveau von Strontium-90 im Skelett zu »erkennen«, während am See »X« Vögel mit sehr schwankenden Isotopen-Konzentrationen in Skelett und Muskeln vorkommen konnten.

F. J. Rowinskij gab, wie ich schon erwähnte, für seine beiden Seen keine Realwerte der Radioisotopen-Verseuchung an, sondern lieferte logarithmische Relativgrößen. Unter seiner Beobachtung standen zwei Seen, jeder von geographischen Dimensionen (11,3 km^2 und 4,5 km^2). Iljenko bezeichnet einen von diesen Seen als »Teich«, doch das galt offensichtlich der Zensur. Auf welchem »Teich« kann man mehr als 100 Wasservögel abschießen? Doch entgegen den eigenen Prinzipien, die sich in allen früheren Arbeiten ausdrückten, erwähnen A. I. Iljenko und I. A. Rjabzew keine Zahlen in Mikrocurie über den Strontium-Gehalt in den Vogelknochen. In anderen Arbeiten über Vögel [20, 21, 26, 34, 38] stehen immer Realwerte von Strontiumvorkommen im Skelett. Iljenko und Rjabzew *konstatierten* Strontium-90 in den Vögeln dieses Wasserbeckens, doch hielten sie in den Tabellen nur sein Vorhandensein, nicht aber sein Niveau fest. Das vermindert den Wert ihrer Arbeit im Hinblick eines streng *»lokalen«* Konservatismus, weil Rowinskij *zwei* Seen, und nicht einen, untersuchte. Dabei gab es in dieser geographischen Zone noch einen dritten See mit Strontium, wie aus dem veröffentlichten Material hervorgeht. Wie konnten denn die Verfasser Vögel *erkennen,* die gerade in diesen »ihren« See zurückkehrten, von dem sie im vorigen Herbst weggeflogen waren? Das hätte man bei einem korrekten wissenschaftlichen Ansatz nur mit dem Strontium-Niveau in den Knochen feststellen können, das bei Vögeln, die auf verschiedenen Seen leben, eventuell Unterschiede aufweist. Man hätte dann die Aktivität vor dem Abflug und nach der Ankunft messen müssen; Zeit dazu war vorhanden, weil die Untersuchung von 1970–72 lief. Meine Vermutung läuft darauf hinaus, daß das Strontium-90-Niveau im Skelett der Vögel gerade dieses Sees *sehr hoch war.* Das gestattete Rowinskij nicht, konkrete Zahlen für 1964 anzugeben, als er seine Arbeit drucken ließ, und das hinderte auch Iljenko und Rjabzew daran, absolute Zahlen zu liefern. Und zehn Jahre nach dem »Plateau« der Kurve von Abb. 1 war die Verseuchung der Seen noch immer zu hoch.

Weiteren Zweifel ruft »der Abschuß von Wasservögeln... in zeitweilig nicht verseuchten Wasserbecken vor dem Auftauen des verseuchten Teichs und dann in diesem, nachdem er vom Eis befreit war« hervor. *Warum wurde die Vogeljagd in den südlicheren Gewässern durchgeführt?* Sie waren offensichtlich deshalb südlicher, weil sie früher eisfrei waren. Im Tscheljabinsker Distrikt gibt es Hunderte großer und kleiner Seen, die Gesamtfläche der Wasserbecken in diesem Distrikt beträgt mehr als 60 000 Hektar. Die verseuchte Zone liegt nördlich von Tscheljabinsk, doch auch südlicher gibt es eine Vielzahl großer und kleiner Seen. Es gibt keine Garantie dafür, daß Vögel von jenen Seen auch bestimmt weiter nach Norden fliegen; wie soll man die nur vorübergehend landenden Tiere von denen unterscheiden, die *an ihren Süd-Tscheljabinsker* See zurückgekehrt sind und hier den Sommer über bleiben? Das Verhältnis »schmutziger« zu »sauberen« Vögeln sieht auf den Seen der südlicheren »Schmutz«-Zone unvermeidlich anders aus als im »verschmutzten« Gebiet selbst. Sogar weiter nördlich im Swerdlowsker Distrikt, aber auch in anderen, liegen eine Menge Seen, für die gerade die Seen der »Schmutz«-Zone »südliche« Zwischenstationen, Orte vorübergehender Aufenthalte darstellen.

Ich kann nur eine Hypothese als Erklärung für diese methodischen Anomalien aufstellen. Es existiert offensichtlich überhaupt kein wissenschaftliches Programm für die systematische Vernichtung von Zugvögeln aus stark verseuchtem Gelände. Abschüsse werden im Frühjahr, Sommer und Herbst deshalb durchgeführt, um die Verbreitung der Aktivität in andere Gegenden der UdSSR und andere Länder zu vermindern. Völlige Ausrottung der migrierenden Vögel zu erreichen ist unmöglich, weil es bei ihnen keinen absoluten Konservatismus gibt und jedes Jahr die Seen in der »Schmutz«-Zone erneut besiedelt werden. Doch unter diesen Bedingungen verliert eine als »wissenschaftlich« ausgegebene Problemstellung ihren Sinn.

Die Verfasser bestätigen die Kenntnis darüber, daß in ihrem Untersuchungsgebiet im Laufe von *vielen Jahren* Jagd, Fischfang, Heumahd, Viehweide usw. untersagt waren, das heißt, es war eine *evakuierte Zone,* in der es früher auch Vieh und Heumahd, folglich auch bewohnte Siedlungen gegeben hatte.

Indem sie die Veröffentlichung von realen Radioaktivitäts-Indikatoren umgingen (in Mikrocurie oder Impulsen pro Minute), waren die Autoren gezwungen, das Aktivitätsniveau in den Knochen von Männchen und Weibchen verschiedener Arten zu vergleichen. Diese Ergebnisse präsentieren sie in Verhältniszahlen, und das spaltenweise. Bei allen untersuchten Arten liegt die Strontium-90-Konzentration bei den Weibchen höher, wobei bei drei Arten der Unterschied sehr groß ist (um 10–15mal). Iljenko und Rjabzew meinen, daß »diese Erscheinung offensichtlich mit dem längeren Aufenthalt der Weibchen im Nestgelände zusammenhängt, das mit Isotopen verseucht ist. Die Erpel verlassen als erste den Ort der Fortpflanzung. Zum Frühjahrsende schließen sie ihre Migration mit Zwischenstationen ab«.

Diese Erklärung erscheint mir nicht überzeugend; sie könnte kleine Unterschiede, nicht aber die des 10–15fachen rechtfertigen. Die von Rowinskij untersuchten Seen waren 1957 oder 1958 verseucht worden. Strontium-90, das sich als Isotop viele Jahre lang in Knochen ablagert, sammelt sich in der gleichen Zeit bis zu einem bestimmten »Plateau« an, so daß Vögel, die viele Jahre auf Reisen waren – die das angegebene Gewässer einschließen –, dieses »Plateau« erreichen können. Ein großer Unterschied kann nur bei sehr jungen Vögeln auftreten, was offensichtlich auch für das vorliegende Gebiet charakteristisch war, als die strontiumverseuchten Tiere systematisch abgeschossen wurden. Ein solch systematischer Abschuß von Wandervögeln kann gerechtfertigt sein, wenn einer ernsten Ausbreitung der gefährlichen Aktivität vorgebeugt werden soll. Dennoch verhindert dieser Umstand die Durchführungsmöglichkeiten korrekt geplanter wissenschaftlicher Experimente, und die Rückschlüsse aus der zitierten Arbeit wären weit interessanter, hätten die Autoren nicht viele tatsächliche Bedingungen des Versuchsverlaufs kaschieren müssen.

1975 brachten Iljenko, Rjabzew und Fjodorow [38] eine umfangreichere Arbeit über das gleiche Problem – Zugvögel außerhalb des Wassers – heraus. Die Versuchsidee richtete sich auf das Studium des Konservatismus bei der Rückkehr aus den Winterquartieren und wurde an 16 Vogelarten durchgeführt, die im Strontium-90-verseuchten Gebiet gelebt hatten. Man erlegte die Vögel in denselben 5 Revieren, die schon früher in der 1972 erschienenen Arbeit von Iljenko und Pokarschewskij charakterisiert wurden [29]. Entweder ist in der Arbeit von 1972 oder in der von 1975, die sich mit Vögeln befaßt, bei der Angabe des Verseuchungsgrades im

Gelände ein schwerer Fehler unterlaufen. In der Arbeit von 1972 sind die Zahlen für die Verseuchung pro m^2 (3,21; 1,23; 0,44; 0,37; 0,14) in *Mikrocurie* angegeben. In der Arbeit von 1975 lauten dieselben Zahlen in *Millicurie*, das bedeutet einen 1000mal höheren Verseuchungsgrad. Vergleicht man die Daten des Strontium-90-Gehalts in Nahrung und Skelett bei zwei ähnlichen Arten in der Arbeit von 1975 mit der ersten Arbeit von Iljenko über Vögel [34] (Baumpieper u. Goldammer), wo die Verseuchung in Millicurie angegeben wurde (1,8–3,4), dann kann man daraus folgern, daß der Fehler in der Veröffentlichung von 1972 durchging und die Verseuchung der 5 Reviere in Millicurie gemessen werden muß. Das ändert trotzdem nichts an der Schlußfolgerung am Ende des Kapitels über die Säugetiere, es sei eine Zone der »Sekundär-Verseuchung« vorhanden, weil in den Revieren 4 und 5 das Verseuchungsniveau dennoch weit niedriger lag als bei der Mehrzahl der Untersuchungen des Zentral-Gebiets.

Daß die gesamte Dosierungsmessung in diesen Arbeiten methodisch nicht schlüssig ist, wird jedenfalls aus einer höchst einfachen Tatsache ersichtlich. Für 1972 erweisen sich all diese Daten (3,21; 1,23 usw.), ja sogar mit statistisch errechneten Abweichungstoleranzen (z. B. 0,14 ± 0,001 usw.), als charakteristisch für einen Tierbestand, der *1968–69* abgeschossen und eingefangen wurde. Bei den Vögeln ist klar erkennbar, daß ihr Abschuß *von April bis Juni 1973* erfolgte, das heißt nach Ablauf von fünf Jahren! In dieser Zeit sollte sich die Aktivität der Umwelt allein als Ergebnis des radioaktiven Zerfalls von Strontium auf ungefähr 10% verringern. Doch neben dem radioaktiven Zerfall laufen auch die Prozesse der Ausbreitung, der Ausschwemmung, der Oberflächenerosion einher. Wie kann man da Zahlen, die seit fünf

Jahren verjährt sind, sogar ohne Korrektur am radioaktiven Zerfall anbieten? Dieser elementare methodische Analphabetismus unterstreicht nur, wie achtlos die gesamte Dosierungsmessung dieser Untersuchungen organisiert war.

Insgesamt waren für diese Arbeit 469 Vögel aus 16 Arten erlegt worden. Die Liste der Arten mit ihren lateinischen Bezeichnungen wird für Spezialisten, die etwa nach radioaktiven Vögeln an ihren Überwinterungsorten dieser Arten in den verschiedenen Gebieten außerhalb der UdSSR suchen wollen, hier aufgeführt:

Liste der von Iljenko und Mitarbeitern [38] untersuchten Zugvögel aus radioaktiver Biozönose:
Baumpieper (Anthus trivialis), gelbe Bachstelze (Motacilla flava), Goldammer (Emberiza aureola), gewöhnliche Gartenammer (E. citrinella), Rohrammer (E. schoeniclus), Buchfink (Fringilla coelebs), Karmingimpel (Carpodacus erythrinus), Pirol (Oriolus oriolus), Schwarzkehlchen (Saxicola torquata), Braunkehlchen (Saxicola rubetra), Misteldrossel (Turdus pilaris), Weißstirnwürger (Lanius cristatus), Kohlmeise (Parus major), Lappladmeise (Parus montanus), Saatkrähe (Corvus frugitegus).

Jede Art hat ihre spezielle Wanderroute, einige fliegen weit – in den Iran, in die Türkei, nach Nordafrika; andere überwintern an den Nordufern des Kaspischen und Schwarzen Meeres und im sowjetischen Teil Mittelasiens.

Wie zu erwarten war, stehen die verschiedenen Vogelarten auf unterschiedlicher Konservatismus-Stufe, das heißt der Neigung zur Rückkehr an ein und denselben Platz nach dem Überwintern. Bei den konservativen Arten ist der Prozentsatz der »Immigranten« nicht hoch (14–25%), bei den weniger Konservativen machen die »Immigranten« von anderen Orten bis zur Hälfte der Population aus.

Über die Ansammlung von Strontium-90 und Caesium-

137 im Organismus verschiedener Vogelarten zu verschiedenen Jahreszeiten und im Zusammenhang mit dem Nahrungstyp zu arbeiten war schon vorher unter den Bedingungen einer verseuchten Biozönose am Oak Ridge Laboratory im US-Staat Tennessee [39] untersucht worden. In diesem Fall wurde der Boden (1959) bedeutend stärker mit Caesium-137 als mit Strontium-90 verseucht. Im Staat Tennessee herrscht ein milderes Klima als im Tscheljabinsker Distrikt, und die »Populations-Dichte« der Vögel pro Hektar (in den USA wird sie in acre [4046,8 m^2] gemessen) liegt im mittleren Westen der USA offenbar höher. Aus den Angaben dieser Arbeit ergibt sich eine Siedlungsdichte der Vögel von 20 Tieren pro acre. Iljenko und seine Mitarbeiter schossen allein für einen der Versuche an die 500 Vögel ab; dabei waren keineswegs alle für die Arten im Distrikt typisch und machten nur einen Teil der Populationen jeder Art aus. In den von ihnen ausgesuchten 5 Revieren lebten also Tausende von Vögeln, und jedes Revier war vom anderen durch einen bedeutenden Zwischenraum getrennt. All dies spricht wieder für eine zweistellige Zahl an km^2 verseuchten Gebietes.

Schließlich leben in den Gebieten des Mittleren und Südlichen Ural noch -zig andere Arten Migrations- und Zugvögel, deren Schicksal im Winter jenseits der Grenzen der UdSSR nachgeprüft werden kann. Es wäre möglich, auch den Konservatismus bei der Ankunft am Überwinterungsort zu studieren. Doch das ist natürlich ohne die Mithilfe der sowjetischen Ornithologen und ohne die Zusicherung, daß kein Programm für einen alljährlichen »prophylaktischen« Abschuß von Vögeln in verseuchten Gebieten existiert, unmöglich.

8. Bodenfauna in der radioaktiv verseuchten Ural-Zone

Unter den Hunderten unterschiedlicher Veröffentlichungen über Radioökologie bei Pflanzen und Tieren, die in verschiedenen Zeitschriften und Sammelbänden in der UdSSR nach 1965 veröffentlicht wurden, sind relativ leicht die herauszufinden, welche in der radioaktiven Uralzone durchgeführt wurden. In den Untersuchungen, in denen die radioaktive Mikroökologie künstlich hergestellt war, sind alle notwendigen methodischen Details exakt angegeben, und die Verseuchungspegel sind gewöhnlich viel niedriger und zeigen eine gewisse Gesetzmäßigkeit. Die in den Experimenten angewandten Radioisotopen-Gemische haben vielfältigen Charakter und enthalten häufig kurzlebige Isotope. In vielen Fällen sind auch die Ortsangaben des Versuchsgeländes vermerkt.

Die in der Verseuchungszone im Ural durchgeführten Experimente sind gewöhnlich an die Radioaktivitätsniveaus »angebunden«, die wir bereits in den Arbeiten von Iljenko, Fjodorow, Sokolow und anderen antrafen. Fast immer kann man die Bemerkung finden, daß die »radioaktive Verseuchung« für »experimentelle Zwecke« jeweils 6, 7, 10, 11, 14 usw. Jahre vor Versuchsbeginn unternommen wurde; und man kann die »Verseuchung« anhand der Versuchsdaten entweder auf Ende 1957 oder Anfang 1958 datieren. Kann man die »experimentelle Verseuchung« auf einen späteren

Zeitraum ansetzen, dann liegt sie gewöhnlich viel niedriger und trägt deshalb Züge einer »Sekundär«-Ausbreitung der Radioaktivität. Ortsangaben über die Versuchsanordnung werden nicht gemacht. Eine Charakteristik der Reviere wird nicht geboten, sondern es kommen Verweise auf frühere Publikationen von Iljenko oder auf x-beliebige andere Arbeiten, wie sie schon in den vorigen Kapiteln erwähnt wurden.

Es stand zu erwarten, daß ein so ausgedehntes radioaktiv verseuchtes Gebiet wie das im Ural, welches für ökologische Forschungen offen war, auch von den Wissenschaftseinrichtungen anderer Disziplinen ausgenützt werden würde. Hier könnten langjährige Versuche nicht nur zum Studium der Säugetiere, Vögel und Fische in verseuchten Seen einsetzen, sondern alle Gruppen der Tier- und Pflanzenwelt würden erforscht werden. Das ist auch tatsächlich geschehen. Dennoch habe ich nicht vor, *alle* wissenschaftlichen Ergebnisse bis ins kleinste mitzuteilen, die in dieser einmaligen ökologischen Zone gewonnen wurden, das kann nur die Aufgabe einer großen akademischen Monographie sein. Mein Ziel ist begrenzter und soll *gerade nun einmal das aufdecken,* was in den einzelnen radioökologischen Untersuchungen über Fische, Mäuse, Hasen, Hirsche, Vögel, Mücken, Ameisen, Frösche oder Pflanzen *nicht veröffentlicht* wurde. Diese Aufgabe bestimmt auch die Selektionshaltung gegenüber der Analyse des vorhandenen Materials.

Manchmal ist es notwendig, die Aufmerksamkeit auf äußerlich ganz gewöhnliche Publikationen zu richten, an denen jedoch nur ein sehr erfahrener Beobachter besondere Züge entdecken kann. Als Beispiel dafür kann ein Symposium zu Beginn 1971 in Tiflis über die Migration von Radionukliden im Boden und in Pflanzen dienen. Der im »Boten der Akademie der Wissenschaften der UdSSR« [40] veröffentlichte Tagungsbericht enthält Kurzreferate verschiedener Vorträge, aus denen bestimmte Rückschlüsse auf direkte Bezüge zur Uralzone schwerfallen. Sehr viele der auf diesem Symposium präsentierten Untersuchungen tragen einen ausdrücklich experimentellen Charakter und enthalten Hinweise auf Gebiete in Weißrußland, im Baltikum, in Georgien und andere sehr weit vom Ural entfernt liegende Gegenden. Mir persönlich erschien immerhin sonderbar, daß fünf Vorträge, die sich mit der Verteilung und Fixierung von Strontium-90 und Caesium-137 im Boden befaßten und *keine Ortsangaben des Versuchsgebiets* machten, von Mitarbeitern des Instituts für Biophysik beim Gesundheitsministerium der UdSSR erarbeitet worden waren. Ein westlicher Leser mißt dem vielleicht keine Bedeutung bei; doch dem sowjetischen Leser, der weiß, daß dieses Institut mit Sitz in Moskau geheim arbeitet und einer speziellen Behörde des Gesundheitsministeriums unterstellt ist, beweist dieser Umstand viel. Diese Sonderbehörde des Ministeriums, die der Generalleutnant im medizinischen Dienst A. I. Burnasjan befehligt, unterhält in der gesamten Republik ein »geschlossenes« System von Kliniken, Krankenhäusern und Wissenschaftseinrichtungen, die der Atomindustrie zu Diensten stehen. A. I. Burnasjan war auch jenes radiobiologische Gefängnislager-Institut unterstellt, in dem bis 1955 N. W. Timofejew-Ressowskij arbeitete. 1960 oder etwas später erhielt A. I. Burnasjan den Lenin-Preis (worüber in der Presse nicht berichtet wurde) für seine Teilnahme an der Ausarbeitung von Heilungsmethoden der Strahlen-Krankheit. Wieso begann auf einmal ein Institut des Gesundheitsministeriums, ein Mitglied dieser Behörde, sich so ernsthaft für Radioisotope im Boden zu interessieren? Und warum gab es auf dem Symposium nicht einen einzigen Vortrag über Boden-Radioökologie vom größten Boden-Forschungszentrum in der UdSSR, dem Institut für Bodenkunde der Akademie der Wissenschaften der UdSSR?

Die erste ausführliche Arbeit über die Radioökologie von Bodeninsekten und anderen Bodenorganismen in der verseuchten Uralzone kam ebenfalls 1971 heraus. Die Verfasser waren M. S. Giljarow und D. A. Kriwolutzkij [41], die in engem Kontakt zu A. I. Iljenko, E. A. Fjodorow und G. N. Romanow arbeiteten, denen die Autoren am Ende der publizierten Arbeit ihren Dank für ihre Hilfe bei der Organisation der Untersuchungen aussprechen. Ein methodisches Kapitel ist nicht vorhanden, doch die Verfasser teilen mit, der Ort der Versuchsanordnung sei ein verseuchtes Revier gewesen, das früher von A. I. Iljenko und G. N. Romanow zum Studium des Strontium-90-Einflusses auf Mäuse genutzt worden sei [20, 21]. Iljenko und Romanow arbeiteten, wie bereits erwähnt, in diesem Revier 1963–64, als die Verseuchungsdichte von 1,8 bis 3,4 Millicurie pro m^2 schwankte. Giljarow und Kriwolutzkij stellten von 1968–69 eine vergleichbare Dynamik der verschiedenen Bodenorganismen im radioaktiven und im Kontrollrevier fest, doch sie liefern absolut dieselben Zahlen für die Bodenaktivität. Das spricht ebenso dafür, *daß die Biologen keine eigenständige Dosimetrie der Radioisotopen-Verseuchung vornehmen durften.* Die aus den »offenen« Instituten hierher angereisten Forscher erhielten offensichtlich eine *alte* dosimetrische Karte der Geländeverseuchung. Es war ihnen sicher klar, daß eine solche Karte *jährliche* Durchsicht und Revision verlangt, doch die Aufgabe der *Gelände-Dosierungsmessung* unterstand anderen, geheimeren Dienststellen, die jährliche Korrekturen an radioaktivem

Zerfall, an der Erosion und an der Ausbreitung durch Pflanzen nicht für nötig befanden. Die Forscher hielten es für besser, die alte dosimetrische Karte zu benutzen als gar keine. Ein selbständiges Experiment der Dosierungsmessung machten sie also nicht, und so führte die Untersuchung nur zur Berechnung der Dynamik einzelner Bodenorganismen.

Die veröffentlichten Daten, die ich hier nicht im einzelnen zitieren kann, zeigen, daß das vorliegende Verseuchungsniveau (1,8–3,4 mCi/m^2) der Bodenfauna wesentlichen Schaden zufügte. Weniger hatten die Raubkäfer zu leiden, ihre Zahl im verseuchten Revier fiel nur auf 66% der verglichenen Kontrollgruppe ab. Käfer, ihre Larven und andere Insekten, die von Pflanzen leben (Phytophagen), erlitten größeren Schaden – ihre Zahl ging auf 56% der Kontrollgruppe herunter. Saprophagen – Bodenorganismen, die sich von organischen (Verwesungs-)Produkten im Boden ernähren (wo die höchste Strontium-Konzentration gespeichert ist) – *starben fast ganz aus; von ihnen blieb nur noch 1% gegenüber der Menge der Kontrollgruppe übrig.* (Es waren die Gruppen: Aranea, Mollusca, Lithoblidae, Geophilidae, Lumbricidae, Diplopoda.)

Auf jeden Fall wurde die größte Vernichtungsquote bei den Bewohnern der obersten Erdschicht beobachtet, die offensichtlich am stärksten verseucht war. Man hätte in einer ähnlichen Arbeit auch Angaben über Strontium-Konzentrationen in unterschiedlicher Bodenhöhe erwarten können, doch auch diese Feststellungen waren den Zoologen nicht gestattet.

Die fast gänzliche Ausrottung bestimmter Gruppen von Boden-Lebewesen in der vorgegebenen Zone spricht dafür, daß der hier vorhandene Verseuchungsgrad so hoch war, daß er *nicht zu Versuchen zum Studium von Nahrungsketten bei verschiedenen Tiergruppen genutzt werden durfte.* Das gesamte Gleichgewicht in den Beziehungen der Nährstoffe war zweifellos durch zu hohe Radioaktivitäts-Dosierungen gestört. Doch fast alle Experimente über Nahrungsketten bei Land-Säugetieren und -Vögeln, die wir vorher analysiert haben, waren gerade in dieser Biozönose durchgeführt worden. Die Forscher hatten eben keine andere Wahl.

Die Fortsetzung dieser Untersuchungen und einige ergänzende Beobachtungen veröffentlichten Kriwolutzkij und seine Mitarbeiter 1972 in einer von der DDR herausgegebenen deutschsprachigen Zeitschrift [42]. Wenn dieser Artikel auch die Beobachtungen von 1970 mit einschloß, so war das Niveau der Bodenaktivität immer noch ohne Veränderung geblieben (1,8–3,4 mCi/m^2; die Autoren schreiben manchmal fehlerhaft 1,8–3,4 μCi).

Besonders detailliert wird in der ersten Arbeit dieser Reihe [41] der Einfluß radioaktiver Verseuchung auf den Entwicklungsgang verschiedener Zeckenarten untersucht; man stellte Berechnungen über mehr als 20 verschiedene Gattungen und Arten dieser Insekten an. Unter den Zecken gibt es bekanntlich viele Arten als Parasiten an Säugetieren und als Überträger verschiedener Krankheiten. Obwohl der Entwicklungsgang der Zecken in radioaktiver Umwelt nicht so stark beeinträchtigt war, war es trotzdem wesentlich festzustellen, ob der gegebene radioaktive Verseuchungsgrad den Befall von Säugetieren durch Zecken beeinflußt. Diese Arbeit führte A. I. Iljenko in denselben Sommermonaten 1968–69 und in derselben Gegend durch [43], aber in Revieren mit einem etwas anderen Verseuchungsgrad durch Strontium-90 (von 0,6–2,5 Millicurie pro m^2). Giljarow und Kriwolutzkij erwähnen ihre Zusammenarbeit mit Iljenko, und diese ganze Gruppe kam ins Verseuchungsgebiet aus ein und demselben Moskauer Institut. Warum hatte man den Entwicklungsgang der Zecken im Boden nur bei den einen Aktivitätsniveaus, aber den Zeckenbefall von Säugetieren bei den anderen studiert? Darin liegt keinerlei wissenschaftliche Logik. Doch für Iljenko bildete diese Arbeit zu jener Zeit nur eine kleinere Ergänzung zur Forschung an Säugetieren in unterschiedlichen Ökosystemen, und da war das Berechnungsergebnis von Zecken an Säugetierkörpern keine primäre Aufgabe. Sie lag in der *praktischen* Tendenz und ergänzte die Daten von Giljarow und Kriwolutzkij, aber daß die Versuchsbedingungen jeweils andere waren, kam ihnen nicht in den Sinn.

Die Bodenzoologen vom Institut für Entwicklungsmorphologie und -ökologie der Akademie der Wissenschaften der UdSSR setzten 1971–73 ihre Untersuchungen in demselben Gebiet fort [vgl. 41 u. 42] und unterzogen die Rolle der Bodenfauna bei der Wanderung von Kalzium und Strontium in der Biozönose einer Analyse [44]. Bei einer solchen Problemstellung waren Strontium-Bestimmungen auf verschiedenen biologischen Ebenen notwendig, und ohne korrekt eingerichtete dosimetrische Technik wäre die Durchführung der Aufgabe unmöglich gewesen. Kriwolutzkij setzt sich für diese Arbeit nicht mit dem Zoologen Giljarow zusammen, sondern mit A. D. Pokarschewskij, der, wie E. A. Fjodorow, zum Institut für Morphologie in Moskau nur indirekte Beziehung hat. Ein methodischer Abschnitt fehlt in dieser exakten Publikation wieder, es finden sich nur Vermerke auf frühere Arbeiten [41, 42], in denen u. a. die Methodik auch nicht beschrieben ist, sondern auf Iljenko verwiesen wird [20, 21]. Wir erwähnten bereits, daß dieses Gebiet wegen der fast vollständigen Ausrottung einiger Gattungen und Arten der Bodenfauna für korrekt geplante ökologische Untersuchungen über die Strontium-*Wanderung* nicht geeignet war. Einige Glieder der Nahrungskette waren zerstört.

Die Strontium- und Kalzium-Wanderung wurde vom Boden und den Bodenorganismen über die fliegenden Insekten, Nagetiere, Frösche bis zu den großen Säugetieren (Huftierarten werden nicht genannt) und Vögeln verfolgt (Arten sind auch nicht erwähnt). Für jede Tiergruppe werden Zahlen für den Strontium-90- und Kalzium-Gehalt geboten, wobei Biomasse und Isotopenmenge auf den Hektar berechnet werden. Da im Versuch auch Huftiere vorkommen (Rehe und Hirsche), ist offensichtlich das Ausmaß der verseuchten Zone ziemlich groß. Diesmal registrierten die Autoren, abgesehen von Hinweisen auf »die früher zitierten Merkmale der Reviere« [41, 42], die summierte Radioaktivität in den verschiedenen Biozönose-Komponenten. Im Boden waren 32 Curie pro Hektar (3,2 Millicurie pro m^2), wobei sich dies nur auf eine *5 cm dicke Oberflächenschicht* bezog. Pflanzen enthielten 5 Curie pro Hektar, Laub und Humusdecke 4,3 Curie. Dem Anteil der einzelnen Tiere entsprachen Mikrocurie, weil die Masse der Trockenmaterie der einzelnen Arten bei der Registrierung in Kilogramm und Gramm pro Hektar gemessen wurde (die 5-cm-Bodenschicht pro Hektar betrug 250 000 kg, die Pflanzenmenge 100 000 kg). In einer Fußnote zur Haupttabelle geben die Verfasser an, daß der natürliche Zerfall von Strontium-90 in der gegebenen Biozönose jährlich 0,8 Curie pro Hektar betragen habe; doch konnte diese theoretische Zahl auf dem Wege einer einfachen Berechnung gewonnen werden. Wie hoch die jährliche Aktivitätsminderung aus allen in der Biozönose wirkenden Ursachen war, wird nicht gesagt, weil diese Bestimmungen in der gesamten Zone offensichtlich nicht vorgenommen wurden. Ich rede hier absichtlich von »Zone«, wobei ich geographische Ausmaße im Auge habe, da die zugrundeliegende Arbeit zweifellos den Rahmen dieser verhältnismäßig begrenzten Reviere, die vorher nur für die Analyse der Bodenfauna ausgewählt worden waren, sprengte. Die Zahlenangaben 1,8–3,4 mCi/m^2 fallen nicht mit den 1974 erwähnten Zahlen zusammen; auch die Revierbeschreibung lautet anders. In den Publikationen von 1971–72 ist von einem *»Birkenwald«-Revier* die Rede; in der Veröffentlichung von 1974 von einem »Waldsteppen-Revier« – das heißt von einer ökologischen Zone mit völlig anderem Aufbau.

Nach den Tabellenangaben über den summierten Strontium-90-Gehalt verschiedener Tiergruppen pro Hektar kann man auf den Umfang des Gebietsstreifens schließen. Die Biomasse von Huftieren (Rehen) und Vögeln (summiert) ist in der Arbeit [45] auf den Hektar berechnet. Im Trockengewicht betrug die »Biomasse« der Huftiere nur 0,3 kg pro Hektar, die der Vögel 0,05 kg/ha.

Wenn das »Trocken«-Gewicht eines einzigen Hirsches mit Geweih, Knochen und Fell *mindestens* 50–60 kg ausmacht, dann braucht man für den Abschuß von 20 Hirschen [27] bis zu ihrer völligen Ausrottung im Untersuchungsgelände 40 000 Hektar. Doch, wie wir bereits erwähnten, untersuchte Iljenko Nahrungsketten, und er durfte nicht ernsthaft das Populations-Gleichgewicht zwischen den Arten verändern. Deshalb hätten im Gesamtgelände nicht weniger als 90% der Ausgangsmenge an Tieren übrigbleiben müssen. 40 000 Hektar, das sind 400 km^2. Für eine experimentelle »Probe«, die den Abschuß von etwa 1000 Vögeln erfordert, wäre beispielsweise ein ebenso großes Gelände nötig, wenn man auf einem Hektar nur 50 Gramm Trockengewicht aus Vögeln gewinnen kann.

Berechnet man die Gesamtmenge an Strontium-90 in der untersuchten Biozönose, dann beträgt sie nach den Angaben der Haupttabelle ungefähr 43 Curie pro Hektar (4,3 Millicurie/m^2). Das ist nicht viel höher als 1,8–3,4 Millicurie pro m^2, wie sie Iljenko 1963–64 für seine Versuche angab. Dabei ist die Hauptmenge aus der Summe von 4,3 Millicurie pro m^2 nur für eine fünf Zentimeter dicke Bodenschicht berechnet. Doch aus der Grafik der Strontium-Verteilung im vorliegenden Gebiet (vgl. Abb. 1) ist ersichtlich, daß sie äußerst chaotisch verläuft, und deshalb die von Kriwolutzkij und Pokarschewskij [44] gemachten Angaben offensichtlich stark gemittelt sind. Ihr Niveau beweist, daß in diesem gesamten riesigen Gebiet auf Hunderten von Quadratkilometern im betreffenden Zeitraum Reviere mit einem bedeutend höheren radioaktiven Verseuchungspegel waren und weiterbestanden, als in den oben analysierten Arbeiten angegeben war.

Ein wenig isoliert beurteilt Kriwolutzkij sein Material über den Einfluß radioaktiver Bodenverseuchung auf Ameisen [46], obwohl nach den Worten der Autoren »das Studium der Ameisen-Besiedlung ein Bestandteil der Forschungen in denselben experimentellen Revieren war«. Die Ameisen waren gegenüber der Bestrahlung resistent, und im Birkenwald, mit einer Dichte der Strontium-Verseuchung von 1,8–3,4 Millicurie pro Hektar, veränderte sich ihre Anzahl praktisch nicht (es wurden fünf Ameisen-Arten untersucht). Doch sofern bei allen anderen Arbeiten dieser Serie mit Bodenorganismen und Insekten nur Strontium berücksichtigt wurde, wurde dann bei den Ameisen *auch der Caesium-137-Einfluß* und seine Akkumulation in den Ameisen bestimmt. Hierbei erfolgt der Hinweis, daß das Revier mit Caesium-137-Gehalt dasselbe war, auf dem Iljenko und Fjodorow ihre Arbeit [26] geleistet hatten. Die Caesium-Aktivität war fast 1000mal niedriger als die von Strontium (5 Mikrocurie/m²), wobei die gesamte Beschreibung so klang, als ob Caesium das *einzige* Isotop im verseuchten Revier von 200 m² bildete. Doch wir entnahmen bereits aus der Materialauswahl über Säugetiere, daß Caesium-137 als Isotop neben Strontium-90 im selben Gelände gleichzeitig auftrat, nur in geringeren Mengen (offensichtlich wegen seiner schwachen Fixierung).

Die Arbeit über Ameisen erschien 1972 und ging 1971 in Druck. Wann genau die Erhebungen über die Ameisenanzahl stattfanden, wird nicht mitgeteilt. Man kann jedoch vermuten, daß die Arbeit 1968 zusammen mit der Berechnung der anderen Wirbellosen im selben Revier begonnen wurde. Doch während in früheren Arbeiten die *Gesamt-Einwirkungszeit* der Bestrahlung auf die Bodenfauna nicht genannt und das Datum der Primär-Verseuchung des Geländes nicht mitgeteilt wird (obwohl das vom methodischen Standpunkt her sehr wichtig gewesen wäre), so erweist sich bei den Ameisen diese Lücke als geschlossen. Die Verfasser erklären, daß die Ameisen unter den Bedingungen *»einer anhaltenden radioaktiven Verseuchung (etwa 10 Jahre)...«* lebten. Dieser Zeitraum läßt sich, wie auch vorher bei den Säugetieren, auf 1957 oder 1958 projizieren.

Besonders hervorzuheben ist hier die Unbekümmertheit der Verfasser bzw. die Tatsache der Fälschung ihrer Caesium-Daten. Die Verseuchungsdichte der Biozönose mit Caesium-137 wird mit 0,005 Millicurie pro m² angegeben (das heißt 5 Mikrocurie/m²). Doch in der Tabelle mit den

Caesium-Akkumulierungsdaten und seiner Aktivität (in Mikrocurie pro Gramm Lebendgewicht) bei den verschiedenen Ameisenarten variieren die Zahlen von 3 bis 17. Bei den Regenwürmern waren es ebenfalls etwa 4,4 Mikrocurie Caesium pro Gramm Lebendgewicht, doch liefert ihre Masse mehr Gramm pro m^2. Nach den Angaben der Autoren kam beispielsweise auf den Meter Wald je ein Ameisenhaufen, in jedem mehr als 20 000 Ameisen (wenn man den angegebenen Zahlen glauben darf). In den Ameisenhaufen selbst variierte Caesium-137 ebenfalls. Im Boden von Haufen Nr. 1 lagerte Cs-137 mit 11 Mikrocurie pro Gramm, in der Haufenkuppel waren es 50 Mikrocurie pro Gramm. Im zweiten Haufen enthielt der Boden 150 Mikrocurie pro Gramm, die Kuppel 110 Mikrocurie pro Gramm. Diese Zahlen entsprechen überhaupt nicht der allgemeinen Verseuchung von 5 Mikrocurie auf den Quadratmeter. Vielleicht hatte sich Caesium in den Ameisenhaufen seit dem ersten Jahr (1958) festgesetzt, war aber im Revierboden der Auslaugung ausgesetzt gewesen? Eine Erklärung ist schwer zu finden. Wenn man noch hinzufügt, daß im englischen Resümee zum Artikel Millicurie mit Mikrocurie verwechselt ist, dann bleibt nur zu hoffen, daß die Autoren sich in den radio-ökologischen Veröffentlichungen bei den Radioaktivitätsmessungen seriöser und aufmerksamer verhalten haben.

Daß all diese Arbeiten in einem Gebietsstreifen des Südural angefertigt wurden, vermuteten wir anhand der Komplexität der Arbeiten von Iljenko und anderen. Dennoch kann man diesen Schluß auch aus dem Artenbestand einer Reihe von Tieren, besonders der Zecken, ziehen. Im europäischen Teil der UdSSR ist zum Beispiel der Holzbock (Ixodes ricinus, aus der Gruppe der Schildzecken) am weitesten bekannt und am intensivsten studiert worden, der auch Wühlmäuse befällt. Diese Art wurde im Gebiet der von Iljenko, Kriwolutzkij und ihren Mitarbeitern angestellten Beobachtungen nicht angetroffen. Doch ist das Areal dieser Zeckenart durch die Berge des Ural begrenzt, und sie ist im Südural nicht verbreitet [47]. Im Gebiet um Swerdlowsk (Mittlerer Ural) finden sich vereinzelte Exemplare, doch im Südural gibt es diese Zecke nicht. Das schließt den europäischen Teil der UdSSR als Versuchsgebiet aus. Doch im östlichen Teil der UdSSR sind die Waldsteppen-Gürtel mit Birkenwäldchen gerade typisch für den Südural. Weiter östlich, in Sibirien, und südlich, in Mittelasien, ändern sich die Arten der wirbellosen Bodenfauna und der Pflanzenbestand. Nach der Selektionsmethode könnte man drei Distrikte benennen, den Baschkirischen, Swerdlowsker und Kurganer Distrikt, in welchen sich die zoo-geographischen Möglichkeiten der vorliegenden Biozönose zur Deckung bringen lassen. Sie alle wirken in der Südural-Zone zusammen.

9. Baumbestand in der radioaktiv verseuchten Ural-Zone

In den vorigen Abschnitten sahen wir, daß in vielen Fällen das Einfangen und Abschießen radioaktiver Tiere in Waldgebieten vorgenommen wurde. »Birkenwald-Revier«, »gemischte Waldsteppen-Zone«, »Isotopen-Konzentration in Laub und Waldhumus« und ähnlich lauten die Charakteristika der äußeren Bedingungen, und sie beweisen, daß es im radioaktiv verseuchten Gebiet viel Waldland gab. Bäume sind als perennierende Gewächse gegenüber langanhaltender *chronischer* Strahleneinwirkung empfindlicher als Feldpflanzen. Das ist aus vielen radioökologischen Untersuchungen bekannt. Eine Menge Beobachtungen in dieser Richtung stellte von 1960–64 das Brookhaven National Laboratory in den USA in einem separaten Wald mit einem Gamma-Feld an [48]. Laubbäume sind bei weitem (10- bis 20mal) widerstandsfähiger als Nadelbäume, weil der periodische Laubabfall einer allzu hohen Akkumulation äußerer Bestrahlungsdosen bzw. der Ansammlung von Radioisotopen, die aus dem Boden eindringen, entgegenwirkt. Bei Dosierungen um die 2 Röntgen pro Tag wird der Wuchs einer Kiefer stark gebremst, und eine 5–6jährige Bestrahlung mit 6 oder 7 Röntgen pro Tag läßt einen Kiefernwald absterben. (Die sogenannte »Absorptionsdosis« – *rad* – ist das Röntgen-Äquivalent. Bei Verseuchungen der Umwelt, z. B. mit Strontium-90 bei einer Isotopendichte von 0,1 Millicurie pro m^2, werden die jahrelang absorbierten Dosen in *Kilorad* [1000 rad] gemessen.) Bei der Zellteilung in den Vege_ationspunkten der Kiefer treten dann unzählige Chromosomen-Anomalien auf [49]. Verseuchungsdosen von 2 Millicurie pro m² hemmen das Wachstum der Kiefer im ersten Jahr und können bei chronisch-anhaltender, langjähriger Einwirkung das Absterben der Anpflanzungen hervorrufen [50]. Daher liegt es völlig auf der Hand, daß Nadelwälder in den Landstrichen, die im Laufe von 10–14 Jahren bei den Arbeiten von A. I. Iljenko, D. A. Kriwolutzkij und anderen als »experimentelle« Biozönose für ihre Tierstudien dienten, *zwangsläufig der Verödung ausgesetzt waren;* und das bereits seit dem Zeitpunkt, als in diesem Gebiet 1964/65 breite ökologische Experimente begannen. Dosierungen von 1,8–3,4 Millicurie pro m² oder ähnliche im Bereich von 1–4 Millicurie pro m² mußten für Kiefernwälder letal enden, und man konnte darüber in der einen oder anderen Veröffentlichung kaum Mitteilungen erwarten. Wie wir in den folgenden Kapiteln sehen werden, arbeitete in der Verseuchungszone im Ural auch eine Gruppe von Genetikern, an deren Spitze das Akademiemitglied N. P. Dubinin stand. In seiner Autobiographie [51] erwähnt er, 1970 habe er vor dem Präsidium der Akademie der Wissenschaften der UdSSR einen Vortrag über die Resultate seiner *elfjährigen Experimente* in Wald- und Wiesenrevieren gehalten, »die mit hohen Konzentrationen radioaktiver Substanz verseucht gewesen waren... Unter diesen Bedingungen ging ein Teil der Arten ein, ein anderer nimmt weiter anhaltenden Schaden, und seine Population verringerte sich im Umfang, doch ein Teil der Arten entwickelte sich hin zur Bildung radioresistenterer Formen.« (S. 330)

Diese Eingeständnisse und Tatsachen zeigen noch ein weiteres Mal, was ich bereits mehrmals in den vorangegangenen Kapiteln hervorhob, daß alle Ausgangsdosierungen der Umweltverseuchung, bei denen die Tierforschungen vorgenommen wurden, *für die Erhaltung einer normalen Biozönose viel zu hoch waren.* Bei chronischer Einwirkung auf Flora und Fauna riefen sie eine so große Anzahl schwerer radio-biologischer und genetischer Schäden hervor, daß sie zwangsläufig die Biozönose selbst und die Wechselbeziehungen zwischen den Arten veränderten. Deshalb ist es auch wenig glaubwürdig, daß so hohe Verseuchungsdosen experimentell verursacht sein sollen, um so mehr, als eine Verseuchung mit Strontium-90 Hunderte von Jahren anhält.

Über den Akkumulationscharakter von Strontium und Caesium in Bäumen gibt es einige Veröffentlichungen, die man anhand einer Reihe von Symptomen zu den in den verseuchten Südural-Gebieten erstellten Arbeiten rechnen kann. Trotzdem waren sie entweder an der Peripherie der verseuchten Flächen vorgenommen worden oder in Revieren einer durch Wind-, Boden- oder Schnee-Erosion verursachten »Sekundär«-Verseuchung. Denn die Intensität einer Radioisotopen-Verseuchung von Waldanpflanzungen muß, damit sie im Laufe von vielen Beobachtungsjahren keinen ernsthaften Schaden nehmen, weit geringer sein, als wir sie in den Veröffentlichungen über Isotopenstreuung und -konzentration bei Tieren angetroffen haben.

Für den Tscheljabinsker Distrikt sind Mischwälder typisch. Als in den Jahren 1959–63 in Gebieten starker Verseuchung Kiefern, Fichten und andere Nadelholzarten durch chronische innere und äußere Bestrahlung zugrunde gingen, da holzte man die eingegangenen Waldreviere völlig ab oder ebnete sie mit Bulldozern ein und ließ die von Bäumen gelichteten Flächen brachliegen, damit sich hier Strauch- und sogenannte »Grubenholz«-Vegetation entwickeln konnte, die gegenüber Bestrahlung bedeutend widerstandsfähiger ist.

Die ökologischen Untersuchungen über Isotopenstreuung in den Komponenten verschiedener Wald-Biozönosen gingen bei bedeutend geringeren radioaktiven Verseuchungswerten vonstatten. Die eine oder andere Arbeit kann man mit dem Gebiet des Südural entweder durch den Artenbestand der Pflanzen in Verbindung bringen oder anhand der Zeiträume radioaktiver Verseuchung, die auf 1957 oder 1958 projiziert werden können, oder aus den Hinweisen, die Forschungen hätten in Revieren stattgefunden, die vorher schon A. I. Iljenko charakterisiert hatte. (Iljenko standen auch Reviere mit verschiedenen Aktivitätsniveaus für Beobachtungszwecke zur Verfügung.) Solche Mutmaßungen sind gerade deshalb erlaubt, weil ungeachtet der *wissenschaftlichen Notwendigkeit*, auf die geographische Lokalisation beliebiger, hinreichend ausgedehnter radioökologischer Beobachtungen hinzuweisen, dies in den Publikationen sowjetischer Autoren gewöhnlich unterbleibt, besonders wenn das Gebiet tatsächlich, und nicht zu Experimentalzwecken, verseucht ist. Die geographische Ortsangabe ist eine elementare Forderung an einen derartigen wissenschaftlichen Artikel, weil sich in verschiedenen Klimazonen, bei unterschiedlicher Niederschlagsmenge, bei variierender Winterdauer und der Vielfältigkeit anderer Faktoren die Strahlenempfindlichkeit der Pflanzen verändert; dann wandeln sich auch Intensität der Isotopenkonzentration, Zersetzungsdauer der Waldhumusschicht, die Isotopen-Durchlässigkeit aus dem Boden, die Fähigkeit zur Ausschwemmung der Verseuchung von der Blattoberfläche und vieles andere mehr.

Nimmt man als Beispiel die Untersuchung von P. M. Aleksachin und seinen Mitarbeitern [52] »Besonderheiten und quantitative Voraussage von kumulierter Strontium-90 Ansammlung in Waldpflanzen«, veröffentlicht 1970, dann habe ich allen Grund anzunehmen, daß sie an der Peripherie des verseuchten Ural-Gebiets angefertigt wurde, weil das Aktivitätsniveau unter dem Durchschnitt lag.

Die Forscher reichten ihre Arbeit 1969 zur Veröffentlichung ein. Sie verfolgten darin die Ansammlung von Strontium-90 in der Holzsubstanz eines Birkenwaldes (mittleres Baumalter 30 Jahre) und eines Kiefernwaldes (mittleres Baumalter 50 Jahre). Für die Untersuchung war es wichtig, daß die Bäume durch die Strahlung keinen Schaden nehmen, und deshalb waren die »Verseuchungs«-Dosen sehr niedrig. Doch für eine vergleichende Arbeit wäre es methodisch wichtig gewesen, daß man sowohl in den Birken- wie in den Kiefernwald identische Radioisotopen-Konzentrationen eingeleitet hätte. Unterdessen lag Strontium-90 im Birkenwald bei einem Wert von 0,28 Mikrocurie pro m^2 und im Kiefernwald bei 0,015 Mikrocurie pro m^2, das heißt, der Unterschied im Aktivitätsniveau differierte um das 20fache! Die Aktivitätsmessungen in den Bäumen des Birkenwaldes begannen *zwei Jahre nach der Verseuchung und endeten neun Jahre später*. Im Kiefernwald startete man die Messungen ebenfalls nach zwei Jahren, hörte damit aber schon nach fünf Jahren auf. Die Angabe von Jahreszahlen unterblieb sowohl im einen wie im anderen Fall. Doch kann man einräumen: wenn der Artikel der Zeitschrift 1969 eingesandt wurde, könnten die Versuche entweder Anfang 1969 oder Ende 1968 abgeschlossen gewesen sein. Die *Verseuchung, die elf Jahre zurücklag*, kann so auf Ende 1957 oder Anfang 1958 zurückdatiert werden.

Die Experimente mit Kiefern haben offensichtlich später angefangen, und zwar in der Zone der »Sekundär«-Verseuchung. Das erklärt auch die kürzere Beobachtungsdauer und die sehr schwache Verseuchungsaktivität.

Doch in beiden Fällen haben die Autoren zweifellos die Verseuchung nicht selber verursacht, weil gerade das erste Jahr für viele Bestimmungen (Ausschwemmung der Partikeln von den Blättern, Fixierung im Waldhumus usw.) wichtig ist. Sonst werden bei beliebigen, tatsächlich experimentell vorgenommenen Verseuchungen von Waldbiozönosen all diese Details der *im ersten Jahr* ablaufenden Prozesse sorgfältig studiert. In welchem Gebiet der UdSSR, bei welcher Niederschlagsmenge, in welchem Klima usw. diese Beobachtungen angestellt wurden – all diese geographischen, ökologisch wichtigen Details sind nicht angegeben. (Dieselben Autoren, P. M. Aleksachin und M. A. Naryschkin, erwähnen in einigen anderen Arbeiten über Radioökologie in Forstanpflanzungen die geographische Lage des einen oder anderen Waldes und liefern weitere Details. So schreiben sie zum Beispiel in einem kürzlich erschienenen Buch [52a], das sich mit der Strontium-90-Streuung in einem Fichtenwald befaßt, der auf *Gras-Bleicherde-Boden* wuchs: »Die Untersuchung fand statt im Malinsker Revier der Krasnopachorsker Staatlichen Forstwirtschaft im Moskauer Distrikt« (S. 33). Als aber Arbeiten auf »grauen Waldböden«, auf »ausgelaugter Schwarzerde« usw. vonstatten gingen und nach uns bereits bekannten Merkmalen auf die Uralzone hindeuten mußten, da fehlt in solchen Fällen, abgesehen vom bedeutend breiteren Untersuchungscharakter, die geographische Ortsangabe der Wälder.)

Wenn in einer Publikation im nachhinein *ernste* Rechenfehler entdeckt werden, ist es im Wissenschaftsbereich üblich, in derselben Zeitschrift sogenannte »Korrekturen« zu veröffentlichen, die man unter der Rubrik »Errata« mit gleichlautender Überschrift in einer der Folgenummern unterbringt. Bei dem Aufsatz von Aleksachin und Mitarbeitern [52] hatte ich den Verdacht eines Dosierungsfehlers; der Verseuchungsgrad von 0,015 Mikrocurie pro m^2 lag schon zu niedrig, ein solches Niveau mußte bei Aktivitätsmessungen in experimentellen Untersuchungen von Wald-Biozönosen ernsthafte Schwierigkeiten bereiten. Trotzdem erschienen keine Korrekturen zu diesem Artikel. Erst 1977 bestätigte sich mein Argwohn eines Fehlers durch einen Zufall. In den USA wurde ein eigener Materialband über Radioökologie zusammengestellt. Man schlug vor, in ihn auch einige Daten aus den Arbeiten von Aleksachin und Mitarbeitern aufzunehmen. Von den sowjetischen Autoren erbat man die Zustimmung, sich ihres Materials bedienen zu dürfen. Die Antwort war positiv. In einer mir zugänglichen Kopie des Briefes der sowjetischen Ökologen vom 8. September 1977 stand allerdings folgendes:

Wir sind mit der Veröffentlichung unserer Experimentaldaten in Ihrer Monographie einverstanden und möchten Sie bitten, wenn möglich, einen entsprechenden Quellenverweis aufzunehmen: ›R. M. Aleksachin, M. A. Naryschkin, M. A. Botscharowa, 1970, Besonderheiten und quantitative Voraussage von kumulierter Strontium-90-Ansammlung in Waldpflanzen. Berichte der Akademie der Wissenschaften der UdSSR, 193(5), S. 62-64.‹*) Ferner möchten wir Sie auf einen bedauerlichen kleinen Druckfehler in der russischen Version unseres Aufsatzes aufmerksam machen. Die Lesart

*) R. M. Aleksachin, M. A. Naryschkin, M. A. Botscharowa, 1970, Peculiarities and quantitative prediction of the cumulative accumulation of strontium-90 in woody plants. Reports of the Academy of Science, USSR 193(5): 62-64.

(S. 1192) muß lauten, daß die Quantität von Sr-90 im Versuchsrevier auf Birkenstandort nicht 0,28 μCi/m², sondern 0,28 mCi/m² beträgt. Ähnlich ist die Quantität von Sr-90 im Versuchsrevier auf Kiefernstandort gleich 0,015 mCi/m²...

Hochachtungsvoll, R. M. Aleksachin, M. A. Naryschkin.

Bei dem »kleinen« Fehler handelt es sich insgesamt um die tausendfache Differenz.

Merkwürdig erscheint auch, daß im Artikel die lateinischen Artenbezeichnungen für Kiefer und Birke fehlen – hier wird wieder eine elementare Regel der bioökologischen Forschung verletzt. Verschiedene Familien, wie z. B. die Birkengewächse, haben eine unterschiedliche Wachstumsgeschwindigkeit und zweifellos verschiedene Parameter für die Radioisotopen-Akkumulation. Offensichtlich waren die Artennamen so hinreichend spezifisch, daß man an ihnen die Lokalisierung der Verseuchung hätte erkennen können. In der Sowjetunion gibt es beispielsweise mehr als 50 verschiedene Birkenarten; für den europäischen Teil, den Kaukasus, den Ural, Sibirien usw. sind jeweils andere Arten typisch.

Im Gebirgsvorland des Ural kommen einzelne Birkenarten jeweils in unterschiedlichen Höhenlagen vor. So wachsen in der untersten Bergregion Hängebirken (Betula verrucosa), darüber Haar- oder Weißbirken (B. pubescens), etwas höher Kriechbirken (B. torticosa) und weiter oben Strauchbirken (B. humilis) [53].

Im gleichen Jahr 1970 brachten P. M. Aleksachin und Mitarbeiter ein Standardwerk über Radioökologie des Waldes [54] heraus. Darin vermerkten sie, daß die Isotopen-Wanderung im Wald »am intensivsten in der anfänglichen, relativ kurzen Periode nach der Emission radioaktiver Partikeln erfolgt«. Vom Klima abhängig ist auch der Zeitraum der

»Halb-Reinigung« der Baumkronen von ihrer Oberflächenverseuchung, der zwischen zwei Wochen und einigen Monaten schwankt. Das untermauert ein weiteres Mal die Vermutung, in der vorausgehenden Arbeit hätten die Autoren die radioaktive Biozönose nicht selbst hergestellt, sondern seien im Verseuchungsgebiet mit zweijähriger Verspätung eingetroffen.

Die peripheren, radioaktiv verseuchten Uralgebiete dienten offensichtlich auch zytogenetischen Untersuchungen von Chromosomen-Anomalien in den Vegetationspunkten der Kiefer auf Parzellen mit einer Verseuchung von 0,1 und 0,15 Millicurie pro m^2. Diese Studien erwähnt der Bericht von N. P. Dubinin und Mitarbeitern [49] ohne Verweis auf die Methodenbeschreibung in der entsprechenden experimentellen Aufsatz-Veröffentlichung. Die Beobachtungen fanden in einem jungen Kiefernwald statt, der weitaus mehr Strontium-90 enthielt als der Kiefernwald, in dem die Gruppe um Aleksachin arbeitete. Doch lagen diese Werte 10–30mal niedriger als jene, bei denen A. I. Iljenko das Tierverhalten in einer Birkenbiozönose studiert hatte. Bei 0,1 und 0,15 Millicurie pro m^2 beobachteten die Verfasser eine Vielzahl von Chromosomen-Anomalien in den Meristem-(Bildungsgewebs-)Zellen der Kiefer. Nach ihren Berechnungen betrug die kumulierte Dosis jahrelang einige Kiloröntgen, das heißt, sie bewegte sich in Dosierungsdimensionen, bei denen Kiefernanpflanzungen Schaden nehmen [48]. Genetiker und Zytologen benötigen keine großen Gebietsflächen, und man könnte einräumen, diese Untersuchung sei in der Tat von Anfang bis Ende experimentell angelegt gewesen. Trotzdem scheint das Eingeständnis der Autoren, »die zytogenetischen Forschungsarbeiten sind erst sechs Jahre nach der Einstäubung der Bäume mit Strontium-90 unternommen worden« (S. 186), sehr ungewöhnlich und unerwartet. Offensichtlich waren auch diese Forscher in das verseuchte Waldgebiet erst mit großer Verspätung gekommen, und deshalb sind alle ihre Angaben über den Verseuchungsgrad des Gebietes und über absorbierte Dosen nur als sehr bedingt brauchbar zu betrachten. Obwohl die Dynamik der Chromosomen-Anomalien unter dem Einfluß der Jahreszeiten beobachtet wurde (Winter, Frühling, Sommer, Herbst), wird weder die Kiefernart noch die geographische Lokalisierung des Kiefernwalds angegeben. Es existiert nur die flüchtige Erwähnung, »die Versuche sind in einer gemäßigten Klimazone erfolgt«. Unterdessen teilen sowjetische Übersichten über die Versuche ausländischer Forscher auf dem Gebiet der experimentellen Radioökologie gewöhnlich auch genaue geographische Ortsangaben und Artennamen der Bäume mit. In radioökologischen Veröffentlichungen geben jedoch auch sowjetische Verfasser Artennamen für Grasgewächse an, weil es in diesen Fällen unsinnig wäre, von »Kamillen«, »Quecken« und dergleichen ohne ergänzende Artenbeinamen zu sprechen. Bei Waldbestandsarten auf engerbegrenzten Arealen mit konkreter Baumspezies jedoch kommen lateinische Bezeichnungen in der Regel nicht vor.

Interessant ist festzuhalten: während A. I. Iljenko und die übrigen Autoren, die mit Tieren auf ausgedehnten, radioaktiv verseuchten Geländeflächen bei einem Niveau von 1,8–3,4 Millicurie pro m^2 gearbeitet hatten, einen solchen Verseuchungsgrad bei radioökologischen Untersuchungen und zur Analyse von Nahrungsketten zwischen Pflanzen und verschiedenen Tierarten für zulässig erachteten, so halten Radioökologen von Waldpflanzen ähnliche Dosierungen für

Musterbeispiele krasser Veränderungen in allen Wechselbeziehungen auf dem verseuchten Territorium. Wenn F. A. Tichomirow [50] den Grad der Strahlenschädigung bei Waldbestandsarten unter radioaktiver Verseuchung taxiert, bezieht er sich auf die Arbeiten von A. I. Iljenko über Mäusestudien in Birkenbiozönose bei einem Aktivitätsniveau von 1,8–3,4 Millicurie pro m^2 und führt sie als Beispiel einer *zerstörten Ökologie* an. F. A. Tichomirow unternahm, wie wir aus der Analyse der nächsten Arbeit sehen werden, ebenfalls eine Anzahl von Beobachtungen in der südlichen Uralgegend. Nach seinem Urteil führte bei Iljenko die erhöhte Umweltaktivität zur Wachstumshemmung des Birkenwaldes und zum Absterben der jungen Bäume. Der Wald lichtete sich, und infolgedessen stieg der Grasbewuchs um ein Vielfaches an, dies wiederum förderte die übermäßige Vermehrung der Mäuse. Die geschwächten Bäume wurden leicht von Holzschädlingsinsekten befallen, was die insektenfressenden Vögel zu einem Zeitpunkt anlockte, als die Zahl der in den obersten Kronen des Waldes lebenden Vögel sich schon kraß verringert hatte. Dies störte sicher einschneidend die normalen ökologischen und Nahrungszusammenhänge. Deshalb besitzen großangelegte ökologische Studien in einem so *übermäßig* radioaktiven Gelände nur begrenzte wissenschaftliche Relevanz.

Am Ende dieses Abschnittes sollte ein sehr wichtiger Umstand nicht übergangen werden, wonach radioökologische Untersuchungsdaten von Waldbiozönosen in der verseuchten Uralzone das Material für einen Vortrag lieferten, der in die Veröffentlichungen der Vierten Internationalen Genfer UN-Konferenz von 1971 zur friedlichen Nutzung der Atomenergie gelangte. Das Referat erschien 1972 im 11. Band der Veröffentlichungen der Genfer Konferenz. Doch es wurde, wie alle aus der UdSSR auf UN-Konferenzen angenommenen Referate, in russischer Sprache publiziert, und offensichtlich deshalb wandte niemand seine Aufmerksamkeit darauf und unterzog es einer seriösen Beurteilung. Alle drei Verfasser dieser Arbeit [55] tauchten bereits in verschiedenen Abschnitten unseres Überblicks auf – F. A. Tichomirow, R. A. Aleksachin und E. A. Fjodorow. Das Papier war der Radioisotopen-Wanderung in Wäldern und der Strahlungseinwirkung auf Forstanpflanzungen gewidmet. Fast in allen Merkmalen der Tabellen verfolgt die Untersuchung vor allem die Dynamik von Strontium-90 *im Laufe von 11 Jahren*. Das Jahr des Versuchsbeginns bleibt ungenannt. Das Referat ist 1971 erstellt worden, doch spiegelt das Faktenmaterial offensichtlich die Daten von 1958–1969 wider.

Die Unterlagen für derartige internationale Kongresse müssen fast ein Jahr im voraus eingereicht werden; die Fertigstellung des Textes einer bereits abgeschlossenen Forschungsarbeit und der Durchgang durch eine doppelte Zensur (bei Auslandsveröffentlichungen) in der UdSSR erfordern auch ihre Zeit. Einer internationalen Konferenz, auf der eine Simultan-Übersetzung der Referate in drei andere offizielle UN-Sprachen (Englisch, Französich, Spanisch) stattfand, konnte eine sowjetische Forschergruppe schlecht einen Text ohne jegliche Methodik präsentieren. Deshalb verfaßte man fürs Ausland eine kurze Erklärung darüber, wie die Verseuchung der Waldreviere mit radioaktiven Isotopen geschehen war – ohne Angabe der Revierausmaße. (Die kalendarischen Verseuchungszeitpunkte wurden ebenfalls verschwiegen, doch da die Beobachtungen an vier Waldtypen sich elf Jahre lang hinzogen, konnte die Primärverseuchung entweder 1957 oder 1958 passiert sein.)

Die Verseuchung der Waldparzellen erfolgte von oben nach unten; und in solchen Fällen ist es üblich, die quantitative Wechselwirkung zwischen radioaktiver Emission und den Bäumen mit dem sogenannten »Beharrungskoeffizienten« wiederzugeben – einer Größe, die angibt, welcher Radioaktivitätsanteil sich auf Baumkronen und Blättern niederschlägt und welcher in die Erde gelangt. Ich halte es für zweckmäßig, ein längeres Zitat aus dieser Arbeit mit der von den Autoren erstellten Tabelle einzufügen:

Die Größe dieses Koeffizienten hängt vom Typ und Alter des Baumbestandes ab, von jahreszeitlichen und meteorologischen Bedingungen, aber auch von der physikalisch-chemischen Struktur der frei werdenden Nuklide. Unseren Beobachtungen nach variiert der Beharrungskoeffizient je nach konkreten Bedingungen in folgendem Umfang:

Kiefernnachwuchs im Alter von 6–10 Jahren, Kronenschluß: 1,0	Besprengung der Kronen mit Sr-89-Lösungen	90–100 %
Kiefernanpflanzung im Alter von 60 Jahren, Kronenschluß: 0,9	Partikelemission mit einem Umfang bis zu 50 mkm	80–100 %
Kiefernanpflanzung im Alter von 25 Jahren, Kronenschluß: 0,8	Partikelemission mit einem Umfang bis zu 100 mkm	70– 90 %
Kiefernanpflanzung im Alter von 30 Jahren, Kronenschluß: 0,8	Emission von Sekundär-(Boden-)Partikeln, von der Erdoberfläche durch Wind aufgewirbelt	40– 60 %
Birkenanpflanzung im Alter von 40 Jahren vor der Blattentfaltung, Kronenschluß: 0,8	Emission von Sekundär-(Boden-)Partikeln, von der Erdoberfläche durch Wind aufgewirbelt	20– 25 %

So ist das Holzwachstum durch ein höheres Beharrungsvermögen der radioaktiven Emission charakterisiert im Vergleich zum Graswuchs (dessen Beharrungskoeffizient im Durchschnitt 25% beträgt). Das rührt von der größeren Biomasse der Baumkronen her, ihrer besseren Gliederung und der größeren Blatt- bzw. Nadeloberfläche im Verhältnis zu ihrem Gewicht; infolgedessen erfüllt die Baumrinde die Rolle eines Filters, der in der Lage ist, beträchtliche Mengen radioaktiven Staubs festzuhalten. Da trockene radioaktive Emissionen in relativ geringen Gewichtsmengen, die nicht zu völliger Sättigung der Kronen ausreichen, in die Erdoberfläche gelangen, so kann man den Koeffizienten für das »Beharren« radioaktiver Emission in der Rinde von Baumgewächsen eindeutig mit dem Grad des Kronenschlusses gleichsetzen. (Mit Ausnahme von Laubwäldern in der blattlosen Jahreszeit; das Festhaltevermögen der Holzrindenschicht erweist sich in diesem Fall zum Beispiel als dreimal niedriger)... (S.678)

Die erstgenannte Methode der Waldverseuchung ist zweifellos experimentell erfolgt. Die Halbwertszeit von Strontium-89 beträgt 55 Tage, und die Verfasser liefern Beobachtungsdaten, wonach sie die Radioisotopen-Streuung im Laufe von 220 Tagen beobachteten.

Das zweite und dritte Verfahren der Waldverseuchung durch »Partikelemission« ist nicht mehr so ohne weiteres zu begreifen (die Partikeln enthalten radioaktive Isotope, deren Konzentration wieder verschwiegen wird). Daß die Partikeln unterschiedlichen Umfang – »bis 50 mkm« und dann »bis 100 mkm« – aufweisen, das braucht nicht unbedingt von einer experimentellen Verfahrensweise herzurühren; denn auch bei Windausbreitung gelangen die größeren Partikeln (bis 100 mkm) zwangsläufig eher an die Oberfläche als die kleineren.

Beim vierten und fünften Fall von Waldverseuchung – *»Emission von Sekundär-(Boden-)Partikeln, von der Erdoberfläche durch Wind aufgewirbelt«* – ist völlig klar, daß sie nicht experimentell verursacht sein können. Winderosion ist von den Jahreszeiten abhängig, und Sandstürme kommen nicht jedes Jahr vor. Nach der Arbeit von Korssakow und Mitarbeitern [28] ist die Wahrscheinlichkeit, daß Radioaktivität vom Erdboden aus durch Wind verbreitet wird, am größten im Herbst und Frühjahr, wenn die Böden, und besonders *landwirtschaftlich genutztes Terrain*, entblößt sind. In der hier beurteilten Arbeit geschah die Winderosion des Bodens, die gewöhnlich nur bei starken Stürmen möglich ist, *im Frühjahr*; das ist aus dem Hinweis *»vor der Blattentfaltung«* ersichtlich. Hätte die Ausbreitung des radioaktiven Erdreichs im Herbst stattgefunden, so hätten die Autoren geschrieben: »nach dem Laubabfall«. Unter den fünf Varianten bildet der entlaubte Birkenwald einen Einzelfall, ihn mit der immergrünen Kiefer zu vergleichen ist unmöglich. Unter normalen Versuchsbedingungen hätte man Birken mit und ohne Blätter miteinander vergleichen müssen. Die gesamte Winderosions-Zone bildete eine *geographische Einheit*, da im Kiefernwald der Untergrund aus Bleicherde, im Birkenwald aus Schwarzerde bestand. Sowohl Wald wie Winderosion existierten tatsächlich und in ziemlich großer Ausdehnung, was den Autoren die Beobachtung des sogenannten »Waldrand-Effekts« erlaubte:

> Bei der Windübertragung werden die radioaktiven Partikeln am wirksamsten von den Bäumen am Waldrand aufgefangen. Unseren Beobachtungen nach liegt die Menge der Radionuklide, die sich auf den Baumkronen am Waldrand festsetzen, zwei- bis fünfmal höher als die Emissionen auf den angrenzenden waldlosen Geländestreifen: der »Waldrand-Effekt« ist in einem Abstand von 15–20 m vom Waldsaum meßbar. (S. 677–678)

Nachdem der Wind die Wälder mit radioaktivem Erdreich verseucht hatte, zogen sich die Beobachtungen auch über 11

Jahre hin, so wie schon bei den anderen Versuchen, als »Emissionen« irgendwelcher anderer unbekannter radioaktiver Partikeln angefallen waren. Deshalb mußten der Sturm, der den Kiefern- und Birkenwald mit radioaktiver Erde verseucht hatte, und die »ursprüngliche« Verseuchung zu nahe beieinanderliegenden Zeitpunkten erfolgt sein. Nach dem Referatsresümee zu urteilen, kamen bei der Primär-Verseuchung folgende Radioisotope vor: Sr-90, Cs-137, Zr-95 und Ce-144. Doch den weiteren Entwicklungsverlauf der Radioisotope im Wald verfolgten die Verfasser nur an Strontium-90 und schenkten ihre Aufmerksamkeit hauptsächlich seiner Strahlungseinwirkung.

Bei der Mehrzahl der Versuche sind die tatsächlichen Verseuchungsdosen nicht angegeben, außer beim ersten mit Sr-89 (1 Millicurie pro m^2). Bei den anderen Versuchen wird gelegentlich mit einer *»Umrechnung«* in Millicurie pro m^2 hantiert; das bedeutet eine künstliche mathematische Umrechnung von realer Aktivität auf eine mehr oder weniger gleichmäßige (geglättete) Radioaktivität. Doch der bereits erwähnte »Waldrand-Effekt« spricht dafür, daß die Verseuchung nicht gleichmäßig verlaufen war. Deshalb sind in den Tabellen für die Strontium-Wanderung die Daten über Jahre hin überwiegend in Verhältniszahlen angegeben (in % der Primärverseuchung).

Man muß jedoch betonen, daß die Verseuchung des Waldes (sowohl im Fall der Birken wie der Kiefern) in einigen Gebieten so hoch war, daß die Bäume rasch abstarben. So ist es auch hier wieder am besten, die Autoren zu zitieren:

Die Besonderheit der Strahlenschädigung des Waldes im Falle der Emissionen liegt darin, daß beim Eindringen der Radionuklide, bestehend aus einer

Anzahl verhältnismäßig großer Partikeln (bis zu 100 mkm), eine Schädigung von Blättern, Nadeln und den apikalen Meristemzellen auftritt, und zwar in erster Linie im unteren und oberen Teil der Baumkronen, besonders auf der Wetterseite. Die oberen Triebe bewahren ihre Lebensfähigkeit, auch wenn die Krone bis zu 95% abstirbt; dabei bleibt das Apikal-Meristem des Haupttriebs unbeschädigt, obwohl es auch zu den radioempfindlichsten Gewebsschichten des Baumes zählt. Das ist durch die verhältnismäßig schnelle Reinigung der oberen Triebe unter dem Einfluß von Wind und atmosphärischen Niederschlägen bedingt. Im Unterschied dazu wird das Apikal-Meristem, bei äußerlicher Gamma-Bestrahlung von Baumgewächsen aus einer punktuellen Quelle, gleich zu Anfang geschädigt, und die Austrocknung der Krone geht vom obersten Trieb aus. (S. 683)

Der beschriebene rasche Letal-Effekt bei der Emission gewisser »Partikeln« entspricht der Wirkung von chronischer Radioaktivität auf einen Kiefernwald in der Größenordnung von 20–25 Röntgen pro Tag (6–7 Röntgen täglich an äußerer Bestrahlung vernichten eine Kiefer im Laufe von 5–6 Jahren) [48]. Die angeführten Zitate beweisen, daß auch die »Partikeln« der Primärverseuchung durch Wind verbreitet wurden, und nicht auf irgendeinem künstlichen Wege (der stärkste Befall der Kronen wird *»von der Wetterseite«* verzeichnet).

Bei der Analyse der übrigen Abschnitte der vorliegenden Arbeit wird klar, daß bei weitem mehr differierende Verseuchungsvarianten beobachtet wurden, als in der Einleitung des Aufsatzes zugegeben wird. Doch die restlichen Verseuchungstypen (oder -pegel) erwähnen die Autoren wie beiläufig ohne Angabe irgendwelcher quantitativer Daten. Man teilt zum Beispiel mit, daß die Birke gegen die Bestrahlung siebenmal widerstandsfähiger war als die Kiefer. Das erlaubt den Rückschluß, der Birkenwald sei ebenfalls von der *»Sekundär«*-Emission aus dem Boden betroffen gewesen. Zudem weisen die Autoren darauf hin, daß die Differenz zwischen Kiefer und Birke je nach Jahreszeit schwanken könne (im Winter ist die Kiefer 20mal empfindlicher!). Aus der beiläufigen Erwähnung einer Arbeit von einem der Verfasser (Tichomirow) geht hervor, daß in einigen Waldrevieren die Strontium-Konzentration im Boden 6–9 Millicurie pro m^2 erreichte. Das entspricht der Stärke einer absorbierten Dosis von 10–15 rad in 24 Stunden und läßt junge Bäume im dritten Jahr eingehen. Bei 3 Millicurie pro m^2 nimmt ein Birkenwald Schaden, doch er überlebt. (Dieses Niveau war am meisten für viele Experimente von Iljenko typisch.) Die Verfasser erwähnen Iljenkos Arbeit an Mäusen, doch wird daraus nicht ersichtlich, ob Iljenko seine Versuche in diesem selben Birkenwald angestellt hat oder nicht. Dennoch ist in dem Band über Radioökologie des Waldes von Tichomirow [50] völlig klar, daß zwischen den ersten Veröffentlichungen von Iljenko und dem oben beschriebenen ökologischen Komplex unbedingt ein Zusammenhang besteht.

Trotz der höheren Bestrahlungsresistenz der Birke kamen in dem Aufsatz der Autoren auch Reviere vor, in denen die Radioaktivität auch für Birken fast letal war. Darüber wird in zwei Absätzen kurz berichtet:

Zur Veranschaulichung des kombinierten Zusammenwirkens dieser Faktoren wollen wir die Veränderungen in der Zusammensetzung der oberirdischen Grasdecke betrachten, nachdem langlebige Radionuklide auf den Wald niedergegangen waren. In Pflanzungen, wo die Kiefer durch Bestrahlung einging und die Birke stark geschädigt war (30% der Bäume trockneten ein), wuchs die Biomasse der Grasdecke auf das 3–5fache an. Gleichzeitig veränderte sich auch der gemeinschaftliche Artenbestand. Zur dominierenden Art in der Zusammensetzung der Pflanzengemeinschaft entwickelte sich, so E. G. Smirnow, zwei Jahre nach den Emissionen das Reitgras oder Rieth (Calamagrostis epigeios) – eine Pflanze, die zur vegetativen Vermehrung von den Wurzelstöcken aus fähig ist, da sie durch die Erdschicht vor Beta-Strah-

len geschützt liegen. Diese Art ist auch hinter der Einzäunung der Kontroll-Anpflanzung ziemlich weit verbreitet. Im Laufe der Zeit erlangten auch solche Pflanzen eine Dominanz wie Zwergoleander (Chamaenerium angustifolium), Skabiosen-Flockenblume (Centaurea scabiosa) und Kratzdistel (Cirsium setosum); alles helligkeitsliebende, hochwüchsige Pionier-Arten mit einem starken Wurzelsystem, die sogar die radioresistenten, aber verhältnismäßig niedrig-wachsenden Eragaria vesca, Carex precox (Seggenart) und einige andere Pflanzen verdrängen. (S. 685)
Die Fähigkeit der Baumbestände zur Regeneration nach der Schädigung durch Ionisationsstrahlen hängt vom Typ des Waldes und dem Grad der Schädigung ab. Unter unseren Versuchsbedingungen bewahren die Laubwälder – Birke und Espe – ihre Regenerationsfähigkeit durch die Bildung von Wurzelauslegern und Luftschößlingen, während die Baumkronen vollkommen austrocknen. So entwickelte sich in dem Revier, wo als Folge radioaktiver Emissionen 70% des Nachwuchses und etwa 30% der Birken in den oberen Lagen eingingen, nach eineinhalb Jahren ein üppiges Wachstum von Luftschößlingen, die völlig lebensfähig waren und sich im Laufe der Folgejahre voll entfalteten. Bei nur partieller Schädigung regenerieren sich die Bäume in 8–10 Jahren, sogar wenn ihre Kronen bis zu 95% vertrocknet sind. Da die obersten Triebe in einem solchen Falle regelmäßig verschont blieben, unterschieden sich die Bäume nach der Regeneration ihrer Kronen von außen gesehen in nichts von normalen Bäumen. (S.688)

Obwohl die Autoren keine geographische Ortsangabe ihrer ökologischen Forschungen machen, ist wenigstens in dieser Arbeit, im Unterschied zu den übrigen, der Artenname der Birke erwähnt: Betula verrucosa. In der UdSSR trifft man auf mehr als 50 Birkenarten, und B. verrucosa ist gerade für den Südural typisch, wo je nach Höhenlage der Artenbestand der Birken wechselt; die Hängebirke wächst in der untersten Gebirgsregion, weiter oben erfolgt der Artenwechsel in der Reihenfolge: Weißbirke (B. pubescens), Kriechbirke (B. torticosa), Strauchbirke (B. humilis) [53]. Auf die geographische Lokalisierung kann man nur kommen, wenn man diese Arbeit mit den anderen, vorher besprochenen vergleicht. Wir wissen zum Beispiel, daß J. A. Fjodorow, einer der Autoren dieser langjährigen Studie, in den Jahren 1964–1970 gemeinsame Untersuchungen mit A. I. Iljenko anstellte, die im Tscheljabinsker Distrikt unternommen wurden. Fjodorow war ebenfalls ein enger Mitarbeiter von W. M. Kletschkowskij [56], dem schon 1958 die Organisation für die Experimentalstation im Tscheljabinsker Distrikt übertragen worden war.

Jewgenij Alexejewitsch Fjodorow arbeitete von 1951–1957 mit mir zusammen in der Moskauer Landwirtschaftsakademie, K. A. Timirjasew am Lehrstuhl für Biochemie und Agrochemie, den zunächst Prof. A. Schestakow und nach seinem Tod 1954 Prof. Kletschkowskij innehatte. In der Liste meiner eigenen wissenschaftlichen Arbeiten gab es zwei Veröffentlichungen von 1956, bei denen J. A. Fjodorow Ko-Autor war. Wie schon zu Anfang erwähnt, wurde Kletschkowskij mit der Leitung der Tscheljabinsker Sonder-Versuchsstation betraut (mit einer Filiale im Swerdlowsker Distrikt), um die Strahlungseffekte der dort vorgefallenen Umweltverseuchung auf Pflanzen und Ökologie insgesamt zu studieren. Natürlich machte Kletschkowskij in erster Linie seinen jungen Mitarbeitern ein Angebot, auf der Station zu arbeiten. Einige sagten ab wegen der Geheimhaltungspflicht, andere nahmen das Angebot an. Zu den Bereitwilligen gehörte auch J. A. Fjodorow, und daraufhin »verschwand« er für viele Jahre aus der Wissenschaft. Nach 1957 gab es im Laufe von 10 Jahren keinerlei zugängliche Publikationen von Fjodorow, bis sein Name 1968 zusammen mit dem von Kletschkowskij wieder auftauchte [56]. Es waren jedoch nur Lehrsätze eines Referats, das aber auch nicht in voller Länge erschien. Die erste minuziöse Veröffentlichung von Fjodorow erfolgte erst 1970 [26], zusammen mit A. I. Iljenko. Doch als Hinweis auf das verantwortliche wissenschaftliche Institut fand sich in dieser Arbeit nur die Anschrift von Iljenko. In zwei Referaten für die Genfer UNO-Konferenz existieren überhaupt keine Verfasser-Adressen (die zweite Studie für diese Konferenz galt der Radioisotopenstreuung in landwirtschaftlichen Erzeugerketten, und der Name von Fjodorow steht hier an erster Stelle); es firmieren lediglich die Nation, das Ministerium für Hochschulbildung und das Staatskomitee für Atomenergie. Wie das Laboratorium, wie das Institut heißt, darüber wird nichts mitgeteilt. Was die Bezeichnung der Station anbelangt, so fällt sie schon unter das Staatsgeheimnis, auch ich kenne sie nicht, an Geheimmaterial hatte ich kein Interesse; ich habe nur darüber nachgedacht, was in der sogenannten »offenen« Presse veröffentlicht war.

Mit Prof. Kletschkowskij verband mich eine enge Freundschaft bis zu seinem Lebensende. Er starb 1971. Kurz zuvor hatte er noch seinen 70. Geburtstag gefeiert. Große Gelehrte ehrt man in der UdSSR sehr aufwendig und feierlich. Und Kletschkowskij hatte sich als Akademiemitglied das Recht auf ein prunkvolles Jubiläum und einen Orden erworben. Zu diesem Jubiläum sah ich E. A. Fjodorow wieder, doch ich erinnere mich nicht, mit ihm ein Wort gewechselt zu haben. Ich war damals gerade als »Dissident« von meinem Posten entlassen worden, und Fjodorow bekleidete ein hohes Verwaltungsamt. Zwei Jahre später reiste ich von Obninsk nach Moskau zu einer Trauerfeier – der Beerdigung von W. M. Kletschkowskij, den ich immer zu meinem zweiten Lehrer in der Wissenschaft gezählt hatte (ich begann meine Arbeit zunächst im Bereich der Pflanzen-Physiologie von 1947–50 unter der Leitung von Prof. P. M. Schukowskij). Ich erinnere mich nicht mehr, ob ich auf dieser Beerdigung E. A. Fjodorow zu Gesicht bekam, es waren sehr viele Leute gekommen, und ich konnte ihn nicht bemerkt haben. Vielleicht war er auch an diesem Tag gar nicht in Moskau. Obninsk ist von Moskau ganze 100 km entfernt, der Ural aber bedeutend weiter.

Kletschkowskij selbst ließ von 1958–71 Dutzende wissenschaftlicher Arbeiten drucken, aber nur in einem Fall setzte er seinen Namen unter ein kurzes Referat [56], das auf Material aus dem Verseuchungsgebiet im Ural basierte. Seine übrigen Publikationen hingen mit Arbeiten im Moskauer Raum zusammen und waren in der Tat experimentell fundiert. W. M. Kletschkowskij zählte in seiner Wissenschaftsrichtung zur Schule von Akademiemitglied D. N. Prianischnikow. Anhänger dieser Schule zeichnete immer eine große Methodenstrenge in der Forschung und Genauigkeit gegenüber Experimentaldetails aus. Seine Unterschrift unter eine Arbeit zu setzen, bei der es keine reproduzierbare Methodik gab und die Versuchsbedingungen nicht klar waren, dazu war Kletschkowskij zweifellos nicht fähig.

Auf den Genfer Konferenzen zur friedlichen Nutzung der Atomenergie stehen Dutzende von Problemen zur Beurteilung an. Erst der 11. Band, in dem die beiden Referate von Fjodorow und seinen Mitarbeitern abgedruckt sind, enthält das Material zu mehreren Sitzungen. Die Arbeiten von Fjodorow und anderen gelangten in die *Sitzung über Radioökologie*. Nach den Texten zu urteilen, ergaben sich bei den übrigen Referaten Fragen, es erfolgte irgendeine Diskussion. Die Diskussionstexte stehen hinter den Referatstexten. Die Referate der russischen Autoren werden üblicherweise auf Russisch verlesen, doch die Zuhörer erhalten eine hochqualifizierte Simultan-Übersetzung. Das Referat über die Radioökologie des Waldes mußte unbedingt, wenn man es hörte oder las, eine Menge methodischer und prinzipieller Fragen aufwerfen. Seltsamerweise wurde nicht eine einzige Frage gestellt. Bei ähnlichen Anlässen pflegen die Russen scherzhaft zu fragen: »Und wo war der Vorsitzende?« Ich würde diese Frage etwas anders stellen: »Und wer war der Vorsitzende dieser radioökologischen Sitzung?« Die Antwort kann man im selben Band vor Beginn des Abschnitts über Radioökologie finden: der Sessionsvorsitzende war Sir John Hill.

10. Ackerpflanzen im verseuchten Gebiet und strahlengenetische Pflanzenforschung.

Außer auf gewöhnlichem Wiesengelände entwickelten sich Feld- und Wiesenpflanzen auch dort, wo Strahlenschäden Waldanpflanzungen vernichtet hatten. Dieser Prozeß stellt den sogenannten *Populationswechsel* dar, den die Strahlengenetik untersucht. Deshalb wurden natürlich viele Arbeiten über Feldpflanzen in diesem radioaktiven Gebiet von Strahlengenetiker-Teams durchgeführt. Sie interessierten sich nicht für Nahrungsketten oder die artenspezifische Aufnahme von verschiedenen Isotopen aus dem Boden. Bedeutend größere Aufmerksamkeit widmeten sie der vergleichenden Strahlenempfindlichkeit, der Dynamik von Chromosomen-Mutationen und der eventuellen Populationsauslese radioresistenterer Formen.

Die Pflanzen-Radiogenetiker konnten mit ihrer Arbeit in dieser Zone erst etwas später als die Zoologen beginnen. Deshalb setzten die Publikationen über Strahlengenetik der Pflanzen in der Biozönose des Ural erst 1971 ein. Das Hauptinteresse für diese strahlenaktive Biozönose bekundeten das Institut für Allgemeine Genetik der Akademie der Wissenschaften der UdSSR (Direktor N. P. Dubinin) und das Institut für Zytologie und Genetik der Sibirischen Abteilung der Akademie der Wissenschaften (Direktor D. K. Beljajew). An den Forschungen beteiligten sich in gewisser Weise auch Mitarbeiter des Forstinstituts (der Akademie der Wissenschaften) und des forstwissenschaftlichen Labors der sowjetischen Akademie der Wissenschaften, aber auch Wissenschaftler der lokalen Versuchsstationen des Ural, die gewöhnlich ihre Anschriften nicht preisgaben. Hier arbeiteten auch Kollegen des neuen, von W. M. Kletschkowskij gegründeten Instituts für Radiobiologie der Landwirtschaft.

Ich erwähnte bereits den umfassenden Übersichtsband von N. P. Dubinin und Kollegen [49], in dem das Material über die Zytogenetik von Forstanpflanzungen in einer verseuchten Biozönose ausgebreitet wird. In diesem 1972 veröffentlichten Kompendium erscheint eine Menge Material über Ackerpflanzen, Tiere und Bodenalgen. Gewöhnlich stehen in Übersichtsartikeln aber nicht die Forschungsmethoden, und deshalb kann man Forschungsinhalte und Voraussetzungen, unter denen Untersuchungen stattgefunden haben, am besten aus den Original-Artikeln begreifen.

Einer der ersten Aufsätze über Strahlengenetik bei Pflanzen in der Ural-Biozönose kam 1971 in der Zeitschrift »Genetik« heraus [57]. Die Arbeit ging bei der Redaktion im Sommer 1970 ein, und deshalb muß man annehmen, daß die Untersuchung als solche 1969 abgeschlossen wurde. Auf jeden Fall konnten die letzten Proben für die zytogenetischen Folgeanalysen nur noch 1969 entnommen worden sein. (Obwohl die Arbeit auf langjährige Versuche schließen läßt, nennen die Autoren nicht die tatsächlichen Untersuchungsfristen. Deshalb fällt mir die Aufgabe zu, mich mit derartigen Mutmaßungen zu beschäftigen.) Die Verfasser teilen ebenfalls nicht mit, in welchem geographischen Gebiet ihre Beobachtungen an Pflanzen stattfanden, die sich andauernd unter radioaktiven Umweltbedingungen befanden. So ist meine Schlußfolgerung über die Lokalisierung im Ural so, wie auch in den vielen anderen Fällen, aus indirekten, aber ziemlich eindeutigen Merkmalen entstanden.

Die Versuchsidee war durchgängig in fast allen Arbeiten der genetischen Richtung aus dieser Region zu finden: die Forscher wollten klären, ob in den Wachstumsverhältnissen von Pflanzen in hochradioaktiver Umwelt eine sogenannte radiobiologische Adaptation stattfindet, ob radioresistente Formen auftreten. So etwas kann die Folge einer Populationsauslese sein, einer Auslese beim Wachstum resistenterer Körperzellen oder die »Einschaltung« gewisser physiologisch-biochemischer Adaptationsmechanismen. Das übliche Versuchsschema besteht darin, daß Samenkeimlinge von Pflanzen, die lange Zeit in radioaktiver Umwelt gewachsen waren, sowie Keimlinge von »sauberen« Pflanzensamen aus der Kontrollgruppe derselben Gattung unter Laborbedingungen äußerer Bestrahlung ausgesetzt werden. Man wartet, bis die Keimlinge aus dem radioaktiven Milieu äußerer Bestrahlung gegenüber widerstandsfähiger werden und einen geringeren Prozentsatz an Chromosomen-Mutationen im Wachstumsgewebe aufweisen.

In der hier analysierten Arbeit wird das Versuchsschema an vier Arten perennierender Grasgewächse nachgeprüft. Diesmal sind auch ihre Artennamen angegeben: Gemeiner Odermennig (Agrimonia eupatoria), Sibirisches Schneidegras (Libanatis sibirica Rupr.), Skabiosen-Flockenblume (Centaurea scabiosa L.), Kratzdistel (Cirsium setosum MB). Sogleich fällt das Untersuchungsresultat auf, wonach die Pflanzengewebe unter den Bedingungen eines andauernden Standorts in radioaktiver Umgebung tatsächlich eine größere Resistenz gegenüber äußerer Bestrahlung erwarben.

Auf den Ural als Versuchsort weist die Zusammensetzung

der Arten auf ein und demselben Territorium hin (eine Mischung europäischer und sibirischer Arten). Daß die radioaktive Verseuchung etwas damit gemein hat, was wir bereits als das Ergebnis der Ural-Katastrophe kennen, kann man aufgrund der Strontium-Konzentration in der Umwelt (von 1 bis 3,7 Millicurie pro m^2) vermuten, sowie aus der bereits aus ähnlichen anderen Arbeiten vertrauten Formulierung: »Die Pflanzen wuchsen seit 11 Jahren im Testgelände, dessen erhöhter Strahlungsgrad von einer einmaligen Einleitung langlebiger Spaltprodukte – von Strontium-90 – herrührte.« In einer Fußnote wird vermerkt: bei der ursprünglichen Isotopen-Einleitung in den Boden seien zusammen mit Strontium auch andere radioaktive Produkte (Zr-95, Ru-106, Ce-144) angefallen, doch ihre Auswirkung nicht berücksichtigt, da sie nur eine kurze Halbwertszeit hätten. Sofern die Materialauswahl, wie wir sahen, offensichtlich Ende des Sommers 1969 abgeschlossen war, verweist die Rückprojektion von 11 Jahren auf Sommer 1958. Das läßt eine beliebige Frist von Herbst 1957 bis Frühjahr 1958 offen, die für die Oberflächenverseuchung ausreicht. Man kann auch leicht feststellen, daß es die Forscher mit einem sehr ausgedehnten Gelände zu tun hatten. Erstens sind alle vier Arten Fremdbestäuber. Zu Beginn der Samenauswahl hätte man sicherstellen müssen, daß in diesen 11 Jahren, die seit dem Verseuchungszeitpunkt verstreichen würden, die *Pflanzen nicht mit »reinen« Pollen* irgendwelcher Nachbarparzellen *bestäubt werden könnten.* Die Verfasser berichten natürlich nicht, *wie* die Gebietsverseuchung vor sich ging und stellen zwischen ihrer Tätigkeit und dem Verseuchungszeitraum auch keine Beziehung her. Doch Pollen werden Hunderte von Metern oder Kilometern weit verbreitet (bei Windbestäubung). Man mußte doch von der

Überzeugung ausgehen, und sie auch bestätigen, daß auf die verseuchten Parzellen keine *Samenausbreitung* von dem nahe benachbarten, »reinen« Gelände aus erfolgte. Folglich konnte es in der unmittelbaren Nachbarschaft gar keine »reinen« Gebiete geben.

In dieser Arbeit stecken wesentliche methodische Fehler, die nicht zu sein brauchten, wenn das Experiment von Anfang an von denselben Autoren geplant worden wäre. Es gibt keine Belege über die absorbierte Gesamtstrahlendosis, sie konnte auch nicht errechnet werden, da die Forscher die ursprünglichen Strahlungsstärken des Isotopengemischs nicht kannten, noch kannten sie die jahrelange Entwicklung der Strontium-Aktivität im Boden; im Laufe von 11 Jahren mußte sie aus vielen Gründen sehr wesentlich nachlassen. Auch machten sie keinerlei zytogenetische Bestimmungen der Chromosomen-Anomalien bei den Pflanzen, weder nach der Isotopen-Verseuchung des Milieus noch im Laufe der folgenden 11 Jahre. Wie aus dem Versuchscharakter hervorgeht, erhielten die Verfasser 1967 oder 1968 Zutritt zur bereits bestehenden radioaktiven Biozönose. Sie entnahmen Samenproben, bekamen von den Fachkollegen aus der Dosimetrie in den örtlichen Stationen die alten Ausgangszahlen für die Boden-Radioaktivität ausgehändigt (wobei sie nicht nur die kurzlebigen Isotope ignorierten, sondern auch Caesium-137, von dem auch nach 11 Jahren noch etwas vorhanden war), doch den restlichen Teil ihrer Arbeit führten sie unter Laborbedingungen durch. Diese methodischen Mängel vermindern zweifellos den wissenschaftlichen Wert der Arbeit.

Die Forschergruppe veröffentlichte im selben Jahr noch eine analoge Arbeit über zwei weitere Pflanzenarten: die Vogelwicke oder Vogelerbse (Vicia cracca L.), und den gemeinen Odermennig (Agrimonia eupatoria L.) [58]. Hier handelt es sich um noch eine weitere Biozönose, wobei jede der beiden Pflanzen auf Parzellen mit unterschiedlicher Aktivität der Bodenverseuchung wuchsen, bei der Vogelwicke lagerten 0,28 Millicurie auf einem m^2 Boden, bei Odermennig 1,5 Millicurie pro m^2. Beide Arten sind ebenfalls Fremdbestäuber und vermehren sich durch Samen. Warum es in diesem Fall so verschiedene Dosierungen für zwei miteinander verglichene Arten gab, bleibt unklar. Außerdem leidet dieser Versuch an den gleichen Unzulänglichkeiten wie der vorige.

Solche methodischen Fehler sind auch für eine Reihe weiterer Veröffentlichungen aus dieser Serie typisch. Darüber einen vollen Überblick zu liefern, ist hier unnötig. Nur eine der letzten Arbeiten aus dieser Serie möchte ich noch erwähnen, die von 1975 [59] stammt. In der UdSSR dauert die Frist zwischen der Einreichung eines Artikel bei einer Zeitschrift und seiner tatsächlichen Veröffentlichung ziemlich lange. Dieser Aufsatz nun ging im Juni 1973 bei der Redaktion ein. Folglich konnte die Samenauswahl für die anschließenden Laboruntersuchungen nicht später als im Sommer 1972 erfolgt sein.

Die Verfasser behaupten, sie hätten Versuche an Pflanzen vorgenommen, die *14 Jahre lang in radioaktivem Milieu gewachsen seien.* Im vorliegenden Fall hatten die Wissenschaftler die Zusammenstellung der Pflanzengattungen stark erweitert: sie studierten die radioaktive Adaptation an 18 Pflanzengattungen. Sie sammelten Pflanzen von drei Parzellen ein, in denen Strontium-90-Konzentrationen von 0,3; 1,0 und 3,7 Millicurie pro m^2 vorlagen. Zwei von diesen Zahlen decken sich völlig mit denen, die wir bereits in einer Jahre zuvor durchgeführten Arbeit kennengelernt hatten [57], obwohl sich in ein und demselben Gebiet zwischen 1969 und 1972 die Strontium-Aktivität im Boden nicht ständig auf derselben Höhe halten konnte. Hatte man es aber auf den *ursprünglichen* Verseuchungsgrad von 1957/58 abgesehen, so mußte eine erst 1972 einsetzende Probenentnahme von Pflanzensamen zu einer Übertaxierung der Radioaktivität im Boden führen. Bei manchen Böden werden in einem Jahr bis zu 6% Strontium-90 ausgeschwemmt (nach Auskunft von E. B. Tjurjukanowa [S. 40], in Bleicherdeböden und feuchten Regionen). Bleicherde besitzt jedoch nur geringen Kalzium-Gehalt. Im Südural ist aber der Kalzium-Gehalt, der Strontium-90 im Boden bindet, am höchsten, und die Niederschläge sind gering (ca. 300–400 mm im Jahr, fast zweimal weniger als in Weißrußland oder im Distrikt Moskau). Doch auch hier machen sich die Auslaugung der Radioisotope aus dem Boden sowie natürlicher Zerfall im Laufe von 14 Jahren ausreichend bemerkbar.

Hier entsteht wieder der Eindruck, die Verfasser hätten nicht über die Möglichkeit zu unabhängiger Dosierungsmessung in den Forschungsgebieten verfügt, sondern kartographische Unterlagen erhalten, die lange vor 1972 erstellt worden waren.

11. Populationsgenetische Forschung in der radioaktiven Umwelt

Die große Flächenausdehnung der Verseuchung mit hohen Dosen radioaktiver Isotope, die typisch bei der Atomindustrie anfallen, bietet einmalige Möglichkeiten für *populationsgenetische* Untersuchungen. Leider wurden sie viel zu spät und ohne die notwendigen methodischen Voraussetzungen begonnen, die die volle Kooperation von Biologen und Physikern erlaubt hätten. Viele Daten über den Charakter der Verseuchung und die ursprüngliche Zusammensetzung des radioaktiven Gemischs, Angaben einer regelmäßigen Dosierungsmessung vor Ort sowie eine Reihe weiterer Arbeiten stehen bislang noch unter Geheimhaltung und standen Biologen und Ökologen nicht zur Verfügung. Die Pflanzenversuche, über die ich im vorigen Kapitel berichtete, könnten von großem Wert für die Populationsgenetik sein, wenn die Verfasser zum Beispiel wüßten, wie viele Generationen dieser oder jener Pflanzengattung in der besagten Parzelle im Laufe von 11 oder 14 Jahren aufeinander gefolgt sind. Bei der Arbeit mit perennierenden Pflanzen darf man dies nicht einfach in Jahren angeben, und auch eingesammelte Samen stellen eine Mischung aus verschiedenen Generationen dar. Bei Tieren ist die Berechnung der Generationen-Folge einfacher, für Säugetiere muß man jedoch ziemlich große Einzäunungen errichten, die den Migrationsraum verringern und den Lebensraum einzelner größerer Tiergruppen auf die Dimensionen von Revieren mit unterschiedlichem Aktivitätsniveau einschränken. Bedeutend weniger methodische Irritationen gibt es beim Studium von Kleinlebewesen im Boden, die ihren Stammplatz nicht viel verändern.

Trotzdem geschah im Bereich der Populations-Strahlengenetik in der verseuchten Uralzone bislang sehr wenig. Der summarische Aufsatz von N. P. Dubinin und Mitarbeitern [49] erwähnt populationsgenetische Versuche bei zwei Mäusearten (die unmittelbar zu den Daten gehörige experimentelle Arbeit wurde nicht eigens gedruckt, und deshalb bleiben viele methodische Details unklar). Außerdem erschienen ein paar Jahre lang populationsgenetische Untersuchungen über die Bodenalge Chlorella [60, 61, 49].

N. P. Dubinin ist Direktor des Instituts für Allgemeine Genetik und beschäftigte sich in seinen eigenen Experimenten gewöhnlich mit der Taufliege Drosophila. Wer von den fünf Ko-Autoren des Überblicks die Mäusestudie angefertigt hat, bleibt unklar. Das Untersuchungsziel war im wesentlichen dasselbe wie bei A. I. Iljénko und Mitarbeitern [33], die ihre Ergebnisse zwei Jahre später, 1974, herausbrachten. Die Gruppe um Dubinin arbeitete in enger Tuchfühlung mit A. I. Iljenko; bei der Charakterisierung der zwei radioaktiv verseuchten Reviere, in denen die Mäuse gefangen wurden, findet sich ein Verweis auf Iljenkos Aufsätze von 1967 [20, 21]. Dubinin und Mitarbeiter hatten die Vermutung, daß nach langjährigem Aufenthalt im Milieu einer radioaktiven Biozönose eine Auslese neuer Mäuserassen stattfinden könne, die gegenüber der Bestrahlung widerstandsfähiger sind.

Ihre These prüften sie an zwei Mäusearten nach, die in radioaktiver Umwelt lebten: der roten Wühlmaus (Clethrionomys rutilus) und der Waldmaus (Apodemus sylvaticus). Wann dieser Versuch gestartet wurde, in welchem Jahr die Untersuchungen über die Radioresistenz der Mäuse und den Verlauf der Chromosomen-Mutationen in ihren Zellen bei äußerer Bestrahlung stattfanden (im Vergleich zur Kontrollgruppe), das sagen die Verfasser nicht. Natürlich belegen sie mit Zahlen, daß bis zu Versuchsbeginn im verseuchten Gelände »ungefähr 25–30 Tiergenerationen aufeinander gefolgt sind« (S. 194). Man kann sich unschwer ausrechnen, daß für die Abfolge so vieler Generationen 10–11 Jahre nötig sind. Ich stellte bereits eine erstmalige Berechnung darüber im 6. Kapitel an: für Mäuse ist typisch, daß sich die junge Brut in ziemlich großem Abstand von den Alten ansiedelt. Deshalb kann völlige Sicherheit darüber, daß die nach 30 Generationen eingefangenen Mäuse auch wirklich die Nachkommen der Tiere sind, die in dieser Biozönose 10–11 Jahre lang gelebt haben, erst bei einer Verseuchung sehr großer Geländeflächen bestehen, etwa mit einem Ausgangsradius von 30 Kilometern. Dubinin und seine Mitautoren geben den Durchmesser des Verseuchungsgebiets nicht an, doch sind in den Demonstrationstabellen für den Einfluß der radioaktiven Biozönose auf die Häufigkeit des Auftretens von Chromosomen-Veränderungen die Verseuchungswerte für Strontium-90 in den zwei verglichenen Biozönosen mit *Curie pro Quadratkilometer* wiedergegeben. In allen anderen Tier- und Pflanzenuntersuchungen, wie bereits besprochen, bezieht sich die Aktivität der Umwelt gewöhnlich auf den Quadratmeter. »Curie pro km²« (S. 196) – dieser Maßstab taucht hier zum ersten Mal auf. Offensichtlich war dies ein Lapsus der Zensur, denn letztlich kann sogar die auf wissenschaftliche Publikationen spezialisierte Zensur nicht auf alle kleinen Details, besonders bei Zahlen, Tabellen und Maßeinheiten, achtgeben.

Es waren drei Biozönosen zu vergleichen: ein Kontrollgebiet, ein Milieu mit 1000–1500 Curie pro km² und eins mit 1800–3500 Curie pro km². Umgerechnet auf den Meter ergibt dies 1–1,5 Millicurie pro m² und 1,8–3,5 Millicurie pro m². Diese Zahlen nennt auch Iljenko für seine Untersuchung im selben Gebiet, nur heißt es bei ihm nicht 3,5 sondern 3,4 mCi; möglicherweise hat Dubinin abgerundet. Doch wenn der Aktivitätspegel in die Tausende geht und sich auf km² bezieht, dann wird auf einmal klar, daß dies nicht ein künstlich hergestelltes Versuchsrevier sein kann.

Bei derartigen Versuchen, in denen Tiere an die 10 Jahre in einem verseuchten Gebiet leben, muß man die Radioaktivität der Biozönose in ihrer jahrelangen Dynamik präsentieren, doch diese Möglichkeit hatte auch Dubinin nicht. Die Schlußfolgerungen Dubinins und seiner Mitarbeiter aus dieser Versuchsserie lauten: bei Mäusen, die dauernd in radioaktiver Umwelt gelebt haben, ist die sogenannte »Mutationsladung« bedeutend erhöht, und um so größer ist auch die Häufigkeit der Mutationen in den Körperzellen. Trotzdem besitzen ihre Zellen eine größere Radioresistenz gegenüber zusätzlichen Bestrahlungsdosen. Im Gegensatz zu ähnlichen Versuchen von Iljenko und Mitarbeitern [33], die die Strahlenempfindlichkeit nach der Sterblichkeitsrate infolge äußerer Gamma-Bestrahlung festsetzten, maßen Dubinin und Kollegen die Empfindlichkeit an der erhöhten Häufigkeit von Chromosomen-Mutationen durch zusätzliche Strontium-90-Gaben, die den Mäusen injiziert wurden.

Eine zweite populationsgenetische Untersuchungsserie erfolgte über die einzellige Bodenalge Chlorella. Das gesamte

Material über dieses Thema veröffentlichten W.A. Schewtschenko und Mitarbeiter (Institut für Allgemeine Genetik der Akademie der Wissenschaften der UdSSR). Diese Gruppe hatte schon vorher Versuche über die Genetik dieser einzelligen Alge unternommen (Schewtschenko hatte zuvor die Resultate zahlreicher reiner Laborexperimente über Strahlengenetik bei Chlorella herausgebracht). 1970 veröffentlichte er eine interessante Studie über die Strahlengenetik dieser Alge in *natürlicher* Biozönose [60]. Arbeiten mit Bodenalgen bedürfen keiner ausgedehnten Flächen, sie können auf einigen Quadratmetern unter natürlichen Bedingungen unternommen werden, auf *experimentell* mit Strontium oder Caesium verseuchtem Boden. Es gab keinerlei Gründe, davon auszugehen, daß W. A. Schewtschenko seine Strahlenforschungen an Chlorella tatsächlich im Distrikt Tscheljabinsk erstellt hatte, wenn N. P. Dubinin nicht in seiner Autobiographie [51] darauf zu sprechen gekommen wäre. Dessen Mitarbeiter hätten Versuche mit Chlorella in derselben verseuchten Gegend gemacht, wo sie 11 Jahre lang auch Beobachtungen an anderen Arten vornahmen. In dieser Gegend »entwickelte sich« nach den Worten Dubinins »ein Teil der Arten hin zur Ausbildung radioresistenterer Formen. Diese neuen Populationen hörten auf, unter der Einwirkung bestimmter Strahlungsdosen Schaden zu nehmen. Als eine solche Art erwies sich die einzellige grüne Bodenalge Chlorella. Um durch Mutation und Auslese eine neue, radioresistente Chlorella zu erschaffen, waren trotzdem fünf Jahre nötig, in deren Verlauf 200 Generationen ihr Dasein bei einem hohen Strahlungsniveau verbrachten« (S. 330).

In Wirklichkeit verhielt sich die Sache nicht ganz so. W. A. Schewtschenko begann zur Beobachtung der Chlorella *erst 5*

Jahre nach der Verseuchung der natürlichen Landschaft mit Radioaktivität Bodenproben zu entnehmen. In seiner letzten Veröffentlichung aus dieser Serie [49], einem gemeinsam mit Dubinin verfaßten Überblick, behauptet er, die Chlorella-Proben seien »5, 6 und 11 Jahre nach dem Moment des Eindringens der Radionuklide entnommen worden. Dabei hatten sich bis zum Zeitpunkt der Analyse des natürlichen Materials in den Chlorella-Populationen etwa 400 Generationen abgelöst« (S. 182). Jahresangaben der Probenentnahmen fehlen, doch der Jahresübersichtsbericht, der 1972 herauskam, war, dem Vorwort nach, am 22. November 1971 »in Satz gegangen«.

Dickleibige Jahres-Sammelbände brauchen in der UdSSR bis zur Drucklegung nicht weniger als 7–8 Monate, und deshalb wurde der Übersichtsartikel offenbar Anfang 1971 oder Ende 1970 fertiggestellt. (Im Literaturverzeichnis dazu findet sich nicht ein einziger Hinweis auf eine Arbeit, die später als 1969 herauskam.) Deshalb kann man den Zeitraum von 11 Jahren seit Versuchsbeginn mit Chlorella wieder auf die Jahre 1957/58 zurückprojizieren, den Zeitpunkt der Ural-Katastrophe.

Eines ist völlig klar: wenn das Team von Schewtschenko die Bodenverseuchung von 1958 *auf experimentellem Wege* herbeigeführt haben soll, dann wäre auch die Nachprüfung der Radioresistenz der Algen nicht erst ab der 201. Generation und nicht erst nach Ablauf von 5 Jahren gestartet worden. Trotzdem besteht die Besonderheit dieser Untersuchung darin, daß Schewtschenko und seine Kollegen ihr Beobachtungsmaterial auf Parzellen von extrem hoher Aktivität einsammelten. Den sich über Jahre hinziehenden Trend der Aktivität geben die Verfasser natürlich nicht an, aber sie bieten dafür auch keine Verseuchungswerte in Millicurie oder Mikrocurie an. Doch da man zur Aussortierung der Algenstämme Bodenproben nehmen mußte, wurde die Radioaktivität des Bodens ebenfalls berechnet und als Zerfallsrate pro kg Boden und Minute wiedergegeben. Der Versuch umfaßte, außer der Kontrollgruppe, 6 Varianten mit verschiedenen Verseuchungsniveaus; bei der ersten erreichte die Bodenaktivität eine Zerfallsrate »von $1x10^6$ bis $1x10^7$« Impulsen pro kg Boden und Minute, bei der letzten »von $1x10^9$ bis $1x10^{10}$« Impulsen. Ein Mikrocurie hat 37 000 Zerfallsmomente in der Sekunde, das heißt ungefähr $2x10^6$ Zerfallsmomente in der Minute. $2x10^9$ Zerfallsmomente in der Minute bedeuten Millicurie. Wenn im Versuchsrevier auf ein kg Boden zwischen 1 bis 10 Millicurie auf das kg entfielen, so mußte bei einer Schicht von 10 cm Tiefe die Aktivität pro m^2 bis zu einem Curie betragen. Eine solche Konzentration ist in chronischer Form für alle Lebewesen und höher organisierten Pflanzen letal; und praktisch nur einzellige Algen, die zu den widerstandsfähigsten Arten der belebten Welt zählen, konnten so hohen Dosen standhalten und sie ohne bemerkbaren Schaden überstehen. Bei den Versuchen wurden aus dem Boden drei Arten selektiert: Chlorella vulgaris, Chlorella terricola, Chlorella ellipsoldea; dabei entfiel auf die erste ein Anteil von ca. 80%, und mit ihr wurden im wesentlichen die weiteren Versuche angestellt.

Die Bestimmungsverfahren der Bodenradioaktivität (Typ des Zählers, die Effektivität usw.) sind nicht genannt; deshalb ist es schwierig zu beurteilen, inwieweit Zahlenangaben vom Typ 10^9 oder 10^{10} Meßergebnisse mit voller Effektivitäts-Analyse darstellen. Algen entwickeln sich auf den Oberflächenschichten des Bodens, und die Probenauswahl ging von der allerobersten Schicht von 0,2 bis 0,5 cm aus. Von dieser Schicht wurden auch die Bodenproben für die Aktivitätsbestimmungen entnommen. Doch 5 Jahre nach der Oberflächen-Emission der Radionuklide konnten gerade in dieser Schicht die stärksten Veränderungen in der spezifischen Aktivität vor sich gehen; das heißt in den 5 Jahren bis zum Meßbeginn konnte diese Schicht noch viel aktiver gewesen sein. Das Fehlen von sehr wichtigen Ausgangsdaten beweist noch einmal, daß die Forscher das Versuchsfundament nicht selbst geschaffen haben, sondern mit großer Verspätung die bereits vorhandene Verseuchung sich zunutze gemacht haben. Da in dieser Parzelle das Radioaktivitätsniveau fast an 1 Curie pro m^2 heranreichte, kann man voraussetzen, daß dieses Gelände irgendwo in der Nähe des Epizentrums der ursprünglichen Verseuchung lag. In solchen Parzellen konnte kaum eine Oberflächen-Vegetation am Leben bleiben, man kann sie sich höchstens als nackte Erde vorstellen, auf der an feuchten Standorten auf der Oberflächenschicht ein grüner Belag aus Algen gedeiht.

Unter der Voraussetzung einer industriellen Verseuchung stellen gerade solche »nackten« Reviere den größten Gefahrenherd als Verbreitungsquelle für Winderosion dar; und man sollte einen so stark aktiven Boden besser entweder verlagern, indem man ihn in große Tiefen unterpflügt, oder abtragen und ihn noch tiefer vergraben. Warum 5 Jahre nach der Verseuchung in dieser Zone noch immer so oberflächenaktive Reviere existierten, bleibt unklar.

12. Analyse der CIA-Dokumente über die Atomkatastrophe im Ural

Meine erste Mitteilung vom November 1976 über die Katastrophe im Ural wurde, wie bereits zu Beginn dieses Buches erwähnt, sogleich vom Vorsitzenden der britischen Atombehörde, John Hill, als »wissenschaftliche Phantasterei« abgetan. In den Vereinigten Staaten jedoch wandten sich die Journalisten an die CIA um Auskunft, und ich zitierte Kommentare von CIA-Analytikern, die am 10. und 11. November 1976 in vielen Zeitungen erschienen. Nach den Angaben der CIA hatte sich 1958 in der UdSSR tatsächlich eine Atomkatastrophe zugetragen, doch handelte es sich dabei um eine Reaktorpanne in einem Landkreis des Ural, deren Folgen schnell beseitigt waren.

Immerhin hatte schon diese kurze Meldung der Öffentlichkeit ausgereicht, um sich darüber klar zu werden, daß die CIA im Besitz von Informationen über die Explosion im Ural von 1958 ist, worüber bis dahin jedoch noch nirgendwo in der freien Presse berichtet worden war.

Kurz vor 1976 kam in den USA das Gesetz über Informationsfreiheit (Freedom of Information Act) durch, wonach Regierungsbehörden Staatsbürgern und Organisationen jederzeit *nicht-geheime* oder von der Geheimhaltung befreite Auskünfte erteilen müssen. Alle Ausgaben für die benötigten Kopien der Dokumente, auch solche, die mit der Entscheidung darüber verbunden sind, über welchen Teil der Dokumente die Geheimhaltung aufgehoben werden kann, sowie verschiedene weitere Aufwendungen sind jedoch von demjenigen zu erstatten, der um die Auskunft nachkommt. Deshalb muß der »Informationskunde« im voraus die Summe angeben, die er für die ihm überlassenen Dokumente zu zahlen bereit ist.

Diese Akte nahm sofort der amerikanische »Rat zur Verteidigung der Naturschätze« (Natural Resources Defense Council, Inc.) in Anspruch. Er richtete an verschiedene Organisationen Anfragen, die Zwischenfälle in sowjetischen Atomanlagen im Uralgebiet in den Jahren 1957–1961 betrafen. Kopien dieser Anfragen stellte man mir im folgenden zur Verfügung. Für den an der etwaigen Form einer solchen Anfrage Interessierten präsentiere ich hier eins dieser Anschreiben, das 5 Tage nach den ersten CIA-Kommentaren, noch vor dem Augenzeugenbericht von Prof. L. Tumerman, abgeschickt wurde:

An die Behörde für Informationsfreiheit — 15. November 1976
US-Verwaltung für Energieforschung
und Entwicklung
Washington, D.C. 20545

Betr.: Anfrage gemäß Gesetz über Informationsfreiheit

Sehr geehrte Herren,
hiermit bitte ich um Überlassung der aus der Anlage ersichtlichen Dokumente. Diese Anfrage erfolgt gemäß dem Gesetz über Informationsfreiheit, 5 U.S.C. § 552, sowie entsprechend den Verordnungen der Verwaltung für Energieforschung und Entwicklung (ERDA).
Gemäß 10 C.F.R. § 709.6 erkläre ich hiermit, alle aus dieser Anfrage anfallenden Kosten bis zu einer Höhe von 25,00 Dollar sofort zu entrichten. Ich suche jedoch darum nach, mir alle Gebühren, die nach Abschnitt 709.12 er-

hoben werden, unter der Voraussetzung zu erlassen, daß die Freigabe der erbetenen Dokumente in der Hauptsache dem öffentlichen Intresse zugute kommt.

Hochachtungsvoll ...*)

Nach diesem und einer Reihe anderer Briefe, die an die CIA, das Kommando der US-Luftstreitkräfte und entsprechende Organisationen gerichtet waren, folgte ein längerer Briefwechsel, dessen Analyse nicht von Interesse ist.

Der »Rat zur Verteidigung der Naturschätze« erhielt von der CIA erst Anfang Februar 1977 eine ausführliche Antwort zusammen mit einer Reihe von Dokumenten. Der Brief der CIA lautet in Auszügen folgendermaßen:

Die Verwaltung für Energieforschung und Entwicklung hat bezüglich Ihrer Anfrage laut Gesetz über Informationsfreiheit die unten aufgeführten Dokumente zurückerhalten, die aus unserer Agentur stammen. Sie wurden uns zur Durchsicht und Beantwortung Ihrer Anfrage überlassen.
Wir haben die Dokumente durchgesehen und sind der Meinung, die ersten beiden können wir in gereinigter Version herausgeben, doch die beiden letzten müssen wir zurückhalten. Ich habe die entsprechenden Ausnahmen vom Gesetz neben jedem in Frage kommenden Objekt angegeben.

	Dokument	*Ausnahmen*
1.	Bericht Nr. CS-3389, 785, 4. März 1959	(b)(1), (b)(3)
2.	Bericht Nr. CS-K-3/465, 141, 16. Februar 1961	(b)(1), (b)(3)
3.	Bericht Nr. OO-B-3/256, 712, 5. April 1963	(b)(1), (b)(3), (b)(6)
4.	Bericht Nr. CS-K-3/507, 314, 16. April 1962	(b)(1), (b)(3)

Zu Ihrer Information: Ausnahme (b)(1) des Gesetzes über Informationsfreiheit bezieht sich auf Material, das eigens unter die Abschnitte 1 und 5(B) der Ausführungsbestimmung 11652 fällt. Ausnahme (b)(3) untersteht der Verantwortlichkeit des Direktors, dem Gesetz für nationale Sicherheit von 1947 sowie dem CIA-Gesetz von 1949, das Nachrichtenquellen und -methoden

*) s. S. 239

vor unautorisierter Aufdeckung schützt. Ausnahme (b)(6) bezieht sich auf Informationen von Angehörigen des medizinischen Personals und ähnlicher Abteilungen; eine Veröffentlichung ihrer Aussagen würde einen unberechtigten Eingriff in die Privatsphäre eines anderen darstellen.

4. Februar 1977*)

Den amerikanischen Ökologen erschienen diese Dokumente nicht genügend informativ, und man gab seinerzeit darüber keinerlei Mitteilungen an die Presse. Aus anderen Quellen erhielt man ebenfalls drei Dokumente, doch auch sie sagten den amerikanischen Ökologen wenig. Als mir dann diese Gruppe der Naturschützer die »gereinigten« Kopien der freigegebenen Dokumente zuschickten, fand ich darin doch sehr nützliches Material. Da über diese erste »Freigabe« der CIA-Dokumente nichts in der Presse stand (Meldungen über Dokumente der CIA erschienen erst Ende November 1977 auf den Titelseiten der amerikanischen Zeitungen, als die CIA zusätzlich bei 14 Dokumenten die Geheimhaltung aufhob), halte ich es für wichtig, vor allem gerade bei den ersten Dokumenten haltzumachen, denn die nachfolgenden erbrachten nicht sehr viel und waren in der Mehrzahl mit einer Menge Fehler durchsetzt.

Wie bekannt, überflogen in den Jahren 1957, 1958 und 1959 noch die Aufklärungsflugzeuge der USA vom Typ U-2 die Atomzentren des Ural und schossen unentwegt Filmaufnahmen. Später begannen sie, die Territorialerkundung von speziell ausgerüsteten Satelliten aus durchzuführen; die durch diese Methode gewonnenen Erkenntnisse liefern auch ein hinreichend breites Spektrum an Information. Aussagen von Agenten und Überläufern werden klassifiziert und analy-

*) s. S. 240

siert und diese Unmengen an Erkenntnissen nach allen Regeln der Kunst bearbeitet. Deswegen kann man sich kaum vorstellen, daß eine Katastrophe – obwohl Millionen Bewohnern des Mittleren und Südlichen Urals in groben Umrissen bekannt – nicht einer genauen Untersuchung durch westliche Nachrichtendienste unterzogen worden sein soll.

Doch das muß nicht bedeuten, daß eine solche Information nicht auf Jahre hinaus geheim bleiben kann. Nachrichtendienste reißen sich nicht darum, ihre durch verschiedene Kanäle gewonnenen Informationen in die Presse zu lancieren. Außerdem war die Atomkatastrophe im Ural Ende 1957 bzw. 1958 als Sensationsquelle unerwünscht. Zu dieser Zeit kursierte in den USA eine Menge für Regierung und Atomenergie-Behörde äußerst unangenehmer Berichte über eine eventuelle Reaktorkatastrophe bei Detroit. Im Oktober 1957 ereignete sich in England die Reaktorpanne von Windscale. Anti-Atom-Demonstrationen und Kampagnen nahmen sowohl in den USA wie in Europa einen großen Aufschwung. In einer solchen Situation hätte die »Enthüllung« einer Atomkatastrophe in der Sowjetunion nicht in erster Linie für die Politik der Sowjetregierung negative Auswirkungen gehabt. Deshalb gab es auch keinen Grund, von den Nachrichtendiensten der westlichen Regierungen eilfertige Meldungen über tragische Ereignisse im russischen Zentrum der Kernenergie zu erwarten.

Das ist offenbar erst jetzt meine Aufgabe. Als ich 1976 zum ersten Mal über diese Katastrophe im »New Scientist« berichtete, da ging ich noch nicht ins Detail, weil ich annahm, daß dieser Vorfall vergangener Jahre seinen Sensationscharakter schon verloren hatte. Es zeigte sich, daß dem nicht so war.

Der Rat zur Verteidigung der Naturschätze bekam auch ein CIA-Protokoll über die Einschätzung des Artikels der »Washington Post« vom 17. November zu Gesicht, worin die Vermutung ausgesprochen wurde, die von mir beschriebene Katastrophe sei die Folge eines Erdbebens gewesen, das Ende 1958 auf das Gebiet des Baikal-Sees konzentriert gewesen war. Gewissen Gerüchten zufolge (die Quelle bleibt ungenannt) hatte sich 1958 ein gewaltiger Zwischenfall in Troizk, südlich von Tscheljabinsk, ereignet, wo sich offenbar auch Kernreaktoren befanden. Die Beschreibung der Panne trägt jedoch zu sehr den Stempel eines Gerüchts, deshalb will ich sie hier nicht zitieren. Die Vorstellung über ein Erdbeben als Ursache der Störung stellten die Kommentatoren als wenig wahrscheinlich hin, da das Erdbebengebiet, nicht weit vom Baikal-See, vom Distrikt Tscheljabinsk zu weit entfernt liegt – mehr als 2000 Kilometer.

Unter den Kommentaren der CIA-Mitarbeiter zum Artikel der »Washington Post« befand sich jedoch folgender Bericht über das Aufbewahrungsverfahren von Reaktorabfällen im Tscheljabinsker Distrikt – nach Angaben einer unbekannten »Quelle«:

8. Die Lagerungsbehälter aus Stahl über und unter der Erde sollen nicht weiter als 20 Fuß voneinander gelagert gewesen sein; das bedeutet, daß nach dem Zerplatzen der ersten Behälter deren Stahlsplitter umherflogen, die wiederum die nächsten Tanks aufsprengten.
Kommentar: Soweit bekannt, sind alle sowjetischen Abfall-Lagerbehälter mindestens auf Bodenhöhe vergraben und die Zwischenräume wieder mit Dreck aufgefüllt, wodurch mit ziemlicher Sicherheit eine Ausbreitung der Explosion von einem zum anderen Behälter gestoppt würde, selbst unter der Voraussetzung einer recht heftigen Explosion, die einen der Behälter zerreissen würde.

9. O'Toole: »Nach Aussagen von Informanten seien zum Zeitpunkt des Unfalls in den Deponiebehältern seit 10 Jahren giftiges radioaktives Kobalt, Barium, Caesium und Strontium gelagert gewesen.

(Fortsetzung ist gelöscht)*)

In der Gruppe der freigegebenen Dokumente befand sich ein offensichtlich wichtiger Bericht, der nicht von der CIA, sondern von der damaligen Atomenergie-Kommission erstellt war. Er enthielt am Rand die handschriftliche Anordnung: »Geheimhaltung mit Ausnahmen aufgehoben«; mit unleserlicher Unterschrift und Datum vom 23. Dezember 1976. Ich fange bei diesem Bericht an, da er von 1958 stammt; die restlichen wurden erst später bekannt.

Im Dokument AECIR 4–61 selbst, das uns in solch »gesäuberter« Form überlassen wurde, war alles, was sich auf Seite 46 befand – bis auf die Bemerkung des Herausgebers – gelöscht. Die Seiten 47 und 49 waren ebenfalls völlig gestrichen, auf Seite 48 blieb ein einziger Satz stehen. Ich gebe hier diese Seiten wieder als Illustration dafür, wie »gesäuberte« Dokumente im Ernstfall tatsächlich aussehen.

Offensichtlich war das gesamte Dokument nicht direkt der Uralkatastrophe gewidmet, sondern stellte an sich einen geheimen Rechenschaftsbericht über die Zweite Genfer Konferenz für friedliche Nutzung der Atomenergie von 1958 dar. Die von der CIA freigegebene Herausgebernotiz könnte ein Beleg zum Kapitel »Verseuchung der Seen« und zu den analysierten Arbeiten über die Fischbestände sein:

(S. 46 vom Zensor handschriftlich mit dem Wort »deleted« [gelöscht] versehen, bis auf:)

Anmerkung des Herausgebers: Eine gewisse Bestätigung dieses Berichts

*) s. S. 241

kann man aus der Unterhaltung von ... (gelöscht) ... mit einem sowjetischen Wissenschaftler im Wissenschaftssekretariat auf der Zweiten Genfer UN-Konferenz von 1958 gewinnen, als der Wissenschaftler berichtete, er habe in einem nahe seinem Arbeitsplatz gelegenen See einen Edelfisch gefangen. Erst nach der Fischmahlzeit habe er erfahren, daß die Fische dieses Sees (geographische Lage unbekannt) alle mit Radioaktivität verseucht waren. Der sowjetische Forscher erzählte ... (gelöscht) ..., der See sei daraufhin gereinigt worden ... (gelöscht)

(S. 48 beläßt folgenden Satz:)

Anmerkung des Herausgebers: Bekanntlich haben amerikanische Wissenschaftler herausbekommen, daß die Sowjetunion in einem ihrer Forschungsreaktoren einen Unfall à la Windscale (England) hatte, dessen genaue Ortslage unbekannt ist ... (gelöscht) ...

(S. 49 zur Gänze gelöscht)*)

Das chronologisch nächste Dokument hatte die CIA Anfang 1958 erworben, sein Umlaufdatum ist mit dem 4. März 1959 angegeben. Es folgt in vollem Wortlaut:

CENTRAL INTELLIGENCE AGENCY

Gesäuberte Kopie

Report Nr. CS-3/389, 785 Informationsdatum: 1957–1958

Unfall in der Atomanlage Kasli

Im Winter 1957 passierte ein nicht näher beschriebener Unfall in der Atomanlage von Kasli (N 55–54, E 60–48).

Als Vorsichtsmaßnahme gegen Strahlenverseuchung wurden alle Geschäfte in Kamenez-Uralskij geschlossen, die Milch, Fleisch und andere Nahrungsmittel verkauften. Zwei Tage später traf neuer Versorgungsnachschub mit Bahn und Lastwagen ein. Die Lebensmittel wurden direkt von den Fahrzeugen herunter verkauft, und die so entstehenden Menschenschlangen erinnerten an die schlimmsten Knappheitsperioden während des Zweiten Weltkriegs. Die Menschen in Kamenez-Uralskij wurden vor Angst hysterisch, als unbekannte »mysteriöse« Krankheitsfälle ausbrachen. Eine Minderheit pri-

*) s. S. 242 f.

vilegierter Bürger erregte öffentliches Ärgernis, als sie kleine Strahlenmeßgeräte bei sich trugen, die nicht für jeden zu haben waren.*)

Die Informationsquelle ist bislang noch geheim, und vom Text des Dokuments sind nur einige Sätze als nicht-geheim zugelassen. Ich möchte dazu anmerken, daß die Stadt Kasli sich nahe der Stadt Kyschtym befindet. Die im Dokument genannte Stadt Kamenez-Uralskij liegt an der Landstraße zwischen Tscheljabinsk und Swerdlowsk, aber schon im Swerdlowsker Distrikt. Es ist eine Großstadt mit ungefähr 150 000 Einwohnern (1957–58 waren es offensichtlich etwa 100 000). Diese Stadt mußte L. Tumerman auf seiner von ihm beschriebenen Fahrt auf der Landstraße von Tscheljabinsk nach Swerdlowsk durchqueren.

Die in Kamenez-Uralskij entstandene Panik war auch für andere Städte des Mittleren und Südlichen Ural typisch. Man erzählte mir von einer ähnlichen Panik in Swerdlowsk und Tscheljabinsk, wo ebenfalls aller Handel mit Produkten von Privat- und Kolchosmärkten untersagt war. In der ersten Woche nach der Katastrophe wurden die Produkte im wesentlichen nur durch die Staatshandelskette verteilt.

Im weiteren gab man zwei weniger interessante Dokumente frei, die einfach belegten, daß sich im Tscheljabinsker Distrikt eine Menge atomarer Anlagen und Reaktoren befänden. Das ist auch ohne die CIA bekannt. Ein weitaus interessanteres Dokument ließ die CIA seit dem 16. Februar 1961 zirkulieren (unter denen, die davon unterrichtet sein mußten), seine Geheimhaltung hob sie am 14. Januar 1977 auf. Bis auf die weiter geheimen Punkte 1) und 2) folgt hier das Do-

*) s. S. 244

kument in ganzer Länge. Der darin erwähnte Fluß Tjetscha entspringt im Kisiltasch, einem größeren See von mehr als 50 km², und fließt an Kyschtym vorbei.

CENTRAL INTELLIGENCE AGENCY

S-E-C-R-E-T

Report Nr. CSK-3/465,141 Informationsdatum 1954–1960

Diverse Auskünfte über Atom-Installationen in der UdSSR

Kyschtym:

3. Im Frühjahr 1958 ... erfuhr er von verschiedenen Leuten, daß riesige Gebiete nördlich von Tscheljabinsk durch radioaktive Abfälle von einem Kernreaktor verseucht seien. Dieser Komplex liege an einer unbekannten Stelle bei Kyschtym, einer 70 km nordwestlich von Tscheljabinsk an der Bahnlinie Tscheljabinsk-Swerdlowsk gelegenen Stadt. Es war allgemein bekannt, daß in dem Gebiet um Tscheljabinsk eine abnorm hohe Anzahl von Krebsfällen vorgekommen sei. Das Schwimmen in den zahlreichen Seen und Flüssen in nächster Umgebung wurde von einigen Leuten als Gesundheitsrisiko betrachtet. Die von den Bauern auf dem Tscheljabinsker Markt angebotenen Lebensmittel wurden von der örtlichen Gesundheitsbehörde in einem kleinen Haus am Eingang zum Marktplatz kontrolliert, wo die Bauern auch ihre Umsatzsteuer entrichteten. Auf welche Weise radioaktive Lebensmittel vernichtet wurden, war dem Informanten unbekannt geblieben. Die an Fabriken, Schulen usw. aus *Kolchosen* und *Sowchosen* gelieferten Lebensmittel wurden wahrscheinlich von diesen selbst einer Prüfung unterzogen. Bis 1958 kontrollierte man Reisende auf dem Kyschtymer Bahnhof, und niemand durfte die Stadt ohne Sondergenehmigung betreten. Welche Behörde die Genehmigung jedoch ausstellte und warum die Ausweiskontrollen 1958 aussetzten, wußte der Informant nicht zu sagen. Außerdem waren einige Dörfer in der Gegend um Kyschtym verseucht und wurden niedergebrannt, die Einwohner zogen in von der Regierung neuerbaute Dörfer um. Sie durften nur die Kleidungsstücke mitnehmen, die sie gerade auf dem Körper trugen.

4. Die Anlage bereitete wahrscheinlich radioaktives Gestein aus Lagerstätten im Ural auf, worunter sich auch riesige Zirkoniumlager befanden. Unser Informant erfuhr dies von einem Freund ..., der von 1953–54 eine Stellung im Kyschtym-Argajasch-Gebiet hatte. Der erzählte unserem Informanten auch, daß ... bereits seit 1954 das Wasser der Tjetscha, die aus den Seen Ki-

siltasch und Ulagatsch in den Isjet-Fluß bei Dalmatowo fließt, hoch radioaktiv geworden war.
5. Ende August 1960 mußte unser Informant mit einigen Hundert anderen Büro-Kollegen für 10 Tage zum Ernteeinsatz auf die Bolschaja-Taskina-Sowchose südlich des Kaldy-Sees ungefähr 50 km nördlich von Tscheljabinsk. An der Nadyrow-Brücke, die die Tjetscha überquert, sah er einige Schilder mit der Aufschrift: »Trinken strengstens untersagt, Wasser verseucht.« Während der Arbeit auf der Sowchose kam er der Tjetscha nicht zu nahe, weil das Flußufer Sperrgebiet war. Nördlich des Flusses verlief in einigem Abstand ein ein Meter breiter und einen Meter tiefer Graben mit wiederholten Aufschriften: »Kein Durchgang, verseuchte Zone.« Der Informant diskutierte mit den Leuten auf der Sowchose über die Verseuchung der Tjetscha nicht. Nur in Tscheljabinsk erzählte er davon einem Freund und erfuhr, daß nach den Berichten des Vaters von..., der irgendwo an der Tjetscha im Distrikt Tjumen lebte, der Tjetscha-Fluß auch am Unterlauf verseucht war.
6. Der Informant erinnerte sich dunkel, gehört zu haben, daß die Atomanlage im Kyschtym-Gebiet als »Einrichtung Postfach Nr. 40« bekannt war. Er wußte, daß die Anlage im Jahre 1960 von einem gewissen Sorokin geleitet wurde, dessen Tochter Ljudmila, Jahrgang 1930, unser Informant auf einer Neujahrsparty 1960 in Tscheljabinsk kennengelernt hatte. Sie hatte auf einer Fachschule in Swerdlowsk ein Examen abgelegt und arbeitete im Tscheljabinsker Institut für Stadtplanung.
7. Im März 1958 hatte eine Explosion einen Teil der Kernanlage bei Kyschtym zerstört. Ob die Explosion nuklearen oder chemischen Ursprungs war, konnte der Informant nicht sagen, noch hatte er etwas von Todesopfern gehört. Über die Sache selbst wurde unter den Angestellten der Akademie für Konstruktion und Architektur/Uralabteilung offen diskutiert.
8. Der Informant wußte von einem Fall, bei dem die Arbeit im Kyschtym-Werk bei einem Ingenieur angeblich zur Impotenz geführt und seine Scheidung zur Folge hatte. Seine geschiedene Frau hieß Alina Loj (Mädchenname), eine Ingenieurin beim Konzern Metallurgstroj in Tscheljabinsk, die ihren Mann 1956 oder 1957 nach wenigen Ehemonaten verließ. Im Sommer 1960 heiratete sie einen gewissen Tschulkow, einen Offizier bei den Werkschutz-Ingenieuren, der im August 1960 nach Nowaja Semlja versetzt wurde.
9. Während seiner Arbeit an der Akademie für Konstruktion und Architek-

tur/Uralabteilung hörte der Informant, daß 1957 das Akademielabor für Eisenbeton-Konstruktion (Chef war ein gewisser Bernschtejn) einen Unfall untersuchen mußte, bei dem ein Fabrikschornstein eines großen Werks eingestürzt war, das vom Hauptamt für den Bau von Industrieunternehmen beim Innenministerium bzw. vom Ministerium für den Mittleren Maschinenbau im Argajasch-Gebiet errichtet wurde.
10. Der Informant war nicht sicher, glaubte aber, es handle sich um die zweite Atomanlage im Argajasch-Gebiet des Hauptamts für den Bau von Industrieunternehmen (Glawpromstroj) beim Innenministerium oder des Maschinenbau-Ministeriums.*)

Noch weiter geht ein Dokument, das im Dezember 1963 in Westdeutschland gewonnen wurde und am 8. Januar 1964 das Oberkommando der US-Luftstreitkräfte in Europa erreichte. Die freigegebenen Abschnitte aus diesem Dokument laufen auf folgendes hinaus:

1. Ende 1958 oder Anfang 1959 erfuhr der Informant von einem Sperrgebiet, in dem sich angeblich eine »Atomfabrik« befand. Seine vage Beschreibung von einer der beiden in Frage kommenden Anlagen verwiesen sie in unmittelbare Nachbarschaft zu der von Kyschtym... Die Auskunft basierte hauptsächlich auf Gerüchten und vom Hörensagen.
2. Das einzige Detail, das der Informant über die Anlage selbst herausbekommen konnte, bestand darin, daß ein »Rohr« aus der Oberfläche eines nahegelegenen Sees herausragte. Das Gebiet war schwer von Militär bewacht. Die Werksangestellten lebten in einer Siedlung innerhalb des Sperrgebiets, das sie nicht verlassen, und das auch keine unbefugten Personen betreten durften. Als 1959 eine weibliche Arbeitskraft starb, begrub man sie innerhalb des Geländes, und den Angehörigen wurde der Zutritt verwehrt. Die Angestellten durften Post abschicken und empfangen. Die Adresse lautete: Distrikt Tscheljabinsk, Postfach Nr. 40, Straße und Name des Adressaten.
3. Der Informant erfuhr, im Frühjahr 1959 hätte es eine große, unvorhergesehene Explosion gegeben. Viele Menschen kamen dabei um, einige von ihnen ertranken infolge eines Erdrutsches und einer daraus resultierenden

*) s. S. 245 ff.

Flutwelle. Viele andere bekamen Überdosen an Strahlen ab und wurden in die verschiedenen Städte des Tscheljabinsker Distrikts evakuiert. Die Opfer unterzog man regelmäßig wiederkehrenden medizinischen Untersuchungen. Einige Zeit nach dem Unfall lernte der Informant eine Frau kennen, die von der Strahlung betroffen worden war und rote, ekzemartige Stellen auf ihrem Gesicht hatte. Soweit dem Informanten bekannt war, wurde nach der Explosion die Arbeit nicht eingestellt. Keine weiteren Details.
Kommentar des Herausgebers: Obwohl der Informant das Sperrgebiet niemals tatsächlich zu Gesicht bekommen hatte, war ihm die Umgebung vertraut, und seine Auskünfte hatte er von den Einwohnern des Kyschtym-Gebiets erhalten.*)

Obwohl sich all diese Angaben zur Kategorie von Zeugenaussagen von authentischen Einwohnern des Tscheljabinsker Distrikts rechnen lassen, so tragen sie doch nicht den Charakter unbedingter Kenntnis dessen, was tatsächlich geschah. Charakteristisch sind die Divergenzen in den Datenangaben; die Leute machten ihre Aussagen nach dem Gedächtnis, so waren Unterschiede in den Datierungen unausbleiblich. Logischer klingt die Behauptung, daß es sich um die Explosion einer Abfall-Lagerstätte handelte. Wichtiger für mich war die Tatsache selbst, daß die CIA im Besitz gewisser Dokumente über die Kyschtym-Katastrophe ist. Die vier im CIA-Brief erwähnten Dokumente unterstanden der Anordnung durch die Atomenergie-Kommission (die später in »Verwaltung für Energieforschung und Entwicklung« reorganisiert wurde), und die CIA setzte nur den Grad ihrer Geheimhaltung fest. Die beiden nicht freigegebenen Dokumente von April 1962 und April 1963 waren möglicherweise aussagekräftiger, und gerade deshalb konnte schon allein deren Inhalt über den Charakter der »Quelle« Aufschluß geben. Was wirklich aus

*) s. S. 248

der Geheimhaltung freigegeben worden war, hätte im wesentlichen auch jeder beliebige Einwohner des Tscheljabinsker oder Swerdlowsker Distrikts aussagen können.

So hatte ich die Vermutung, ich könnte nach meiner Veröffentlichung im »New Scientist« vom 30. Juni 1977 (über eine Reihe von radioökologischen Details bei der Verseuchung des Tscheljabinsker Distriktsgebiets mit Strontium-90 und Caesium-137) ebenfalls das Gesetz über Informationsfreiheit in Anspruch nehmen und mir von der CIA das bei dieser Agentur befindliche Material über den konkreten Vorgang an besagtem Ort erbitten. Auf meinen Brief an die CIA erhielt ich ziemlich rasch Antwort:

CENTRAL INTELLIGENCE AGENCY
Washington, D.C. 20505

Dr. Zhores A. Medvedev 14. Oktober 1977
National Institute for Medical Research
The Ridgeway, Mill Hill
London, England NW7 1AA

Lieber Dr. Medvedev,

hiermit bestätigen wir ihren Brief vom 22. September, in dem Sie um Kopien von CIA-Dokumenten baten, die sich auf die Kernkatastrophe im Ural beziehen, worauf Sie in Ihrem ›*New Scientist*‹-Artikel vom 4. November 1976 zu sprechen kamen.

Die Central Intelligence Agency prüft zur Zeit eine Anzahl von Dokumenten, die mit diesem Vorfall in Zusammenhang stehen, in der Absicht, so viel Information wie möglich an die Öffentlichkeit zu tragen. Wenn die Durchsicht für alle Freigaben beendet sein wird, werden wir Ihnen gern die Kopien zukommen lassen. Da einige dieser Dokumente Bezug zu Ihrem Ausgangsbericht nehmen, freuen wir uns, Ihnen diesen Dienst kostenlos erweisen zu können.

Hochachtungsvoll

Gene F. Wilson, Koordinator für Information und Geheimsachen.*)

*) s. S. 249

Ende November nahm ich an der 30. Konferenz der amerikanischen Gerontologen-Gesellschaft in San Francisco teil. Auf dem Rückflug von San Francisco nach London machte ich einige Tage in New York halt. Beim Durchblättern der Zeitungen fand ich am Samstag, dem 26. November in der »New York Times« auf Seite 9 folgenden Bericht:

CIA-DOKUMENTE AN NADER HERAUSGEGEBEN, VON ZWEI SOWJETISCHEN ATOM-UNFÄLLEN IST DIE REDE

(von David Burnham)

Washington, 25. November.

Die Zentrale Nachrichten-Agentur CIA hat der Öffentlichkeit 14 Dokumente übergeben, die zwei offensichtlich voneinander unabhängige Atomunfälle in der Sowjetunion beschreiben; bei einem von ihnen sollen nach Berichten Hunderte von Menschen umgekommen sein. Diese Dokumente sind als Reaktion auf Anfrage einer Antiatomgruppe um Ralph Nader nach dem Gesetz über Informationsfreiheit zugänglich gemacht worden und bestätigen offensichtlich den Bericht über zwei atomare Unglücksfälle in der Sowjetunion, den voriges Jahr der exilierte russische Wissenschaftler Dr. Zhores A. Medwedjew veröffentlichte. Eines der CIA-Dokumente deutete jedoch an, daß die Berichte und Protokolle der Atomunfälle möglicherweise durch einen top-secret Atom-Test ausgelöst worden seien, bei dem die Sowjetunion angeblich eine 20-Megatonnen-Vorrichtung in der Luft über einer Phantomstadt explodieren ließ, in der nur Ziegen und Schafe lebten, um die Risiken solch einer Explosion zu testen.

Obwohl die meisten Dokumente in ihrer Form bruchstückhaft sind und beträchtliche Informationen gelöscht sind, scheinen die beiden Zwischenfälle sich zwischen 1958 und 1961 in einer riesigen Atomanlage nahe der Stadt Kyschtym am Osthang des Ural zugetragen zu haben. Einer der Berichte mit Datum vom 25. März 1977 zitierte einen ungenannten Informanten der CIA, der darüber informiert worden war, daß ›Hunderte von Menschen umgekommen waren und das Gebiet auf viele Jahre hinaus radioaktiv verseucht ist‹.

Betroffenes Gebiet wird beschrieben.

Der Informant erklärte, 1961 habe er ›das sonderbare, unbewohnte und unbeackerte Gebiet‹ besichtigt, wo das Unglück angeblich passiert sei. Er be-

schrieb das Gebiet folgendermaßen: ›Straßenschilder entlang der Strecke warnten die Autofahrer, auf den nächsten 20 bis 30 km wegen Strahlungsgefahr nicht anzuhalten. Das Land war kahl, es gab keine Dörfer, Städte, weder Menschen noch kultivierten Boden, nur die Schornsteine der zerstörten Häuser waren übriggeblieben.‹
Ein ehemaliger sowjetischer Physiker, Ljew Tumerman, der 1972 nach Israel emigrierte, beschrieb haargenau dieselbe trostlose Szene, die er auf einer Autofahrt durch das Kyschtym-Gebiet antraf, in einem Beitrag der ›New York Times‹ vom 9. Dezember 1976. Darin erklärte Dr. Tumerman, man habe ihn danach aufgeklärt, er sei durch das Gelände der ›Kyschtym-Katastrophe‹ – benannt nach der nahegelegenen Stadt – gefahren, denn vor einigen Jahren habe eine Kernkatastrophe viele Hunderte von Menschen getötet bzw. zu Invaliden gemacht. Er sagte, seiner Ansicht nach sei die Explosion Ende der 50er Jahre passiert.
Ein zweiter Bericht vom 23. Mai 1958 zeichnet das Bild eines weniger gravierenden atomaren Zwischenfalls: ›Einzelne sowjetische Angestellte und Besucher der Brüsseler Messe haben unabhängig voneinander, aber mit Bestimmtheit bestätigt, daß die Tatsache einer unvorhergesehenen Atomexplosion im Frühjahr 1958 in der gesamten Sowjetunion bekannt gewesen sei.‹ Die Brüsseler Weltausstellung fand 1958 statt. Der Bericht von 1958 behauptet noch: ›Gerüchte gehen um, daß viele Menschen den Tod fanden. Die allgemein angenommene Version lautet jedoch, daß es nur mehrere Dutzende waren.‹
Andere Berichte beschreiben ›eine schreckliche Explosion‹, die anscheinend entweder 1960 oder 1961 passierte. Danach war die Explosion so groß, daß die Erde und Gebäude erschüttert wurden. Kurze Zeit nach dieser Explosion sollen alle Blätter der in näherer und weiterer Umgebung befindlichen Bäume ›völlig mit einer dicken roten Staubschicht bedeckt gewesen sein‹.
Krankenhäuser mit Opfern überfüllt.
Der Beschreibung nach habe eine Frau, die sich ›zur Zeit der Explosion‹ in einem Krankenhaus aufhielt, ausgesagt, sie habe nach der Katastrophe viele Menschen gesehen, die man ins Krankenhaus zur Behandlung gebracht habe. Wahrscheinlich sei das Krankenhaus mit Opfern der Explosion belegt worden.
Herr Ralph Nader wurde in einem Interview nach den Motiven befragt, warum die CIA nicht schon zu einem früheren Zeitpunkt die Dokumente an die Öffentlichkeit gegeben habe: ›Da alle anderen Gründe für die Vorenthal-

tung der Informationen vor der Öffentlichkeit ausscheiden,‹ sagte er, ›kann ein möglicher Grund für das Zögern der CIA darin liegen, daß das Hochspielen eines Atomunfalls in der Sowjetunion unter den Menschen, die in den USA in der Nähe von Atomanlagen leben, Besorgnis auslösen könnte.‹
Im November 1976 hatte schon der oppositionelle sowjetische Biochemiker Dr. Medwedjew in der britischen Wochenzeitschrift ›New Scientist‹ behauptet, daß 1958 bei der Explosion von Atommüll, der im Ural vergraben war, Hunderte von Menschen getötet und Tausende von der Strahlenkrankheit betroffen worden seien.

Die »Washington Post« teilte über dieses Ereignis noch genauere Einzelheiten mit, und zwar auf den ersten Spalten der Titelseite. Wie sich herausstellte, hatte diese Zeitung, ebenso wie Ralph Nader, auf der Freigabe der Dokumente bestanden und deshalb von der CIA die Originaldokumente, und nicht einfach »eine Mitteilung aus Washington« erhalten. Trotzdem tauchte in der »Washington Post« auch wieder die seltsame Version von zwei Explosionen statt von einer auf, wobei die zweite sich einfach als Atomwaffen-Versuch entpuppte, der auf dem zuvor verseuchten Kyschtym-Gelände veranstaltet wurde. Von den neu hinzugekommenen Details kann man folgende zitieren:

Die CIA hat 14 der 29 in ihrem Besitz befindlichen Dokumente über den Vorfall mit der Äußerung herausgegeben, daß einige der einbehaltenen Berichte selbst mit Zensurstellen für die Herausgabe zu heikel seien. Die von der CIA zugänglich gemachten Dokumente belegen den Aufsatz des sowjetischen Exil-Wissenschaftlers Zhores Medwedjew vom vorigen Jahr, wonach an die tausend Menschen ums Leben kamen oder strahlenkrank wurden, als 1958 in einer Gegend des Ural sich vergrabene Atomabfälle aufgeheizt hatten und explodiert waren. Medwedjew behauptete, die Explosion habe eine radioaktive Wolke freigesetzt, die über Hunderte von Kilometern des Gebiets niedergegangen sei...
Nach einem Informationsresümee der CIA über die Anlage waren bei der Ex-

plosion von 1958 Hunderte von Menschen der Strahlung ausgesetzt und hatten Verletzungen davongetragen. Im Oktober 1959 führten sowjetische Wissenschaftler offensichtlich einen Atomtest über dem Werksgelände durch, der alle Nahrungsmittel im Umkreis von 150 km verseuchte.
Ein CIA-Informant erzählte, nach der 58er Explosion seien in Tscheljabinsk, in etwa 150 km Entfernung vom Werksgelände, die gekauften Lebensmittel sorgfältig von den Behörden geprüft und in einigen Fällen vernichtet worden, weil sie radioaktiv waren. Nach den Aussagen des Informanten seien einige Dörfer in der Nähe von Kyschtym von den Behörden bis auf die Grundmauern niedergebrannt und die Einwohner evakuiert worden, die nur ihre Kleider auf dem nackten Leib behalten durften...
Ein anderer Informant erzählte der CIA 1960, daß offensichtlich nach der zweiten Explosion in dem Gebiet feiner, roter Staub über der Region um Tscheljabinsk niedergegangen sei. Er sagte: ›Sehr rasch rollten sich alle Blätter auf und fielen von den Bäumen ab.‹
Die Explosion, die einem CIA-Dokument zufolge eine absichtlich über dem Gelände abgeworfene 20-Megatonnen-Bombe gewesen sein könnte, wurde durch einen grellen Blitz und eine Erschütterung des Bodens im Gebiet wahrgenommen. Die Opfer der Atomexplosion behandelte man in einem örtlichen Krankenhaus, wo ein Gebäudeflügel für sie abgetrennt wurde; allen Außenstehenden war der Zutritt verwehrt. Jemand, der sich damals im Hospital befand, berichtet: ›Einige von ihnen wurden verbunden, andere nicht. Wir konnten ihre Haut von Gesicht, Händen und anderen exponierten Körperteilen in Fetzen herunterhängen sehen... Es war ein schrecklicher Anblick.‹
Die CIA-Protokolle vermerken, daß die Rohdaten, die die Agentur von ihren Informanten erhielt, nicht auf Genauigkeit hin ausgewertet worden waren. Zum Beispiel geben die verschiedenen Informanten-Protokolle für die Kyschtym-Explosionen andere Zeitpunkte an, als im CIA-eigenen Informationsresümee enthalten ist...
In einem Interview sagte Nader gestern, die Explosion sei offensichtlich der erste schwere Atomunfall mit massiven Verlusten gewesen. Nader beschuldigte die CIA, die Freigabe der Dokumente über die Explosion absichtlich 20 Jahre lang verhindert zu haben, um in diesem Land nicht gewisse Leute aufzuschrecken, die sich über die atomare Entwicklung hier Sorgen machen. ›Diese Information hätte die Leute hier in den USA über atomare Einrichtungen sehr besorgt gemacht, seien sie nun ziviler oder militärischer Natur‹,

sagte Nader. Er versprach auch zu versuchen, wenigstens etwas von dem von der CIA aus Sicherheitsgründen zurückgehaltenen Material zu beschaffen. Ein CIA-Sprecher gab gestern keinen direkten Kommentar auf Naders Beschuldigungen.

In den übrigen amerikanischen Zeitungen stand annähernd dasselbe. Für mich stand fest, daß die Möglichkeit eines tatsächlichen Kernwaffenversuchs über dem Kyschtym-Gebiet *absolut* ausgeschlossen war. Diese Zone war bereits ernsthaft verseucht, deshalb wäre es unsinnig gewesen, hier eine künstliche kleine Stadt zu errichten, um die Strahlungsauswirkungen auf Ziegen und Schafe zu erproben. Die Gegend zwischen Swerdlowsk und Tscheljabinsk ist Industriegebiet und kann unmöglich für einen vorsätzlichen Atom- oder Wasserstoffbombenversuch ausersehen worden sein. Irgend etwas in diesen 14 »freigegebenen« Dokumenten war falsch verstanden worden; und die Zeitungen sind sehr schnell bei der Hand, Sensationsmeldungen auf einen Schlag herauszubringen, ohne sich mit einer Beratung durch Experten aufzuhalten.

Bei meiner Rückkehr nach London stellte ich fest, daß Mr. Wilson, der CIA-Mann, der mir versprochen hatte, noch neue Dokumente nach ihrer Freigabe zuzuschicken, sein Wort gehalten hatte. Unter der angesammelten Post befand sich ein Brief der CIA mit denselben Dokumenten, die auch an die »Washington Post« und an Ralph Nader gegangen waren. Mir hatte man die Dokumente nur etwas früher zugesandt, der Brief war vom 14. November 1977 datiert.

Von den 14 geschickten Dokumenten waren die ersten drei, die mir »ohne Kürzungen« zur Verfügung gestellt wurden, ohne irgendwelches Interesse. Es war in erster Linie – in zwei Teile zerlegt – der volle Text meines eigenen Aufsatzes im »New Scientist« vom 4. November 1976, der von England aus per Rundfunk in die USA übertragen wurde und dann vom ausländischen Rundfunk-Informationsdienst in die Akten der CIA gelangt war.

Das dritte »Dokument« bestand aus einer Xerox-Kopie eines Artikels aus dem »Christian Science Monitor« vom 12. Januar 1977, der meine frühere Veröffentlichung mit den Angaben von Prof. Ljew Tumerman in Einklang zu bringen versuchte. Die übrigen 11 Dokumente waren »gesäubert«. Dokument Nr. 4 und 5 waren bereits von der früheren »Herausgabe« her bekannt (vom 4. März 1959 und vom 16. Februar 1961). Dokument Nr. 6 erwies sich schlicht als kurze Notiz der CIA vom 27. Dezember 1976 über die Beurteilung der Angaben Tumermans. Nr. 7 vom 21. Mai 1958 hatte bereits die »New York Times« zitiert – es bestand aus den analytischen Schlußfolgerungen von Gesprächen der Mitarbeiter des Sowjetischen Pavillons auf der Brüsseler Weltausstellung von 1958. Bei dieser Ausstellung waren Modellnachbildungen des ersten Atomkraftwerks und anderer Objekte der Atomenergie gezeigt und dabei offensichtlich die Unterhaltungen der Angestellten, die diese Exponate erklärten, belauscht worden. Nur stand in der Zeitung nichts von dem Gerücht, daß im Distrikt Tscheljabinsk sich eine Panne ereignet hatte.

Neu war das Dokument vom 5. August 1959 (in der Liste Nr. 8), doch von dem gesamten Dokument, ohnedies recht klein (eine Seite lang), waren nur die zwei ersten Sätze übriggeblieben:

Report Nr. CS-3/407,678 Informationsdatum: vor Juni 1959
Radioaktive Verseuchung eines Gebietes im Distrikt Tscheljabinsk
1) Atom-Unfall
An einem unbekannten Datum vor Juni 1959 passierte ein Unfall im Distrikt Tscheljabinsk, der die radioaktive Verseuchung des Bodens zur Folge hatte. Als Konsequenz waren die Behörden gezwungen, Maßnahmen zu ergreifen, um die Einwohner zahlreicher bewohnter Orte in anderen Gegenden anzusiedeln.*)

Dokument Nr. 9 vom 5. Dezember 1961 und Dokument Nr. 10 vom 21. Dezember 1961 hängen miteinander zusammen, das zweite wird als »Ergänzung zu Dokument 3,202,034 vom 5. Dezember 1961« bezeichnet. Beide Dokumente enthalten die Geschichte der geheimnisvollen Explosion im Tscheljabinsker Distrikt in der Nähe der Stadt Jemanschelinsk, die viele Todesopfer forderte. Das sind gerade die Hinweise über überfüllte Krankenhäuser und den »schrecklichen Anblick«, wie sie in der »New York Times« vorkamen.

Den Texten nach zu urteilen, die ich hier nicht präsentieren will, baut das Dokument auf dem *zweiten* Gewährsmann auf, einer Person, die sich zuvor mit einer *Frau* unterhalten hatte. Es geht darin um eine bestimmte »Explosion«, die diese Frau nicht direkt erlebt hatte. Im einen Fall soll die »Explosion« im Mai 1960, im anderen Fall im Mai 1961 passiert sein. Die Blätter an den Bäumen (erwähnt werden Pappeln) bedeckten sich mit rotem Staub, trockneten bald ein und fielen ab. Die Frau machte Aussagen darüber, daß die Explosion sich ungefähr 50-60 km von Tscheljabinsk entfernt ereignet habe, doch in welcher Richtung, wußte sie nicht. Aus Punkt 7) ist ersichtlich, daß auch diese Frau von der »Explosion« nur durch je-

*) s. S. 250

manden erfahren hatte, dessen Name in der CIA-Notiz gelöscht ist.

Das Krankenhaus, das die Explosionsopfer aufnahm, lag in Tscheljabinsk selbst. Die Unterhaltung mit der Frau über dieses Krankenhaus hatte noch der erste Gewährsmann geführt – sie hatte das Krankenhaus gleichzeitig mit jemand anderem (Name gelöscht) aufgesucht, der ihr seinerseits von der Explosion erzählt hatte.

In beiden Dokumenten ist der Explosionsort mit Jemanschelinsk angegeben, einer kleinen Stadt südöstlich von Tscheljabinsk, und nicht nordwestlich, wie es korrekt gewesen wäre, hätte sich die Sache um Kyschtym gehandelt. Deshalb gab es da entweder noch einen Zwischenfall, oder die Frau wußte die tatsächliche Ortslage nicht (ebenso wie die Daten). Auch sind Pappeln für den Tscheljabinsker Distrikt untypisch.

Die Person, die diese Information der CIA lieferte (wo sie am 5. Dezember 1961 aufgezeichnet wurde), interessierte sich für die Geschichte, aber da sie sich nicht sehr sicher war, machte sie später den Bekannten der Frau ausfindig, der ihr von der Explosion erzählt hatte. Diese neue »Quelle« (Dokument Nr. 10) antwortet offen auf die ihr gestellten Fragen. Aus seiner Erzählung wird an den Wiederholungen der »Fakten« klar, daß die Version der Frau praktisch ganz und gar auf seinen Informationen aufbaut, bis auf die Punkte, die das Krankenhaus betreffen, in dem die Frau an die drei Monate verbrachte (ungefähr von Mai bis Juli 1960).Die Adresse dieses Krankenhauses gibt die »Quelle« mit »Tscheljabinsk, Grüne Lagerhaus-Straße« an (eine sonderbare Bezeichnung für eine Straße!), im südlichen Stadtteil gelegen.

Aus all diesen Angaben geht hervor, daß die Stadt Jemanschelinsk nur beiläufig genannt wird. Weder die erste noch die zweite »Quelle« kannte den tatsächlichen Ort, noch annähernd die Lage des Ereignisses, außer der Tatsache, daß es eine »verbotene Zone« war. Auch vom wirklichen Zeitpunkt der Explosion waren sie nicht allzu sehr überzeugt. Auf einem einzigen Punkt beharren sie mit Sicherheit: im Krankenhaus waren die Explosionsopfer untergebracht, da die Frau in dem anderen Flügel des Hospitals lag und der Mann sie dort immer besuchen kam. Dazu seine Angaben:

6. Die Opfer der Explosion waren in einem Flügel des Krankenhauses untergebracht. Keins von ihnen durfte diesen Flügel verlassen oder mit anderen Patienten sprechen. Und die anderen Patienten durften nicht mit diesen Opfern reden noch sie besuchen gehen. Alle, die im Krankenhausgelände spazierengehen konnten, waren ganz unter sich, und der Bereich abgesperrt, so daß niemand in ihre Nähe kommen konnte.*)

Mit Nr. 11 überließ die CIA der Presse den Report Nr. OOK 323/20537-76. Dieses Dokument besteht aus zwei Seiten, doch die erste ist gänzlich »gereinigt«, mit Ausnahme der Überschrift. Es stammt von der Auslandsabteilung und dem »Operations-Stab« der CIA. Das Dokument ging bei der CIA erst am 20. September 1976 ein, das heißt eineinhalb Monate vor meiner ersten Publikation im »New Scientist«. Man könnte annehmen, irgend jemand aus der Redaktion habe der CIA den vorläufigen Text meines Aufsatzes übergeben, aber diese Variante scheidet aus. Denn erstens schrieb ich den Aufsatz Ende September und übergab ihn der Redaktion Anfang Oktober 1976, und zweitens geht aus dem einzig übriggebliebenen Punkt 3), der für die Presse von insgesamt fünf Paragraphen freigegeben wurde, hervor, daß die Informationsquelle auch korrekt den Ort Kyschtym und die

Adresse des »Objekts«: »Tscheljabinsk-40« angibt – diese Adresse war schon in den früher freigegebenen Dokumenten anzutreffen. Ich nannte jedenfalls in meinem ersten Artikel keinerlei genaue Ortsangaben, außer dem Hinweis, das Unglück sei nicht weit von der Stadt Blagowjeschtschensk geschehen. Diese Stadt liegt ungefähr 150 km südwestlich von Kyschtym entfernt; sie war mir aus einer der Unterhaltungen mit W. M. Kletschkowskij in Erinnerung geblieben, das Wort »Kyschtym« wurde von ihm niemals erwähnt. Solche geographischen Verdrehungen sind auch normal: die Leute aus »jener« Welt, das heißt aus den Kreisen, die mit Staatsgeheimnissen umgehen müssen, sind bei Unterhaltungen mit Leuten aus »dieser« Welt, die nichts mit Geheimsachen zu tun haben, gezwungen, bei Gesprächen über das eine oder andere Ereignis bzw. Objekt mit geographischer Irreführung zu hantieren. Ein großer Fehler war das in meinem Aufsatz nicht, da nach den Maßstäben Sibiriens und des Ural 150 km in der Tat »nicht weit« sind.

FOREIGN INTELLIGENCE INFORMATION REPORT (11)

Report des Operationsstabs Nr. 00/K 323/20537-76

Umlaufdatum: 20. September 1976

Atomexplosion bei Tscheljabinsk-40

3. Nach der vorherrschenden Meinung in Tscheljabinsk war ›Tscheljabinsk-40‹ eine Produktionsanlage für Atomprojekte. ›Tscheljabinsk-40‹ liegt tatsächlich in Kyschtym etwa 100 km nordwestlich von Tscheljabinsk. Etwa um 1956 herum gab es eine Explosion bei ›Tscheljabinsk-40‹; sie erhellte den Himmel auf große Entfernungen, und die Zeitungen von Tscheljabinsk machten den schwachen Versuch, den Vorfall mit dem ungewöhnlichen Auftreten des Nordlichts zu erklären. Als wichtigster Beweis der Explosion galt die horrende Zahl an Opfern, die in den Krankenhäusern von Tscheljabinsk untergebracht waren. Viele von ihnen litten unter den Auswirkungen der

Strahlung. Kurz nach der Explosion richtete man ein *wissenschaftliches Forschungsinstitut* in Tscheljabinsk ein, das *die Strahlungsfolgen studieren* sollte: vermutlich als Reaktion auf den Unfall in ›Tscheljabinsk-40‹.
(Kommentar des Rechercheurs: Der Informant hat nicht persönlich die Explosion erlebt und konnte über ihre Ursache keine Einzelheiten liefern.)*)

Dokument Nr. 13, das alle Zeitungen als wichtigstes bezeichneten, ist nur die wörtliche Wiedergabe von Prof. Ljew Tumermans Brief an die »Jerusalem Post« und seiner späteren Ergänzungen für andere Zeitungen, Radio und Fernsehen. Jemand in der CIA hatte dieses Material bereits anhand der gewöhnlichen Zeitungsquellen gesammelt (mit voller Text-Kongruenz) und danach besagtes Dokument zusammengestellt, mit Datum vom 25. März 1977.

Was nun die vorsätzliche Atombomben-Explosion von 20 Megatonnen angeht, die angeblich sowjetische Wissenschaftler 1959 über dem bereits vorher verseuchten Gebiet um Kyschtym zündeten – die Meldung darüber machte bei fast allen Zeitungen die Runde und kam ins »Resümee« der CIA –, so gibt es die Beschreibung einer solchen Explosion im Dokument vom 24. Januar 1977. Dieses Dokument erreichte die CIA nach meiner ersten Veröffentlichung und nach dem Tumerman-Bericht.

Die ungenannte »Quelle« teilt in ihrem Brief an die CIA mit, es sei nicht ausgeschlossen, daß es sich bei den Pressemitteilungen über die Explosion in einem Gebiet des Südural in Wahrheit selbst um einen Kernwaffen-Versuch gehandelt habe. Ich gebe hier dieses letzte freigegebene Dokument ganz wieder, einfach um zu zeigen, daß es keinerlei Beziehung zu

*) s. S. 251

dem hat, was im vorliegenden Buch beschrieben wird. Das war ein gewöhnlicher Kernwaffentest. Der Briefschreiber bezieht den Versuch auf 1957/58, als es Dutzende solcher Versuche in der UdSSR und den Vereinigten Staaten gab. Wenn das ein Gebiet des Ural gewesen sein soll (was sehr zweifelhaft ist), dann kam dafür nur die arktische Zone des Ural in Frage, wo es keine Besiedlung gibt. Außerdem ist dafür die große arktische Insel »Nowaja Semlja« gut bekannt (mit einer Länge von 600-700 km), die das atomare Übungsgelände für die UdSSR darstellt und geographisch die Verlängerung der Bergkette des Ural bildet. Aller Wahrscheinlichkeit nach hat der Atomwaffen-Versuch gerade auf diesem Teil des »Ural« stattgefunden, der aber 2000 km nördlich von Tscheljabinsk liegt.

DIES IST UNAUSGEWERTETE INFORMATION

1. Kürzlich erschienen in US-Zeitungen Berichte über die Beschreibungen zweier ehemaliger Sowjetbürger von einem »ungeheuren Niemandsland«, einem Areal in der Sowjetunion, auf dem – Spekulationen zufolge – in den späten 50er Jahren eine Atomkatastrophe passiert sein soll. Es existierte ein sowjetischer Film mit oberster Geheimhaltungsstufe über einen Atomtest, der in einer nicht näher bezeichneten Region des Uralgebirges stattfand. Obwohl es noch nicht feststeht, erfolgte der Test wahrscheinlich im Zeitraum 1957–58. Das könnte die Erklärung liefern für das »ungeheure Niemandsland« in den Nachrichtenmeldungen.

2. Wie dem Film zu entnehmen war, errichtete die Sowjetunion für den Test in einem Tal der Bergregion des Ural eine vollkommen neue Stadt. Man legte eine U-Bahn unter die Ortschaft, und einer der Hauptgründe für den Versuch bestand darin, festzustellen, ob die U-Bahn einem Atomangriff standhalten konnte. Die Einwohner der Stadt bestanden aus Ziegen und Schafen, und die Aufnahmen nach der Explosion zeigten die Auswirkungen einer Atomexplosion sowohl auf tierisches Leben wie auf Baumaterialien. Militärische Ausrüstungen waren um die Ortschaft herum aufgebaut, und im Film wurde so die Explosionswirkung auf Waffen veranschaulicht.

3. Die Bombe selbst ist als eine 20-Megatonnen-Konstruktion beschrieben, die von einem Flugzeug abgeworfen wurde. Der Explosionsblitz erleuchtete die Berge rings um die Stadt. In der Tat wurde die Stadt vernichtet, nur die U-Bahn überstand die Explosion... Wegen der Geheimhaltung des Films waren die wenigen Zuschauer angewiesen, die ganze Sache höchst verschwiegen zu behandeln.

4. Neuerliche Zeitungsberichte zitieren zwei russische Emigranten, einen in London und den anderen in Israel, die über das »Niemandsland« Auskunft geben konnten. Einer der Emigranten behauptete, ein 90 km^2 großes Gebiet im Uralgebirge sei verödet und noch 1961 schwer radioaktiv verseucht gewesen. Möglicherweise ist der »Atomunfall«, von dem die Emigranten erzählten, dasselbe Ereignis, das das sowjetische Kamerateam aufzeichnete und... als den top secret Abwehr-Film vorführte.*)

Die geringe Wahrscheinlichkeit für eine vorsätzliche Erprobung einer 20-Megatonnen-Bombe im Gebiet von Kyschtym im Jahre 1959 von einem Flugzeug aus (diese Bombe hätte eine 1000mal größere Stärke als die von Hiroshima im Jahre 1945 gehabt) könnte man nicht nur darin erblicken, daß eine solche Bombe wesentliche Zerstörungen in Swerdlowsk und Tscheljabinsk angerichtet hätte, sondern auch aus der einfachen Tatsache, daß im Jahre 1959 (und ebenso 1960) nicht ein einziger Atomwaffenversuch in der Atmosphäre registriert worden ist. Zwei Jahre nach den intensiven Versuchen Ende 1958 hielt die UdSSR ein gewisses »Moratorium« für diese Versuche ein, wobei sich ebenso die USA wie Großbritannien der Versuche enthielten. (1958 hatte man in diesen Ländern 94 Atomtests gezählt [63].) Außerdem erinnert sich auch die Informations-»Quelle« offenbar nicht, auf welches Jahr denn nun der vorgeführte »Geheim«-Film Bezug nimmt.

*) s. S. 252

Unter die Dokumente, die noch immer als geheim gelten, zählt die CIA 15 Schriftstücke, in der Reihenfolge von 15–29 durchnumeriert. Dabei tauchen ihre Nummern, Daten und die Namen der CIA-Mitarbeiter auf, die die Verantwortung für ihre Geheimhaltung tragen. Mir und den anderen Empfängern der freigegebenen Dokumente wurde das Recht zur Anforderung auch der anderen, noch unter Geheimhaltung stehenden Dokumente eingeräumt, unter Angabe der Anlässe und Gründe solcher Anfragen. Bisher habe ich von diesem Recht noch nicht Gebrauch gemacht.

Das allerfrüheste von den noch geheimen Dokumenten ist auf Dezember 1958 datiert. Zwei stehen seit 1959 unter Verschluß. Acht Schriftstücke gelangten zwischen 1961 und 1962 in den Besitz der CIA, und alle tragen dieselben Eingangsbuchstaben CS, mit denen die Dokumente Nr. 4,5,7,8 ausgezeichnet sind. Diesen Code würde ich schätzungsweise mit »Chelyabinsk-*S*verdlovsk« entziffern. Die Buchstaben-Kombination SD-KH in einem der Reports kann man wohl als »*S*ver*d*lovsk-*K*ys*h*tym« interpretieren.

Zu den ersten 13 Dokumenten gehört ein »Resümee« der CIA, das erst 1977 erstellt wurde – ohne Datumsangabe –, denn es untersucht auch die Mitteilung über den Kernwaffenversuch, die bei der CIA 1977 einging. Aus dem Resümee-Text wird klar ersichtlich, daß zu seiner Abfassung nicht nur Material von »offenen«, sondern auch von noch »verdeckten« Quellen erforderlich war.

RESÜMEE DER ANLAGE: (Dokument Nr. 14)

1. *Name:* Atomenergie-Anlage
2. *Lage:* Kyschtym 55 44 N 60 35 E

a. Adresse: N/A
b. Ortung:

Das Sperrgebiet von Kyschtym hat annähernd die Ausmaße von 60 km in nordsüdlicher und 45 km in ostwestlicher Richtung. Die Bahnlinie von Kasli nach Karabasch verläuft diagonal von der Nordost-Ecke zur Südwest-Ecke mit Kyschtym als Mittelpunkt. Es umfaßt die Einrichtungen in Tjetscha (Reaktor) und Sungul (Radiologisches Institut).

3. *Geschichte:*

Im Zeitraum von 1945–1948 wurden ungefähr 15 km nordöstlich von Kyschtym, wahrscheinlich an der Tjetscha beim See Irtjasch, ein großer Atomreaktor und eine Arbeitersiedlung errichtet. An die 70 000 Insassen von 12 Arbeitslagern waren beim Aufbau beteiligt. Im Frühjahr 1948 mußte die gesamte Bevölkerung, einschließlich aller Kriegsgefangener und Zwangsarbeiter, das Sperrgebiet von Kyschtym räumen. Die Bevölkerung wurde durch Kommunisten mit ihren Familien ersetzt, die aus der gesamten Sowjetunion nach Kyschtym zuzogen. Angeblich durften sie dieses Gebiet nie wieder verlassen.

4. *Technische Anlage und Ausstattung:*

Das Sperrgebiet mißt 2700 km^2 und enthält acht kleine untereinander durch Wasserläufe verbundene Seen. Die Atomanlage (Reaktor) befindet sich in einem Tunnel, der sich unter einem Fluß erstreckt, wobei nur ein Schornstein oberhalb der Erde sichtbar ist. Aus einem der Seen leitete man das Wasser ab und baute auf seinem Grund ein Gebäude von unbestimmter Größe aus Zement, Gummi und Blei. Danach leitete man das Wasser wieder in den See zurück.

(Bemerkung des Verfassers: Wenn man diesen Angaben Glauben schenken darf, dann ist nicht ausgeschlossen, daß der See ausgetrocknet und der Boden mit Zement, Gummi und Blei ausgekleidet wurde, um anschließend in dieses Reservoir flüssige radioaktive Abfälle einzuleiten.)

Eine zweigleisige Eisenbahnlinie legte man an das Gebiet heran. Die unterirdische Fabrik lag 30–40 Meter unter der Erdoberfläche und sah folgendermaßen aus:

Acht kleine Werkshallen von gleicher Größe (annähernd 50 x 25/28m). Sie waren aus dem Schieferfelsen herausgesprengt worden. Die senkrechten Wände waren bis zu einer Höhe von etwa 3–4 Metern mit Eisenbeton verkleidet. Sie stützten in der Mitte der Halle in 6–7 Meter Höhe ein dreiteiliges

Bogendach aus Eisenbeton. Die Decke war durch zusätzliche Eisenstangen im Kreuzverbund stärker stabilisiert als die Wände.
Eine große Halle von annähernd 100 x 40 Metern wurde auf die gleiche Weise wie die kleineren Hallen gebaut. Die Decke wurde in der Mitte der Halle von vier Betonpfeilern von 1,20x1,20 im Karree abgestützt. Wenige Tage bevor der Informant das Lager verließ, waren die Werkshallen fertiggestellt, und man begann mit dem Bau des Maschinenfundaments; diese Fundamente maßen 1 x 1 bzw. 0,80 x 1,50 Meter.
Alle unterirdischen Räume waren elektrifiziert. Stahlklammern wurden in die Wände der großen Halle eingelassen, die möglicherweise die Kranschienen stabilisieren sollten. Die Dicke der Wände (aus Felsen und Betonverkleidung) zwischen den Hallen betrug ungefähr 5 Meter.
5. *Produktion:*
Man sagt, diese Anlage beherberge atomare Brennelemente und beliefere das Radiologische Institut von Sungul mit radioaktivem Material. Von dieser Anlage wird berichtet, sie stelle Atomwaffen-Komponenten her.
Im Frühjahr 1958 waren Hunderte von Menschen nach einer Explosion in der Kyschtym-Anlage der folgenden Strahlung ausgesetzt und erlitten Verletzungen.
Anfang Oktober 1959 fand in Kyschtym angeblich ein Atomtest statt. Nach dem Versuch wurden solche Nahrungsmittel wie Fleisch, Fisch und Milch aus den Einzelhandelsgeschäften in Swerdlowsk und Tscheljabinsk entfernt und vernichtet. Man wies die Einwohner an, in ihren Häusern Lebensmittel-Vorräte anzulegen, sie wurden davor gewarnt, von den Bauern landwirtschaftliche Produkte zu kaufen.
6. *Arbeit:*
In diesem Gebiet befand sich 1956 Militärpersonal von verschiedenen Armeeeinheiten und Waffengattungen. Man hatte aus ihnen 16 Arbeitsbataillone mit je 1000 Mann rekrutiert. Außerdem gab es 25 000 russische Soldaten von General Wlassow, der mit den Deutschen kollaboriert hatte. Diese Männer wurden tatsächlich als Kriegsgefangene betrachtet und ebenfalls in Arbeitsbataillonen organisiert. Zusätzlich waren noch 60 000 sowjetische Strafgefangene beiderlei Geschlechts in dem Projekt beschäftigt.
7. *Schlüssel-Personen und Organisation:* N/A
8. *Sicherheitsvorkehrungen:*
Streng eingehaltene Sicherheitsvorkehrungen. Die Bewegungsfreiheit war auf die nächste Umgebung der Anlage beschränkt. Die Sicherheitszäune um

die unmittelbare Anlage entfernte man in beträchtlichem Maße, doch waren die Eingänge ständig von Militärwachen besetzt. Sonderausweise waren erforderlich.

9. *Besuche von amerikanischen und/oder westlichen Beobachtern:* N/A

10. *Verfügbare Photos:* N/A*)

Stellen wir einen Vergleich dieses Dokuments mit den bekannten Fakten an: Diese Siedlung mit seinen unterirdischen Gebäuden ist demnach identisch mit besagtem erstem Atomzentrum im Ural, in dem der erste Militärreaktor zur Plutonium-Produktion und das erste radiochemische Werk zur Neugewinnung von Plutonium ihre Arbeit aufnahmen. In den beiden Biographien des wissenschaftlichen Leiters und Hauptverwalters des sowjetischen Atomprojekts, Akademiemitglied Igor Kurtschatow [66, 67], heißt es, daß mit dem »Objekt«-Bau im Jahre 1945 und dem Bau des militärischen Reaktors 1947 begonnen wurde.

Natürlich verraten die Biographien Kurtschatows nicht solche Details wie die Errichtung einer neuen Stadt durch Häftlinge, obwohl nicht erst seit A. I. Solschenizyns »Archipel Gulag« (Band 2), sondern auch aus vielen anderen Untersuchungen des Stalinschen Lagersystems bekannt ist, daß praktisch alle wesentlichen Objekte der Atomindustrie von Strafgefangenen aufgebaut wurden. Das Buch von I. N. Golowanow [66] bietet einige Belege mehr über den Beginn der Atom-Ära in der Sowjetunion, obwohl auch hier alles sehr allgemeine Züge trägt. Der Bau des ersten militärischen Reaktors wird in folgendem poetischem Bild verklärt:

Fern von Moskau, in malerischer Gegend, entfaltete sich der Bau einer Stadt, der Nebengebäude und Chemischen Komplexe. Zur Grundsteinlegung für

*) s. S. 253 f.

das Fundament des ersten industriellen Urankessels und zur Unterstützung bei der Konstruktion beorderte Kurtschatow im Januar 1947 seine engsten Mitarbeiter...
Als im Herbst 1947 die Fröste einsetzten, besichtigten I. W. Kurtschatow und B. L. Wannikow das Baugelände. Hier war bereits eine große Stadt emporgewachsen, bevölkert von Tausenden von Technikern und Ingenieuren verschiedener Fachrichtungen. Zwischen der Stadt und der Baustelle des Kessels lagen mehr als zehn Kilometer...
Der erste Kessel war mit dem gesamten in der damaligen Zeit im Lande verfügbaren Metall-Uran beschickt...

Diesem Buch nach zu urteilen verbrachte Kurtschatow in der neuen Stadt mehrere Jahre, denn der erste Reaktor begann 1948 zu arbeiten. Es leuchtet ein, daß auch der Bau des »Kyschtym«-Objekts mit dem ersten großen Reaktor zeitlich vollkommen zusammenfällt. Da 1948 im ganzen Land Metalluran zur Plutonium-Produktion nur für einen einzigen, großen Industriekessel ausreichend vorhanden war, konnte eindeutig nur das Gebiet von Kyschtym (genau genommen das Gebiet östlich von Kyschtym) das Hauptzentrum der anfänglichen Atomwaffen-Produktion sein. Da gerade hier auch das chemische Werk zur Wiedergewinnung von Plutonium stand, begannen sich auch hier die ersten Partien nuklearer Abfälle anzusammeln. Was mit den Nuklear-Abfällen geschehen sollte, war noch kein Hauptthema; es war eingeplant als eine Sache, die sich mit dem Gang der Dinge lösen lassen würde.

Die ersten Lösungsversuche dieses Problems waren auch in den Vereinigten Staaten nicht zufriedenstellend und führten in der Folgezeit zu vielen gefährlichen Situationen. Und von der Sowjetunion durfte man nichts Besseres erwarten. Wie wir im nächsten Kapitel sehen werden, waren die amerikanischen Deponien technisch äußerst primitiv, und eine auf Jahre hin unvermeidliche Explosion einer Abfalldeponie trat nur deshalb nicht ein, weil in der Region der ersten militärischen Reaktoren das Klima äußerst trocken war und es kein Grundwasser gab. Das erste sowjetische Atomindustrie-Zentrum lag in keiner allzu trockenen Zone und gleichzeitig inmitten von Seen und Flüssen. Wasser wurde zur beständigen Kühlung der Kessel und zur chemischen Produktion benötigt. Deshalb wählte man auch eine wasserreiche Gegend aus. Wo man aber Abfälle der Atomindustrie »bestatten« muß, soll man das Wasser nur gut unter Kontrolle behalten.

13. Die Ursachen der Ural-Katastrophe. Ein Rekonstruktionsversuch

Mein Bericht über die Ural-Katastrophe und seine anschließende Bestätigung durch Prof. L. Tumerman kamen, wie ich schon im ersten Kapitel bemerkte, für viele Experten unerwartet. Trotzdem mußte irgend jemand etwas vorher davon gewußt haben, und deshalb tauchten außer Widerlegungen verschiedene Erklärungen und Erläuterungen dazu auf inklusive der Version, es sei eine Reaktor-Explosion gewesen. Die Londoner »Sunday Times« lancierte am 12. Dezember 1976 einen Artikel von Bryan Silcock, »Das Geheimnis von Kyschtym«, in die Öffentlichkeit; er stellt meine und Tumermans Versionen dar und schätzt danach die Möglichkeit einer Explosion skeptisch ein, wobei er die Äußerung des Experten Watson Clelland zitiert, er habe mehrere Lagerungsorte für Reaktormüll in der Sowjetunion besichtigt. Der Artikelschreiber meint:

Jedenfalls tauchte nach der Meldung im ›New Scientist‹ im Westen in gewissem Maße eine Bestätigung der Thesen aus unterschiedlichen, aber verläßlichen Quellen auf. Diesen Berichten zufolge *wurde der Müll genauso aufbewahrt,* wie es Medwedjew beschrieben hat. Seine unter der Erde aufgestaute Aufheizungswärme verwandelte das Grundwasser in Dampf, was zu einer Explosion führte, nur in einem viel geringeren Umfang, als ursprünglich berichtet wurde. Diesen Quellen zufolge gab es keine Todesopfer...
Dr. Clelland gestand zu, eine derartige kleinere Explosion könne auf diese Weise entstanden sein, ›doch hätte sie nicht ausgereicht, um Hunderte von Quadratkilometern zu versuchen‹, meint er.

Ich meine, das Material der vorausgegangenen Kapitel läßt keinen Zweifel daran, daß die Verseuchung sich eben gerade über Hunderte von Quadratkilometern erstreckte. In einem dicht besiedelten Industriegebiet konnten die Auswirkungen einer so ausgedehnten Verseuchung, die mit der Ausbreitung von Millionen Curie verbunden war, nicht ohne menschliche Verluste abgehen, denn die Strahleneinwirkung auf die Menschen, die in dieser Gegend lebten, war unausbleiblich. Man braucht nur eine Karte des Südural oder des Gebiets zwischen Tscheljabinsk und Swerdlowsk anzuschauen, um die potentiellen Folgen selbst einer kurzfristigen Verzögerung bei der Evakuierung der Bevölkerung zu begreifen.

Wer für die »Sunday Times« die »verläßliche Quelle« war, weiß ich nicht und habe es auch nicht zu erfahren versucht, weil offensichtlich von vertraulicher Information die Rede ist. Jedenfalls mußte ich nach meiner ersten Veröffentlichung vom November 1976 nicht nur die oben dargestellten Analysen der verschiedenen ökologischen Materialien vornehmen und mich mit etlichem CIA-Material vertraut machen. Ich hatte mich auch ganz allgemein mit den Problemen der Aufbewahrung von atomaren Abfällen in ihrem historischen Aspekt auseinanderzusetzen und die Unglücksfälle zu studieren, die in der Atomindustrie vorgekommen waren. Nebenbei tauchten neue, völlig unerwartete Informationsquellen über die Folgen der Ural-Katastrophe auf. All dies erlaubt mir, einen Rekonstruktionsversuch dieser Katastrophe und ihrer vielfältigen Auswirkungen anzustellen.

Doch vor allem sollten wir noch sehr kurz das generellere Problem einiger wohlbekannter Pannen in der Nuklearindustrie Europas und der Vereinigten Staaten betrachten, worüber es eine hinreichend breite Dokumentation gibt.

a) *Reaktor-Pannen*

Unglücksfälle in Kernreaktoren, und sogar eine Reaktor-Explosion, erscheinen als Folge fehlerhafter Inbetriebnahme oder bei einem starken Erdbeben unmöglich. Die etwas dramatisierte Beschreibung einer *möglichen,* aber nicht wirklich passierten Reaktor-Explosion bei Detroit kann man in dem Buch von Fuller [62] finden. Die volle Glaubwürdigkeit aller in diesem Buch ausgebreiteten Details wird nach allen Seiten hin durchdiskutiert; trotzdem ist auch bei einer besonnenen Einstellung einem solchen Ereignis gegenüber klar, daß die Kerntechnologie bis heute noch nicht frei ist von den Eventualitäten derartiger Katastrophen.

Die am weitesten bekannte Reaktorpanne in der *wissenschaftlichen* Literatur ist die von Windscale in England vom Oktober 1957. Dieser Zwischenfall kehrt praktisch in allen Veröffentlichungen über Unglücksfälle in der Kernindustrie wieder. In der Beschreibung dieses Falles in sowjetischen Quellen (z. B. bei Tichomirow [50]) heißt es:

> An die 20 000 Curie Jod-131, 600 Curie Caesium-137, 80 Curie Strontium-89 und 2 Curie Strontium-90 sind in die Atmosphäre geschleudert worden. Die so entstandene radioaktive Wolke konnte man auf eine Entfernung von mehreren Hundert Kilometern verfolgen, und sie zog über das Territorium vieler Länder Europas. Die Verseuchung des umliegenden Geländes von Windscale, die durch die Emission von Jod-131 aus der radioaktiven Wolke bedingt war, übertraf die zulässigen Werte um ein Vielfaches und machte besondere Maßnahmen erforderlich, um die Strahlenbelastung der örtlichen Bevölkerung zu verringern. (S. 10)

Selbstverständlich wurde in England dieser Vorfall von 1957 in der Presse lang und ausführlich behandelt. Neben der allgemeinen Presse und detaillierten Interpretationen über die

Ursachen des Unglücks in Buchveröffentlichungen, die die Gefährlichkeit der Atomenergie hervorhoben [63], präsentierte der britische Premierminister im November 1957 [74] dem Parlament einen minuziösen Rechenschaftsbericht der Regierungs-Sonderkomission zur Untersuchung aller Aspekte dieses Unglücksfalles.

Auf jeden Fall kann man weder nach der Gesamtmenge der Radioaktivität noch nach dem Charakter ihrer Isotopen-Zusammensetzung den Unfall in Windscale mit der Ural-Katastrophe gleichsetzen. (Allein auf den Geländeflächen, von denen Proben der Alge Chlorella zur Bestimmung ihrer Strahlenempfindlichkeit entnommen wurden, gab es weitaus mehr Strontium-90, als zur Zeit des Brandes in Windscale in die Atmosphäre entlassen wurde.)

Martin Ryle liefert in einem Artikel [64] die Chronologie einer Reihe gefährlicher Beinahe-Unfälle in Reaktoren verschiedener Länder (für die Jahre 1969, 1970, 1972, 1974 und 1975), die, obwohl sie nicht zu »Katastrophen« führten, doch potentielle Katastrophenherde waren.

Trotzdem kann nicht eine einzige der in der Geschichte der Atomindustrie bekanntgewordenen Reaktorpannen als Analogie dazu dienen, was im Tscheljabinsker Distrikt passierte, wenn man den Charakter der dort existierenden Gebietsverseuchung mit den Auswirkungen von Reaktorpannen vergleicht.

b) *Auswirkungen von Atombombenversuchen*

So entspricht schon eher die Zusammensetzung radioaktiver Isotope, die bei einer Atombomben-Explosion entstehen, dem Verseuchungscharakter in besagter Uralregion. Selbstverständlich hat auch die örtliche Bevölkerung der Landkreise im Südural, die von der Evakuierung betroffen waren, eilig Gerüchte über eine Bombenexplosion verbreitet, obwohl niemand grelle Stichflammen gesehen hatte und auch keine für Bombenexplosionen typischen Sachbeschädigungen erfolgt waren. Doch wenn offizielle Erklärungen zu einer Katastrophe ausbleiben, entstehen eben Märchen über eine »Bombenexplosion« und schießen ins Kraut. Natürlich sprach das Gerücht von einer »Zufalls-Explosion«, weil schließlich das dichtbesiedelte Industriezentrum der sowjetischen Kernindustrie schlecht der Austragungsort für Atomwaffen-Tests in der Atmosphäre im Jahre 1958 sein konnte. Außerdem waren gerade 1957 und 1958 Rekordjahre in bezug auf die Anzahl der Atom- und Kernwaffenversuche in der Atmosphäre. Allein in den USA wurden in diesen zwei Jahren 79, in der Sowjetunion 39 und in Großbritannien 12 Kernwaffen-Explosionen gezündet [63].

Im Atomwaffen-Versuchsgelände der Vereinigten Staaten, z. B. im Umfeld der Marshall-Inseln, fanden unzählige ökologische und dosimetrische Untersuchungen statt. Möglicherweise gab es das auch in der Nähe atomarer Testgelände der UdSSR, doch blieben offene Berichte darüber aus. Die unterirdischen Versuche begannen in den USA 1951, in der Sowjetunion jedoch erst 1961. Aber das waren alles programmierte Explosionen, die nichts mit unvorhersehbaren Ereignissen zu tun hatten. Bekannt ist ein ernster Unfall, der sich bei einer unterirdischen Explosion zutrug: im Testgelände des Staates Nevada wurden am 6. Juli 1962 infolge eines unterirdischen Kernversuchs radioaktive Substanzen an die Oberfläche geschleudert. Der in einer Tiefe von etwa 250 m gezündete Kernsatz von 100 Kilotonnen verursachte auf der Oberfläche einen Krater von ca. 475 m im Durchmesser.

90% der herausgeschleuderten radioaktiven Substanzen gingen in einem Radius von etwa 985 m nieder, doch die restlichen 10% verteilten sich auf eine Fläche von 13 000 km^2 [65]. In diesem Gebiet erfolgten im Anschluß daran verschiedene radioökologische Untersuchungen, doch die Umgebung war praktisch Wüste mit armseliger Vegetation und einem begrenzten Artenbestand an Lebewesen.

In der UdSSR gab es einen analogen Fall, bei dem Radionuklide von einem unterirdischen Kernwaffenversuch im Atomübungsgelände der arktischen Insel Nowaja Semlja an die Oberfläche geschleudert wurden. Die Folgen dieser Explosion hatte man sorgfältig untersucht und sie mit Fotos von der Explosionswirkung und Aufnahmen des entstandenen Kraters publiziert. Das gesamte Material ist in einem kleinen, erst kürzlich erschienenen Buch dargestellt, denn die Daten dieser Explosion (möglicherweise erfolgte der »Auswurf« an die Oberfläche nicht aus Versehen, war jedoch bei einem Experiment entstanden) sind sorgfältig für die Beurteilung der vielfältigen Ausnutzung von Atomenergie zu friedlichen Zwecken ausgewertet worden. Die Experten kamen in ihren Beratungen zu negativen Ergebnissen. Obwohl die Primäraufwendungen für eine solche Zündung im Vergleich zu chemischen Explosionen bedeutend geringer sind, so rechtfertigt doch die anschließende Umweltverseuchung nicht die Anwendung von Atomexplosionen, weil die Desaktivierung der Umwelt viel teurer zu stehen kommt als alle nur erdenklichen Ausgaben für die Produktion chemischer Explosionsmaterie gleicher Stärke.

Ich habe dieses Buch in Russisch gelesen, es ist den Experten in anderen Ländern sicherlich bekannt. Leider fehlen mir die genauen bibliographischen Angaben; doch ist es eine Publikation relativ jüngeren Datums mit exakter Ortsbeschreibung der Explosion und ihrer Folgen.

c) *Pannen bei der Lagerung radioaktiver Abfälle*
Aus den spärlichen Angaben über die Geschichte des sowjetischen Kernprogramms, die hauptsächlich aus den Biographien des wissenschaftlichen Leiters und Hauptverantwortlichen für dieses Programm, des 1960 verstorbenen Akademiemitglieds Igor Wassiljewitsch Kurtschatow stammen [66, 67], geht hervor, daß das ursprüngliche Herstellungsprogramm der sowjetischen Atombombe auf der Plutonium-Produktion basierte. Die ersten im Ural, dem Zentrum der sowjetischen Atomindustrie, konstruierten militärischen Reaktoren waren Anlagen zur Plutonium-Gewinnung. In diesem Prozeß schließt der gewöhnliche Arbeitszyklus eine bestimmte Frist für die Kernreaktion des Urans im Reaktor ein, was zur Plutoniumbildung führt. In chemischen Spezialfabriken wird das Plutonium von Uralrückständen und anderen Substanzen (sogenanntem verbrauchten Brennstoff [spent fuel] getrennt. Nach der Aussondierung des Plutoniums bleibt ein kompliziertes Gemisch unterschiedlicher radioaktiver Isotope von sehr hoher Aktivität übrig, was auch bei der Sicherung ihrer angemessenen und ungefährlichen Lagerung *auf Hunderte von Jahren hinaus* die meisten Probleme bereitet. Bei jeder »Löschung« eines Plutonium produzierenden Reaktors fallen Millionen Curie solcher konzentrierten Abfälle an. Unter ihnen besitzt der größere Teil verhältnismäßig kurze Halbwertszeiten von Minuten, Stunden oder Tagen. Die allergrößte Gefährlichkeit kommt nach einigen Jahren dem Strontium-90 (Halbwert von 28 Jahren) und dem Caesium-237 (Halbwert vor 30 Jahren) zu. Die gas-

förmigen Reaktionsprodukte, wie etwa C^{14}, entweichen gewöhnlich im Laufe des Zyklus selbst in die Atmosphäre.

Die Abfälle der Atomkern-Industrie lagen anfänglich in flüssigem Zustand, das heißt in Säuren oder neutralisierten Lösungen vor. Gegenwärtig gibt es die Methoden der sogenannten »Solidifizierung«, der Überführung der Abfälle in feste Blöcke. In den vierziger und fünfziger, aber auch noch in den sechziger Jahren unterstand der größte Teil der Abfälle, besonders der flüssigen, der einen oder anderen Methode langfristiger Lagerung. Da der Transport konzentrierter, flüssiger, hochaktiver Abfälle auf große Entfernungen bedeutende Schwierigkeiten und Gefahren in sich birgt, und da die Mengen solcher Flüssigabfälle in die Millionen Liter gehen, so baute man zu ihrer Lagerung riesige, häufig tief unter der Erde liegende Stahl- oder Eisenbeton-Container. Im amerikanischen Atomzentrum von Hanford goß man zusätzliche Flüssigabfälle mit geringerer radioaktiver Isotopen-Konzentration in spezielle Gräben, bei denen nur die Seitenwände betoniert waren. Das Grundwasser steht in diesem Gebiet in großer Tiefe (mehr als 100 m). Deshalb wurde der Boden unterhalb der Gräben als hinreichend ungefährlicher Fixator für radioaktive Substanzen angesehen, der geeignet war, sie auf Jahrhunderte hinaus in einem für die Umwelt unschädlichen Zustand aufzubewahren.

Gerade im kerntechnischen Zentrum von Hanford, dem größten Industriekomplex der USA zur Plutonium-Produktion der fünfziger und sechziger Jahre, entstanden zwei sehr ernste Unfallsituationen, die als Vergleich und zur Einsicht potentieller Ursachen bei der Kernkatastrophe im Ural dienen können.

Der erste Unfall ist bekannt geworden als Leckage von Tank 106 T, aus dem konzentrierte radioaktive Flüssigabfälle austraten. Die minuziöse Analyse der Ursachen und Folgen dieser Panne kann man in einer Reihe von Veröffentlichungen finden [63, 68], in den Rechenschaftsberichten eines Sonder-Hearings des Atomenergie-Komitees im US-Kongreß [69] sowie im Untersuchungsbericht dieses Unfalls, den die Atomenergie-Kommission der Vereinigten Staaten verfaßte [70]. Das Atomindustrie-Zentrum von Hanford liegt mit einer Fläche von etwa 1480 km^2 im Staat Washington nahe Richmond in einem öden Reservatsgelände. Es wurde noch im Laufe des letzten Weltkriegs zur Plutonium-Produktion erbaut. 25 Jahre lang arbeiteten hier 9 Reaktoren, und es wurden hier einige Zehntausend Kilogramm Plutonium gewonnen. Während des Produktionsprozesses sammelten sich mehr als 70 Millionen Gallonen [mehr als 300 Millionen Liter] konzentrierter Flüssigabfälle an. Um den Umfang der flüssigen Abfälle zu verringern, unterzog man diese Lösungen über den Weg langsamer Verdampfung dem gewöhnlichen Austrocknen. Die so gewonnenen soliden Salzmengen schüttete man zur weiteren Lagerung in Stahlbehälter. Trotzdem gab es 1972 noch etwa 40 Millionen Gallonen konzentrierter Reaktorabfälle in flüssiger Form.

Im Jahre 1973 bemerkte man, daß der größte unterirdische Container für Flüssigabfälle eine Leckage aufwies. Wie lange davor der Tank die radioaktive konzentrierte Lösung schon verloren hatte, blieb ungeklärt; die Flüssigkeit war in den unter dem Behälter befindlichen Boden eingesickert und hatte sich in einer Tiefe von mehr als 15 m unter dem Containerboden als ausgedehnter Verseuchungsherd ausgebreitet. Zum Glück befand sich an diesem Ort das Grundwasser in etwa

80 m Tiefe. Deshalb drang die Radioaktivität weder in diese Schicht ein, noch wurde sie in den naheliegenden Fluß eingeschleust. Nach der Entdeckung des Lecks wurde die Flüssigkeit aus dem Tank gepumpt. Trotzdem flossen nach Berechnungen an die 115 000 Gallonen [fast eine halbe Million Liter] in den Boden, darin waren 40 000 Curie Caesium-137, 14 000 Curie Strontium-90 und 4 Curie Plutonium, außerdem geringe Mengen anderer Isotope enthalten. Die Untersuchung dieses Zwischenfalls brachte an den Tag, daß die übrigen Behälter ebenfalls seit langer Zeit (seit 1958) Leckagen hatten, so daß in den Boden unter den Tanks nicht weniger als eine halbe Million Curie eingedrungen waren. Insgesamt lagern in dieser Zone 151 Container für konzentrierte flüssige Radioisotopen-Gemische, die nach der Plutonium-Gewinnung abgelassen werden. Der Gesamtumfang an Radioaktivität in flüssigem Zustand betrug 1973 auf diese Weise Dutzende Millionen Curie.

Wäre ein derartiges Leck in einer Gegend mit geringer Grundwassertiefe aufgetreten, so hätte sich die Verseuchung mit dem Grundwasser rasch über ein großes Gebiet ausgedehnt, und nach einer bestimmten Zeit wäre sie allmählich im Boden, in Pflanzen und den Wasserreservoiren des umliegenden Geländes in Erscheinung getreten. Dutzende von Kilometern eines Gebiets mit hohem Verseuchungsgrad hätten einen ausgedehnten Herd für Sekundärverseuchungen als Folge von Bodenerosion, Sandstürmen und anderen Ursachen bilden können. Ein ähnliches Verseuchungsmodell ist durchaus auch für die Gegenden in den Atomindustriezentren im Südural denkbar, wo flüssige Rückstände abgelassen werden. Es ist nicht ausgeschlossen, daß nicht nur eine einzige, sondern *mehrere* Regionen mit einer so gearteten Verseuchung existieren. Ähnlich gelagerte Prozesse konnten aller Wahrscheinlichkeit nach auch im Tscheljabinsker Distrikt vor sich gehen, besonders in den Gegenden, in denen die ersten großen Reaktoren zur Plutoniumgewinnung errichtet worden waren. Darüber möchte ich mich im folgenden etwas genauer auslassen. Jedenfalls hatte sich Ende 1957 oder Anfang 1958 in der Tscheljabinsker Region eine Katastrophe mit sehr abrupter Ausprägung ereignet. Sie wurde bekannt als »Kyschtym-Katastrophe«. Widersprüchliche Berichte über diese Katastrophe wurden von Prof. Ljew Tumerman gesammelt, in den Archiven der CIA archiviert; zwei Zeugen sagten öffentlich in der Fernsehsendung »Die Welt in Aktion« aus, die am 7. November 1977 von der Fernsehgesellschaft »Granada« in England ausgestrahlt wurde (auf diese Zeugenaussagen werde ich noch später zu sprechen kommen). Diesen Berichten zufolge war in der Gegend von Kyschtym eine unterirdische Atommüll-Lagerstätte in die Luft geflogen.

Eine dem äußeren Bild nach vergleichbare Katastrophe hätte sich in besagtem Hanford-Reservat abspielen können, zwar nicht im Container-Gelände für hochaktive Flüssigabfälle, aber in einem der Gräben, in die die weniger aktiven Flüssigrückstände abgelassen wurden. Das Ausmaß der Flüssigkeiten mit weniger konzentriertem Gehalt an radioaktiven Isotopen war ja weitaus größer. Deshalb hätte die Lagerung von einer Milliarde Litern einer solchen Lösung viel zu große Behälter erfordert, und das wäre ein zu teures Abfallbeseitigungs-Verfahren gewesen. Also dachte man sich für diese Flüssigstoffe einen einfacheren und billigeren Weg aus: durch den Erdboden der Gräben sickerten sie einfach in den trockenen Sand ein. Da der Grundwasserspiegel in dieser Region sehr tief liegt, kalkulierte man, daß der Boden einen ausreichenden Schutz für die unverrückbare Lagerung, die Fixierung der gesamten Aktivität bieten würde. Doch führten die Prozesse, die im Lauf vieler Jahre im Boden vor sich gingen, in einem der größeren Gräben zu einer unerwarteten Situation.

Wie schon aus der Isotopen-Zusammensetzung in den Rückständen, die man in die Tanks für konzentrierte Lösungen abließ, erkennbar war, kam Plutonium in verhältnismäßig geringen Mengen vor, berechnet man sie in Curie. Trotzdem ist die Halbwertszeit bei Plutonium auf 24 000 Jahre bemessen, und deshalb stellen 4 Curie Plutonium – nach Gewichtseinheiten berechnet – schon eine reichlich ernstzunehmende Gewichtsgröße dar. Doch das reicht noch nicht für eine potentielle Explosion aus, um so weniger, als Plutonium in diesem Fall über eine große Bodenmasse zerstäubt war. Doch wieso ist hier überhaupt Plutonium anzutreffen, wenn doch die radioaktiven Gemische nach der Ausfällung des Plutoniums in Spezialfabriken zu »Abfällen« umgewandelt werden? Denn Plutonium selbst ist doch das Hauptziel der ganzen Produktion, und der Produktionspreis für ein einziges Kilogramm Plutonium beträgt in den USA 20 000 bis 30 000 Dollar. Doch sind die Prozesse der Plutonium-Gewinnung aus einem komplizierten, vielfältigen Isotopengemisch noch nicht so perfektioniert, um es hundertprozentig auszufällen. Deshalb gelangt ein Teil des Plutoniums (in den USA etwa 0,5%) in die Rückstände.

Plutonium ist auch unter den Isotopen anzutreffen, die in geringerer Konzentration in die Gräben ohne Betonboden abgeleitet werden. Man vermutete, daß Plutonium, als schlecht-lösliche Beimischung, sich im Bodensatz absetzen, in großem Umfang im Boden unter den Gräben anreichern und dann in einen unlöslichen Zustand übergehen würde. So geschah es auch, jedoch in einer bedeutend dünneren Bodenschicht unterhalb der Gräben, als man anfangs veranschlagt hatte. Der Prozeß der Adsorption (Anreicherung, Verdichtung) des radioaktiven Gemischs erfolgte im trockenen Boden nach dem Prinzip der Säulen- (oder Ionenaustausch-) Chromatographie (die 1943–44 noch nicht bekannt war). Die einzelnen Substanzen verteilten sich im Boden in verschiedenen Schichten je nach ihren Eigenschaften und ihrem Molekulargewicht. Das Plutonium verdichtete sich in einer verhältnismäßig dünnen, obenliegenden Bodenschicht und *sammelte sich dort an,* verteilte sich in seiner Gesamtmenge jedoch nicht gleichmäßig. Viele Jahre lang sammelte sich in einem dieser Gräben (Z-9) in der Nähe der oberen Hälfte des sandigen Grabenbodens etwa 100 kg Plutonium an – eine Menge, die zur Produktion von fast einhundert Atombomben mittlerer Größe ausreichen würde (vergleichbar der Bombenkapazität, die 1945 über Japan abgeworfen wurde). Diese Plutoniummenge in Graben Z-9 war an ein Bodenvolumen von etwa 17 m^3 gebunden.

Nach dem offiziellen Bericht der amerikanischen Atomenergie-Kommission, die das Problem untersuchte und die Entfernung der mit Plutonium angereicherten Bodenschicht mit Spezialgeräten empfahl (der Bericht führt die Registratur-Nr. WASH-1520 [71]), kann man Bedingungen herstellen, bei denen eine so gewaltige Plutonium-Konzentration im Boden eine atomare Kettenreaktion einleitet, die zu einer Explosion führen kann. Diese Reaktion könne eintreten, wenn der Plutonium-getränkte Boden von eindringendem Wasser feucht werde. In einem solchen Fall erhitzt sich das Wasser rasch und wandelt sich in Dampf um, der (unterirdisch erzeugte) Dampfdruck führt dann zur Explosion, die das radioaktive Erdreich an die Oberfläche schleudert. Eins der Kommissionsmitglieder, die die Untersuchungen an Graben Z-9 leiteten, bezeichnete das Vorkommnis als eine Art »Schlamm-Vulkan«-Explosion (›mud-volcano type of explosion‹).

Zur Charakterisierung der Umstände, die zu einer solchen Explosion führen können, ziehe ich es vor, hier unmittelbar einen Ausschnitt aus dem Resümee des offiziellen Rechenschaftsberichts der US-Atomenergie-Kommission an den Kongreß zu zitieren [71]:

I. ZUSAMMENFASSUNG

Dieser Umweltbericht ist zustande gekommen in Übereinstimmung mit der Nationalen Umweltpolitik-Akte und als Unterstützung des Vorschlags der Atomenergie-Kommission, die Planung, Konstruktion und Inbetriebnahme einer Abräumanlage für verseuchte Erde in Richland/Washington gesetzmäßig zu verankern und in die Wege zu leiten.

Die US-Atomenergie-Kommission plant, Plutonium-verseuchtes Erdreich aus der Höhenschicht eines dort eingelassenen Erdgrabens (Z-9) abtragen zu lassen, der zwischen Juli 1955 und Juni 1962 als unterirdische Lagerstätte für Plutonium-verseuchte Flüssigkeiten aus der Plutonium-Aufbereitungsanlage im Hanford-Reservat bei Richland/Washington diente. Nach Schätzungen enthält der abzutragende Boden etwa 100 kg Plutonium in einem Erdvolumen von circa 17 Kubikmetern.

Flüssige Rückstände aus der Plutonium-Aufbereitungsanlage (PFP) sind in die unterirdischen Deponierungs-Einrichtungen (in Form eingelassener Gräben) abgelassen worden, seit die Anlage vor etwa 22 Jahren eingerichtet wurde. Der größte Plutoniumanteil in diesen Flüssigabfällen ist von der Erde adsorbiert (zurückgehalten) und wenige Fuß senkrecht unterhalb der Austrittsstelle festgehalten worden. Die eingelassenen Gräben liegen in einem eingezäunten Gelände innerhalb der kontrollierten Grenzen der Hanford-Anlage. Bei sorgsamer Überwachung mit Hilfe von Testbohrlöchern hat sich diese Praxis 22 Jahre lang sicher bewährt. Angesichts der hohen Plutonium-Quantität im Erdreich von Graben Z-9 sind besondere Vorsichtsmaßnahmen und Notverordnungen für Z-9 erforderlich, die sonst für verschlossene Gräben nicht nötig sind.

Es wird vorgeschlagen, bei Z-9 eine Vorrichtung zur Aushebung und Abdichtung des verseuchten Erdreichs zu installieren; des weiteren, die bestehende Plutonium-Aufbereitungsanlage mit technischer Ausrüstung auszustatten, um das Plutonium aus dem verseuchten Boden zurückzugewinnen; schließlich, einen unterirdischen Lagerstollen von 5,5 m Breite, 3,15 m Höhe und 157 m Länge für die vorübergehende Lagerung der verseuchten Erde einzurichten.

Die Aushebung des Plutonium-verseuchten Erdreichs wird besondere Vorsichtsmaßnahmen und Notverordnungen überflüssig machen, die sonst für eine garantiert sichere Plutonium-Lagerung im eingelassenen Graben nötig wären. Infolge der großen Plutoniummenge im Boden von Z-9 kann man sich Bedingungen ausmalen, die zu einer nuklearen Kettenreaktion führen könnten. Solche Bedingungen wären: eine erneute Massierung von verseuchtem Boden, Überflutung des eingelassenen Grabens als Folge von übermäßigem Schneefall und rapider Schneeschmelze (siehe Fluß Chinook), ein Fehlschlag beim Einsatz geplanter Rettungsaktionen (Abpumpen des Flutwassers vom angrenzenden Gelände, Einsatz von Neutronen-bindenden Materialien im eingelassenen Graben). Obwohl die Wahrscheinlichkeit extrem abwegig ist, daß alle diese Ereignisse nacheinander eintreten, so würde die Aushebung des Plutonium-verseuchten Bodens doch den möglichen Eintritt eines solchen Ereignisses ausschließen.

Nach Vorberechnungen der US-Atomenergie-Kommission wäre die Installation des Schachts auf ungefähr zwei Millionen Dollar gekommen, die auch für diese Arbeiten bewilligt wurden. Man plante auch die erneute Rückgewinnung des Plutoniums aus dieser Bodenmasse – immerhin haben 100 kg Plutonium einen kommerziellen Wert von mehr als drei Millionen Dollar. Trotzdem kam es nicht zu diesen Arbeiten, und der aus dem Graben ausgehobene Boden wurde an einen anderen Ort überführt und dort vergraben.

Insgesamt liegen im Hanford-Gelände elf solcher Gräben, doch kam es bisher bei ihnen noch zu keiner kritischen Situation, da nach den Berechnungen der Experten auf zehn dieser Gräben etwa 200 kg Plutonium entfallen würden. Seit Gründung dieses Atomkomplexes ergossen sich jedes Jahr auf diese Weise mehrere Millionen Liter an Flüssigabfällen in die Gräben.

In einzelnen Veröffentlichungen über die gefährlichen Folgen einer *potentiellen* Explosion in Graben Z-9 sind die Prognosen nicht einheitlich. Während die Experten damit rechneten, daß eine Explosion vom Schlamm-Vulkan-Typ große Massen an Radioaktivität in die Luft schleudern würde [72, 63], beharrte der britische Experte John Hill in seiner Antwort auf Ljew Tumermans Brief darauf, daß die herausgeschleuderte Aktivität aber nicht in große Höhen getragen und die Verseuchung nicht über die Grenzen des jeweiligen Grabens hinaus verbreitet werden könnten [73]. Zweifellos aber kann man die tatsächlichen Folgen einer solchen Panne unmöglich vorhersagen. Alles hängt von den momentanen Bedingungen ab. Starker Wind oder unerwarteter Schneesturm könnten eine mögliche Explosion zu den Dimensionen einer ökologischen Katastrophe ausweiten.

d) *Wie es zur Explosion der Abfalldeponie im Tscheljabinsker Distrikt kommen konnte*

Als 1947 im Ural, und zwar im Gebiet von Kyschtym, der erste große militärische Reaktor zur Plutonium-Herstellung gebaut und in Betrieb genommen wurde, war die Technik der Plutonium-Sondierung noch nicht geklärt: man »belud« den Reaktor mit allem Uran, das die UdSSR zu der Zeit aufzuweisen hatte [66]. Wenige Monate zuvor hatte in der Nähe von

Moskau I. W. Kurtschatow den ersten kleinen Forschungs-Reaktor zur Plutonium-Gewinnung erprobt, und man war erst dabei, die Methoden der Plutonium-Abtrennung an den Reaktor-Produkten, die in der Nähe von Moskau gewonnen wurden, auszuprobieren, als der große Reaktor bereits auf Touren lief. Die ersten, von G. N. Jakowlew ausgearbeiteten Methoden, waren noch unvollständig und ergaben keine volle Abspaltung des Plutoniums. Eine *ergiebigere* Trennungsmethode für Plutonium erarbeiteten B. A. Nikitin und A. P. Rattner im Radium-Institut.

Diese Methode wurde der industriellen Plutonium-Gewinnung in einem eigenen Werk in besagtem Gebiet zugrunde gelegt [66, S. 68].

Ausgangspunkt der Methode bildete eine Primär-Lauge aus in Salpetersäure gelöstem Spaltstoff aus dem Reaktor (mit natürlichem Uran). Ich kenne nicht alle Details dieser Methode, doch wenn ich recht orientiert bin, dann war der Abspaltungsprozeß von salpetersaurem Plutonium mit der Kristallisation dieses Salzes verbunden. Bei der Kristallisation einer ausreichenden Menge an salpetersaurer Plutonium-Lösung bleibt in flüssiger Form die sogenannte »Mutterlauge« zurück; diese gesättigte Mutterlauge kann erneut verwendet werden. Doch eine mehrmalige Kristallisation aus ein und derselben Lauge, zu der immer neue Portionen aufgelöster Reaktor-Kernmasse hinzukommen, ist nicht möglich, weil in der Zusammensetzung des Reaktor-Gemischs Dutzende verschiedener anderer Substanzen vorkommen, deren Konzentration ebenfalls zunimmt und damit einen Einfluß auf die Reinheit der Plutonium-Abtrennung ausübt. (Die modernste Methode der Plutonium-Extraktion, die heute in den USA angewandt wird, garantiert eine Sondierung von 99,5% Plutonium aus dem Uran, 0,5% bleiben als Rückstände übrig [80].)

In den Jahren 1947 und 1948 hatte diese Arbeit eine solche Dringlichkeitsstufe erreicht, daß keine Zeit mehr blieb, die Technologie bis in alle Einzelheiten gründlich einzuüben – man brauchte doch schnellstens reinstes Plutonium für ein paar Bomben. Die erste Explosion mußte pflichtgemäß im Jahre 1949 bis zu Stalins feierlichem 70jährigem Geburtstagsjubiläum im Dezember erfolgt sein. Mit dieser Aufgabe wurde das Kollektiv um I. W. Kurtschatow erfolgreich fertig, die Zündung der Bombe gelang im September 1949.

Auch die Lagerungsmethoden der Abfälle aus der Plutonium-Produktion wurden parallel dazu, sozusagen »während der Fahrt«, ausgearbeitet. In den Jahren 1948–49 bestand noch keine Klarheit darüber, wie und wo man die gesamte radioaktive Masse lassen sollte, die bei der Atomproduktion übrigblieb. Die Konstruktion großer Stahlbehälter oder von Eisenbeton-Gräben erschien als das vielversprechendste Verfahren. Die Container lagen natürlich unter der Erde oder mit dem oberen Teil auf Bodenhöhe. Gemessen an einigen anderen derartigen Baukonstruktionen in der Nähe von Kernenergie- und Radiochemie-Zentren, wie Obninsk, möchte ich annehmen, daß Massivbauten, wie z. B. Abfall-Lagerstätten, in Waldgelände angelegt wurden (in Obninsk begann man 1946 mit dem Bau von Instituten für Reaktorforschung geringeren Ausmaßes, die auch zur Hälfte der Produktion dienten; dem damaligen Usus entsprechend waren sie halb Institut, halb Gefängnis – denn viele Arbeiten führten Häftlinge aus). Als die USA bereits ihre Erkundungsflüge über den wichtigsten Gebieten des Ural absolvierten, galten Waldflächen als die zuverlässigste Tarnung.

Es ist durchaus denkbar, daß bis 1953–54 alle Hauptelemente der Atombomben-Produktion und die entsprechende Lagerung der Abfälle in einem Zentrum konzentriert waren, und zwar östlich von Kyschtym. Allerdings erweiterte Chruschtschow die Atomwaffen-Produktion und das Versuchsprogramm für verschiedene Sorten von Bomben und Gefechtskörpern enorm. Außerdem war Chruschtschow von der Manie der Dezentralisierung besessen. Er glaubte, alle wichtigen strategischen Objekte auf räumlich weit voneinander entfernte Punkte auseinanderziehen zu müssen. Wahrscheinlich setzte in dieser Periode auch die Verlegung atomarer Objekte innerhalb des Ural ein, was dann den Transport hochkonzentrierter Abfälle auf große Entfernungen mit sich brachte. Chruschtschow führte ebenfalls die Methode der Montage-Konstruktion aus Eisenbetonblöcken statt der Gußform-Konstruktion ein. Wenn man diese Methode nun auch beim Containerbau anwandte, dann konnte das zum massenhaften Auslaufen der konzentrierten, radioaktiven Lösungen führen. Ich schließe auch nicht aus, daß sich Plutonium als Bodensatz in den Containern absetzen konnte oder durch den Beton gefiltert wurde und sich dann unter den Tanks nach dem Prinzip ansammelte, wie wir es in Hanford bei Graben Z-9 gesehen haben. Außerdem fällt im Tscheljabinsker Distrikt mehr Schnee als in Hanford, und der Grundwasserspiegel liegt näher an der Erdoberfläche. Was in Hanford noch eine entfernte Möglichkeit darstellte, konnte im Gebiet um Kyschtym tatsächlich eintreten. Im Winter wirbelt im Falle eines Schneesturms eine Oberflächen-Explosion konzentrierter Laugen die Aktivität mit einem Schlag in riesige Distanzen auseinander. Außerdem friert hier die oberste Erdschicht bis auf eine Tiefe von einem halben Meter ein;

daher ist von unten ein höherer Druck erforderlich, um die Eisschicht zu durchdringen. Und im Frühjahr, wenn in den Wäldern noch keine Blätter an den Bäumen sind, kann als Folge von Bodenoberflächen-Erosion dasselbe passieren.

Als Entgegnung auf meinen ersten Artikel im »New Scientist« erklärte Professor J. H. Fremlin von der Abteilung für Angewandte Radioaktivität der Universität Birmingham, es hätte überhaupt keine Explosion geben können, weil 1958 in der UdSSR nur *ein einziger* Reaktor existiert habe. Dieser Unsinn wurde im »Christian Science Monitor« vom 12. Januar 1977 als Gegenargument abgedruckt. In Wirklichkeit kann man dem wenigen, was die offiziellen Biographen von Kurtschatow [66, 67] aussagen, entnehmen, daß die Sowjetunion bereits 1957 begann, Atomreaktoren nach Rumänien, in die Tschechoslowakei, die DDR, nach Polen, China, Ungarn und Bulgarien zu exportieren [67, S. 181]. Seit 1954 war in Obninsk ein kleines Kernkraftwerk in Betrieb, »das erste auf der Welt«. Reaktoren standen bereits in der Nähe von Leningrad, in Mittelasien und in Georgien. Doch es gab offensichtlich vorerst nur im Ural zwei Fabriken zur Plutonium-Produktion, und nur hierhin konnte der verbrauchte Brennstoff aus den einzelnen Reaktoren zurückbefördert und in der einen oder anderen Form gelagert werden. Ich will nicht ausschließen, daß die Explosion von einer Lagerstätte des noch gefährlicheren Reaktormaterials herrührte, das große Mengen Plutonium enthielt. In der ersten Eile der Jahre 1947–49 war man mit diesem Material offenbar zu hastig verfahren. In der Folgezeit konnte man es schon etwa ein Jahr ablagern, damit der Zerfall der kurzlebigen Isotope stattfinden konnte, was unbedingt die chemische Arbeit an der ergiebigeren Plutonium-Ausscheidung erleichterte. Wenn in der Untersuchung von Korssakow und Mitarbeitern [28] das Bild einer Explosion von Reaktorabfällen, verbunden mit der Radioaktivitäts-Streuung über riesige Gebietsflächen, entworfen wird (die Verfasser behaupten, in ihren Versuchen habe die Verteilungskonzentration nur ein Curie pro Quadratkilometer betragen), dann sind sie bemüht, ausgerechnet eine Analogie zu einer Panne in einer Wiederaufbereitungsanlage für langlebige Uran-Spaltprodukte herzustellen, die man 200–350 Tage lang nach der Entfernung aus dem Reaktor abgelagert hatte.

In einem der bereits im vorigen Kapitel zitierten CIA-Dokumente, worin es um die Hypothese der »Washington Post« über die Rolle von Erdbeben bei der Beschädigung von Containern mit radioaktiven Abfällen ging, bemerkt ein CIA-Experte, es sei bis heute im dunkeln geblieben, wie die UdSSR ihre hochaktiven Abfälle lagere; diese Frage sei auch niemals von sowjetischen Wissenschaftlern auf internationalen Konferenzen, in der Presse oder sonst in irgendwelchen Gremien zur Sprache gekommen. Die Russen seien bereit, so der CIA-Experte, lediglich die Methode der Verflüssigung mittel- und schwach-aktiver Abfälle zu erörtern.

Hierzu muß ich bemerken, daß man auch den Abfällen dieser Gruppe besondere Aufmerksamkeit widmen und sie nicht in die Kategorie »ungefährlich« einstufen sollte. Bei den Lagergräben von Hanford, in denen die Anreicherung von hundert Kilogramm Plutonium erfolgt war, hatte man ja gerade die schwach- und mittelaktiven Abfälle der Verflüssigung unterzogen. Jedoch hatte die selektive Adsorption der einzelnen Isotope in verschiedener Bodenhöhe das radioaktive Material wieder vom Wasser abgeschieden und es so in hochkonzentrierte Form zurückverwandelt.

Der Wissenschaftskorrespondent von Radio Moskau, Boris Belitzkij, publizierte noch unlängst im »New Scientist« zwei Artikel, in denen er die verschiedenen Methoden beschrieb, die in der UdSSR zur Verflüssigung und »Bestattung« nicht nur der mittel- und schwach-aktiven Abfälle, sondern auch der hoch-aktiven Rückstände angewandt werden. Der erste Artikel erschien im Februar 1976 [75], der zweite im April 1977 [76], das heißt bereits nach meinem ersten Aufsatz im besagten Journal sowie nach dem Augenzeugenbericht von Prof. Tumerman.

Wenn ich mich zu diesen Artikeln äußere, habe ich natürlich nicht vor, ein Urteil über die eine oder andere »Desaktivierungs-Methode« abzugeben, die modern ist und in der UdSSR und anderen Ländern in jüngster Zeit ausgearbeitet wurde: z. B. die Methode der Solidifizierung und der Bituminierung von Flüssigabfällen. Diese Verfahren werden bei weitem nicht überall angewandt und haben auch mit dem hier vorliegenden Problem nichts zu tun. Was die Differenzierung der Abfallstoffe nach ihrem in der UdSSR geltenden Aktivitätsgrad anbelangt, so zählen zu den schwach-aktiven Abfällen die Lösungen, die weniger als 10^{-5} Curie pro Liter enthalten, und zu den mittel-aktiven Rückständen die Lösungen mit einer Aktivität von 10^{-5} bis zu einem Curie pro Liter. Bei Abfällen mit hohem Aktivitätsgrad wird ein Curie pro Liter überschritten.

Die Details der Verflüssigung hoch-aktiver Abfälle beschreibt Belitzkij in seinem ersten Artikel nur sehr allgemein:

In der Sowjetunion besteht eine Methode, mit hoch-aktiven Abfällen zu verfahren darin, sie in Spezialbehältern in tiefe Schächte zu versenken, die mit rostfreiem Stahl eingefaßt und von Eisenbeton umgeben sind. Besondere Aufmerksamkeit wird darauf verwandt, die Wasserundurchlässigkeit der Schächte zu gewährleisten [75, S. 435].

In seiner Schilderung der »Bestattungs-Verfahren« von Rückständen schwacher und mittlerer Aktivität teilt Belitzkij mit [76], im Distrikt Uljanowsk, wo sich auch Kernenergie-Anlagen befinden, seien bereits mehr als 700 000 Tonnen Flüssigabfälle, die sich im Laufe von 10 Jahren unter Druck gebildet hätten, in tiefliegende, poröse geologische Formationen in einer Tiefenschicht bis zu 1400 Metern abgepumpt worden. Diese porösen Formationen (nämlich Bohrlöcher) seien seitlich durch wasserundurchlässige Gesteinslagen isoliert und von den oberen wassertragenden Erdschichten durch viele wasserabstoßende Tonschichten getrennt. Aus den Beobachtungsdaten gehe hervor, daß von diesen geologischen Reservoirs aus keine Radioisotopen-Wanderung stattfinde. Nach diesem Verfahren werden jedoch, nach den Worten von Belitzkij, nur die schwach- und mittel-aktiven Rückstände verflüssigt.

Alle diese Verfahren kann man jedoch als modern ansehen. Und es ist nicht ausgeschlossen, daß trotz aller Gefährlichkeit bei gelegentlichem Entweichen von Radioaktivität die Möglichkeit einer Explosion unter ähnlichen Umständen ausscheidet. Doch wenn wir zu den Verhältnissen des ersten militärischen Atomindustrie-Zentrums im Gebiet von Kyschtym zurückkehren, können wir mit an Sicherheit grenzender Wahrscheinlichkeit davon ausgehen, daß die Uranblöcke aus dem Reaktor in den ersten Jahren der Plutonium-Produktion selbst bei beständiger Kühlung nicht lange abgelagert wurden (gelegentlich bis zu einem Jahr, wie es heute die Regel ist); dafür war damals keine Zeit.

Der Kurtschatow-Biographie nach erfolgte die »Bestükkung« des ersten Militär-Reaktors erst Anfang 1948. I. Kurtschatow traf auf der Baustelle *im Herbst 1947* [65] ein, als die Montage des Reaktors noch andauerte.

Während der gesamten Montage kam Kurtschatow täglich zum Bauobjekt, verfolgte aufmerksam den Gang der Arbeiten und fällte vor Ort seine Entscheidungen... Es ging dabei nicht ohne Vorfälle ab...

Weiter ergibt sich aus der Beschreibung, wie man im Reaktorgebäude Bor entdeckte – ein chemisches Element, das nicht mit Graphit in Berührung kommen darf. Nachforschungen ergaben, daß Bor in der Zusammensetzung des Linoleums auftauchte, mit dem der Gebäudefußboden ausgelegt war. Man beschloß, das Linoleum herauszunehmen. Nach Abschluß der Hauptmontage begann man mit der Vermauerung des Graphit.

Nach der Graphitverkleidung war der verantwortungsvollste Moment der Montage gekommen – das Beschicken mit Uran. Da riß Kurtschatow durch sein Beispiel Wannikow vor Begeisterung mit, wie er die Uranstäbe in die Kanäle herunterließ; dabei ließ er die Physiker während des gesamten Vorgangs den Neutronenfond kontrollieren, um ständig auf dem laufenden zu sein, daß der Reaktorkessel nicht zu nahe in den Beschleunigungs-Vorgang geriet. [S. 71]

Die Inbetriebnahme des Kessels war, wie der Biograph vermerkt, eine komplizierte Aufgabe, und »nicht alles ging glatt« (man muß wohl lesen: es gab dabei Pannen). »Und die Regierung fragte dauernd nach dem Stand der Arbeiten an.«

Konzediert man sogar, daß alle Arbeiten in drei Schichten ohne Unterbrechung abliefen, so wird folgendes deutlich: Von der Ankunft Kurtschatows beim Bauobjekt bis zum Anfahren des Reaktorkessels auf seine volle Kapazität vergingen einige Monate. Daher ist am wahrscheinlichsten, daß der Reaktor *im Frühjahr 1948* in Betrieb genommen wurde.

Je nach Arbeitskapazität des Reaktorkessels traten unerwartete Zwischenfälle wie Korrosion, Überhandnehmen der anfallenden Strahlungsmengen bei Uran und Graphit sowie andere unvorhersehbare Prozesse auf. In den ersten Kessel hatte man das gesamte metallische Uran geschichtet, das im Lande aufzutreiben war. Für seinen Bau waren ungeheure Summen aufgewendet worden. Von Kurtschatow hing es ab, ob das Land zum angestrebten Zeitpunkt in den Besitz von Plutonium gerät oder ob es eine Verzögerung gibt.

Zu der Zeit hatten sich bereits Tausende verschiedener Spezialisten in die neuen technologischen Prozesse der Plutonium-Produktion und der Spaltung von Uran (Massenzahl 235) eingearbeitet. »In diesem heiklen Lebensabschnitt wurde Kurtschatow im August 1948 Mitglied der Kommunistischen Partei der Sowjetunion.«

Im weiteren finden sich in dem Buch keine wesentlichen Angaben außer dem Datum des ersten Atombombenversuchs im September 1949.

Hatte sich im Kessel nun 7–8 Monate lang Plutonium angesammelt (ein gewöhnlicher Zyklus beträgt ein Jahr), dann hatte die »Entladung« des Kessels und das Herausnehmen der Uranstäbe mit dem Plutonium noch gerade Ende 1948 oder Anfang 1949 begonnen. Auf die »Abkühlung« der Stäbe 200–300 Tage zu warten – diese Zeiten waren einmal. Psychologisch war darauf niemand vorbereitet. An den Zeitpunkten wird ja gerade deutlich, daß man die Sondierung des Plutoniums direkt an die Entladung des Kessels anschloß. Da diesem Sondierungsvorgang die Auflösung in Salpetersäure vorausgeht, sammelten sich nach der Plutoniumgewinnung im Werk Millionen von Litern hochaktiver Säure an (die offensichtlich einer Neutralisation unterzogen worden war). Diese hochaktive und absolut brennbare Lösung schüttete man irgendwo in der Nähe in Container; für den Transport von Flüssigabfällen konnte es noch keine zuverlässigen Mittel geben. Doch die kerntechnologischen Probleme *nach dem Plutonium-Zyklus* sollten erst noch auftreten. Mit der Produktionsausweitung (nach der erfolgreichen Inbetriebnahme des ersten großen Reaktors, so Biograph Kurtschatow, plante man mit einem Schlag neue Reaktoren) wurden die neuen Reaktoren zweifellos gleich in der Nähe einer chemischen Fabrik zur Plutonium-Produktion errichtet. In derselben Gegend entstand der gleiche Komplextyp aus mehreren Reaktoren, wie er auch in den USA im Gebiet um Hanford vorkam. Und bereits 1949 begann die UdSSR die Wasserstoffbombe zu planen. Der Bedarf an Plutonium wuchs weiter an. Deshalb liefen die Zyklen der Plutoniumabspaltung in den ersten Jahren sicherlich ohne langfristige Ablagerung der Uranstäbe bei gleichzeitiger Wasserkühlung ab.

Die heutigen Tanks für hoch-aktive Abfälle sind in zwei- und dreifache Mauern eingebettet, zwischen denen Wasser zirkuliert, und sie sind außerdem mit einer dicken Betonschicht abgedeckt. Auf derlei Konstruktionen war die sowjetische Leitung des Atomprojekts im Gebiet von Kyschtym (Postfach Nr. 40) in den Jahren 1948–49 natürlich noch nicht eingerichtet.

Es ist müßig darüber zu spekulieren, wie der Explosionsvorgang im Winter 1957/58 tatsächlich aussah. Einerseits konnte es eine Explosion gewesen sein, deren Mechanismus sich in Hanford 20 Jahre nach Beginn der Atombrennstoff-Produktion als gefährlich erwies (nämlich die Thermal-Erhitzung des selektiv adsorbierten Plutoniumrests, zu der eine durch die kritische Menge ausgelöste Kettenreaktion geführt hatte; diese wiederum war durch die Wechselwirkung zwischen Plutonium und Wasser eingeleitet worden); oder es konnte die Explosion eines ungenügend gekühlten Containers gewesen sein, der vielleicht nur über ein Kühlsystem verfügte (oder es gab vielleicht überhaupt keins), das aus dem einen oder anderen Grund ausgefallen war. Ein flüssiges Konzentrationsgemisch gibt nach der Plutonium-Ausscheidung eine sehr große Wärmemenge ab, besonders im ersten Jahr – es sind 60 Kilowatt pro Tonne in den ersten Monaten, 16 Kilowatt pro Tonne nach einem Jahr und über zwei Kilowatt pro Tonne nach 10 Jahren [77]. Diese Wärmemenge kann hohen Druck verursachen und zu explosionsträchtigen Situationen führen.

Einige Leute bemerkten, in den von mir im »New Scientist«-Artikel vom 30. Juni 1977 präsentierten Daten käme bei der erfolgten Aktivitätsstreuung in der Kyschtym-Zone viel zuviel Strontium-90 vor, nämlich offenbar Dutzende von Millionen Curie. Die Skeptiker sind der Meinung, eine so große Menge Strontium könne sich in diesem Gebiet im Vorrat an Abfallstoffen nicht angesammelt haben. Solcher Skeptizismus ist jedoch unbegründet. Von den frischen Reaktorprodukten entfällt auf Strontium ein Anteil von 4–5,7% aller radioaktiven Isotope. Nach amerikanischen Quellen lagerten in der Atommüll-Deponie von Hanford im Jahre 1976 114×10^6 Curie Strontium-90, und in einem anderen atomaren Produktionszentrum (Savannah River Plant – SRP) waren es 150 000 000 Curie! Beide Zahlen beziehen sich auf Lagerstätten mit hoch-aktiven Abfallstoffen [78]. Dazu lag in Hanford die Summe von Strontium-90 und Caesium-137 bei 360×10^6 Curie, doch in Savannah River Plant nur bei 210×10^6 Curie, weil offenbar im SRP Caesium sich bei den chemischen Prozessen der Plutonium-Ausfällung separat abgetrennt hatte. Und so konnte man auch bei den Lagerplätzen für Atommüll im Kyschtym-Gebiet mit der Akkumulation von Dutzenden Millionen Curie an Strontium in hochkonzentrierter Form rechnen. (Außerdem bleibt noch die Vermutung, daß Cs-137 als langlebige Gammastrahlenquelle während der chemischen Behandlung isoliert und zu anderen Zwecken gelagert worden war, das heißt nicht nur als Gammaquelle für Forschung und Medizin. Als Rußland zu Anfang des atomaren Wettrennens mit seinen Atomwaffen zu weit hinter den USA zurücklag, konnte man ja potentiell tödliche radioaktive Substanzen zusätzlich als strategisches Material auf Lager nehmen. Das ist wahrscheinlich eine Erklärung dafür, warum in dem verseuchten Gebiet soviel Sr-90 und so wenig Cs-137 vorkamen. Dr. J. E. S. Bradley (s. unten) glaubt jedoch, daß die Trennung von Sr-90 und Cs-137 aus einem Ionenaustausch-Prozeß in Tonerde resultieren könnte. In dieser Gegend gab es unabhängig von der Atomindustrie aus der Vorkriegs- und Kriegszeit viele Bohrlöcher [mit Ton- bzw. Lehmkrusten, dahinein schüttete man den Müll], da die Gegend reich an Mineralvorkommen ist.)

In der Sowjetunion wurden, nach Angaben von Parker [79], nicht nur mittel- und niedrig-aktive, sondern auch hoch-aktive Flüssigrückstände unter hohem Druck in »freigegebene« geologische Formationen (Folge von Gesteinsschichten) gepumpt. Infolge des hohen Drucks solcher Injektionen wurden die Abfallstoffe zu einem enorm hohen Risikofaktor. Ob ein ähnliches Verfahren schon 1956–57 in Gebrauch war, ist schwer zu sagen. Ich glaube eher nicht, weil es in diesem Fall dann heute nicht mehr angewendet würde – die Uralkatastrophe sollte in Fragen der Vorsicht für die Zukunft wohl eine Lektion erteilt haben.

Dr. J. E. S. Bradley, der mit mir deswegen in Briefwechsel stand, leitete folgende Hypothese der Nuklear-Katastrophe im Ural ab:

In diesem Gebiet des Ural, das heißt um Kyschtym, hatten umfangreiche Bohrungen in großer Tiefe stattgefunden. Die Laugen aus den Abspaltverfahren hatte man auf bestimmte Weise in diesem geologisch sehr komplexen Gelände unterirdisch gelagert (der Ural stellt so etwas wie ein Scharnier zwischen Europa und Asien dar). Zu einem späteren Zeitpunkt konzentrierte sich das restliche Plutonium in den Lösungen durch selektive Adsorption (wahrscheinlich in Tonschichten). Es bildete bei Vorhandensein größerer Wassermassen dann die kritische Menge, bis es explodierte (vielleicht ging das ziemlich langsam und nach dem Selbst-Aufrechterhaltungs-Mechanismus vor sich, was die Konzentration der Lösungen durch die Hitze der jeweils vorhergehenden Reaktion einschloß). Die Zerfallsprodukte und die damit verbundenen hoch-aktiven Abfälle wurden unter großen Dampfwolken zwischen den weiträumig zergliederten Felsen des Gebiets hindurch ins Freie geschleudert.

Man braucht in der Tat wissenschaftliche Phantasie, um die Ursachen der Explosion durch Hypothesen zu untermauern; jedenfalls noch solange, bis eine Tatsachenbeschreibung der Katastrophe von denen erscheint, die unmittelbar am Aufbau des sowjetischen Atomenergiekomplexes mitgearbeitet haben. Doch daran, daß die Explosion selbst tatsächlich stattfand und eine Vielzahl an Todesopfern forderte sowie ausgedehnte Landstriche verseuchte, und daß sie unbedingt mit einer unsachgemäßen Lagerung von Reaktorabfällen in Zusammenhang zu bringen ist – daran kann kein Zweifel bestehen.

e) *Die Frage nach den Todesopfern*

In diesem Bereich ist es bislang nicht möglich, Zahlen und genaue Beweise zu liefern. Selbst im Fall von Erdbeben teilt die Sowjetunion die Zahl der Todesopfer niemals mit. Das bezieht sich sogar auf die Erdbeben, die etwa 30 Jahre zurückliegen. In der Neuausgabe der Großen Sowjet-Enzyklopädie ist unter der einschlägigen Rubrik nachzulesen, daß das Erdbeben in der Stadt Aschchabad vom Oktober 1948 mit in die Reihe der stärksten Beben in der Geschichte der Menschheit gerechnet wird. Es heißt, die Republik-Hauptstadt (Turkmenische SSR) sei *völlig* zerstört worden. Das Erdbeben ereignete sich um 4 Uhr morgens, als alle Einwohner noch schliefen. Es ist bekannt, daß im Jahre 1948 in Aschchabad ungefähr 200 000 Menschen lebten. Bei den Beschreibungen aller anderen großen Erdbeben (Japan, China, USA, Türkei usw.) steht auch die Zahl der Todesopfer dabei, doch bei Aschchabad ist sie nach wie vor ein Staatsgeheimnis. Geheim bleibt auch die Zahl von Opfern in Zechen, bei der Eisenbahn, auf Landstraßen und in der Luft bei der Personenbeförderung der »Aeroflot«. Da bilden Unfälle in der Atombranche keine Ausnahme.

Doch wenn es um die Ural-Katastrophe geht, kann man in Rechnung stellen, daß sie in einem dicht besiedelten Gebiet stattfand und ausgedehnte Geländeflächen einbezog. Die Evakuierung lief mit Verspätung an und involvierte viele Tausend Menschen. Zwei der mir bekannten Mediziner, nämlich Prof. G. D. Bajssogolow, früher Arzt im Tscheljabinsker Distrikt und seit 1965 zum stellvertretenden Direktor des Radiologischen Instituts in Obninsk ernannt, sowie der stellvertretende Gesundheitsminister A. I. Burnasjan erhielten den Lenin-Preis für die Ausarbeitung wirksamer Heilungsmethoden gegen die Strahlenkrankheit. Dieser Kollektivpreis wurde in der Presse nicht bekanntgegeben. Natürlich gehörten zu dieser Gruppe auch andere Wissenschaftler und medizinisches Fachpersonal. Schließlich kann der Lenin-Preis einem stellvertretenden Minister nicht für seine Verdienste in irgendeiner medizinischen Kampagne kleineren Ausmaßes verliehen werden. Wenn aber die Strahlenkrankheit ausgebrochen war, dann hatte sie zweifellos auch krasse Formen angenommen. Zieht man aber die Opfer von äußerer und innerer Bestrahlung in Betracht, dann kann nicht von Todesopfern an Ort und Stelle die Rede sein. Der Tod zieht sich hier über Wochen, Monate und Jahre hin. Er wird in Form von Mutationen und Mißbildungen auch an die folgende Generation oder mehrere Generationen weitergegeben. Eine Berechnung kann nur statistischer Art sein, doch es ist nicht ausgeschlossen, daß darüber niemals eine Rechnung aufgemacht wird. Niemand in der Sowjetunion kennt zum Beispiel den Prozentsatz von Chromosomenschädigungen bei Menschen, die in Gebieten mit konzentrierter Atomindustrie leben. Denn Untersuchungen dieser Art sind in der UdSSR nicht nur geheim, sie sind schlicht verboten. Und Vergleiche der Krebssterblichkeit nach Distrikten sind geheim, wie überhaupt in der Sowjetunion alle Daten über die Relation zwischen Sterblichkeit und unterschiedlichen Todesursachen geheim sind.

Deshalb bleibt auch nichts anderes übrig, als sich an Gerüchten und Mutmaßungen zu orientieren; dabei muß man auch Übertreibungen einkalkulieren. Doch wenn das wahre Bild sogar von den Fachleuten im dunkeln gelassen wird, dann kann man nicht die verurteilen, die sich bemühen, die Wahrheit aus zweiter Hand und aus indirekten Quellen herauszubekommen. Da waren zunächst die Beweise, die in den bereits zitierten Zeugenaussagen von einer Reihe von CIA-

»Informationen« die große Zahl der Opfer der Kyschtym-Katastrophe belegten sowie die Überfüllung der Krankenhäuser in den Swerdlowsker und Tscheljabinsker Distrikten noch ein bis zwei Jahre nach der Katastrophe bestätigten. Und unlängst tauchte noch ein zusätzlicher, unabhängiger Beweis auf. Der britischen Fernsehgesellschaft »Granada« gelang es, bei ihrer Vorbereitung zu einer Sendung über die Kyschtym-Explosion unter den letzten Emigranten aus der UdSSR in Israel zwei Zeugen ausfindig zu machen, die in den Gebieten des Südlichen und Mittleren Ural gelebt hatten. Die Aussagen dieser Zeugen wurden am 7. November 1977 übertragen. Hier ein Auszug aus dem Begleittext:

In den letzten Jahren hat sich eine neue Quelle für Rußland-Informationen in Israel aufgetan. Unter den Tausenden russischer Juden, denen die Emigration erlaubt wurde, stammen jedoch nur sehr wenige aus dem Swerdlowsker Distrikt. Die »Welt in Aktion« [Titel der Sendereihe – d. Übers.] konnte zwei von ihnen in ihrer neuen Heimat aufspüren. Sie wollten jedoch nicht ihre Identität preisgeben, weil ihre Familien noch in der UdSSR leben.
Augenzeuge Nummer Eins verließ die Sowjetunion in den frühen 70er Jahren. Hier sein Bericht:
›Ich lebte mit meinen Eltern in Kopjejsk, einem Dorf in der Nähe von Tscheljabinsk. 1948 trafen in Tscheljabinsk und Kopjejsk viele Menschen ein, die sich hier ansiedeln mußten, nachdem sie aus Kyschtym vertrieben worden waren. Da hörten wir langsam von Gerüchten, Kyschtym sei deswegen entvölkert worden, weil dort in der Nähe eine geheime Militäranlage errichtet würde. Wir erfuhren, daß die Anlage ›Tscheljabinsk-40‹ genannt wird.
1954 war ich Student am Swerdlowsker Technologischen Institut. So oft ich konnte, besuchte ich meine Eltern in Kopjejsk, manchmal an jedem Wochenende. Ich fuhr mit dem Bus, Auto oder der Bahn auf einer Strecke, die durch das Gebiet um Kyschtym führte. Es war dort alles grün und fruchtbar mit vielen Dörfern, etwa ein Dorf alle 20–30 Kilometer. Ungefähr gegen Ende 1957 hörten wir hier und da Gerüchte, in Tscheljabinsk-40 hätte es eine schreckliche Kernexplosion gegeben; das Unglück sei durch die Lagerung

des radioaktiven Abfalls der Fabrik entstanden. Kurz darauf wurden die Strecken zwischen Swerdlowsk und Kopjejsk alle stillgelegt. Ich konnte meine Eltern etwa ein Jahr lang nicht sehen. In dem Jahr unterhielt ich mich auch mit befreundeten Ärzten. Einmal mußte ich in Swerdlowsk ins Krankenhaus, um mir eine Warze entfernen zu lassen. Dabei erzählte mir einer meiner Freunde, ein Arzt, daß das ganze Krankenhaus mit den Opfern der Kyschtym-Katastrophe überfüllt sei. Er sagte, alle Krankenhäuser in der ganzen Gegend seien vollgestopft, nicht nur in Swerdlowsk, auch in Tscheljabinsk. Das sind riesige Hospitäler mit vielen Hundert Betten. Die Ärzte sagten mir alle, daß die Opfer an radioaktiver Verseuchung litten. Es war eine enorme Zahl von Menschen, ich glaube Tausende. Man sagte mir, die meisten von ihnen seien gestorben.‹

Zeuge Nummer Zwei zog 1967 in ein neuerrichtetes Kyschtym. Obwohl der meiste Teil der Radioaktivität im Osten der Stadt niedergegangen war, lebten die Einwohner zehn Jahre danach immer noch mit den Spätauswirkungen. Die Zeugin lebt heute als Krankenschwester in Israel, ihren Bericht ließ sie von einem englischsprechenden Freund aufnehmen:

›Es gab keine Anzeichen von Zerstörung, bloß mußten die Leute alles, was sie auf dem Markt einkauften, oder sogar, wenn sie in die Wälder zum Pilzesammeln gingen, mit Radiometern messen, jeder hatte einen kleinen Radiometer bei sich.

Als ›sie‹ dorthin kam, wurde ›sie‹ schwanger, und die Ärzte sagten ihr, sie müsse das Kind loswerden wegen der Strahlung, denn sie hatten Angst, da könne etwas nicht ganz in Ordnung sein, und so mußte sie eine Abtreibung machen lassen.‹

TV-Kommentar:

Diese Zeugen erwähnen noch eine weitere sichtbare Nachwirkung des Unglücks. Draußen auf dem Land gab es Einzäunungen mit Bergen von Oberflächenerde. Darauf wuchs Unkraut in ganz entstellten Formen und Ausmaßen. Diese Plätze hießen im Volksmund ›Friedhöfe der Erde‹.

In diesen zwei Zeugenaussagen gibt es eine Reihe von Hinweisen auf ihre unbezweifelbare Glaubwürdigkeit. Zum einen stehen sie nicht in direkter Beziehung zum CIA-Material. Und unter anderem ist auch hier die Rede von »Tscheljabinsk – Postfach Nr. 40«, der Adresse des Atomindustrie-

Zentrums, einer in der UdSSR üblichen Adressenbezeichnung für Geheimobjekte. Sogar das wissenschaftliche Forschungsinstitut für Kernenergie in Obninsk hatte das »Postfach Nr. Sowieso« bis 1968, als die Stadt Obninsk offiziell als eigene geographische Einheit zu existieren begann. Bis dahin hieß sie »Malojaroslawetz-2«, nach dem Namen der nächstgelegenen Stadt.

Das Abräumen der alleroberstern, am schlimmsten verseuchten Bodenschicht durch Bulldozer ist eine gängige Prozedur, die sogenannte Desaktivierung. Daß diese von der Oberfläche abgetragenen Erdmassen noch immer nicht an irgendeinen anderen Ort weggeschafft worden waren, sondern schlicht mit einem Zaun umgeben wurden, belegt drastisch das Ausmaß der *Oberflächenverseuchung* des Bodens (offenbar wurden in diesen Landstreifen auch die Beobachtungen über das Verhalten der Chlorella angestellt). Kopjejsk ist eine Kleinstadt, annähernd 15 km östlich von Tscheljabinsk. Was einer der Zeugen über die Aussiedlung von Einwohnern aus Kyschtym berichtet und mit der dortigen Errichtung von Atomobjekten in Verbindung bringt, ist höchst wahrscheinlich. Das Projekt war dringend, und es mußten Häuser und Wohnungen für einen umfangreichen Etat von Experten und Konstrukteuren freigemacht werden. Die Verlegung von mehr als zehn sogenannten Arbeitsbesserungslagern in diese Gegend schaffte nicht den Bedarf an Wohnunterkünften für das »freie« Personal aus der Welt. Denn mit den Kräften der Häftlinge allein konnte man lediglich den allerschwersten und gefährlichsten Teil der Arbeiten erledigen. Die gesamte Planung, die Experimente, die Erarbeitung von Methoden, das alles leisteten Tausende von anderen »freien« Fachleuten und Experten. Nach Angaben von Statistiken und Enzyklopädien war die Bevölkerung in fast allen Städten des Ural von 1939 bis 1958 um das Doppelte und mehr angewachsen. In Kyschtym gab es, nach den verschiedenen Ausgaben der Sowjet-Enzyklopädie, im Jahre 1926 16 000 Einwohner, 1936 waren es 38 400, 1958 nur 32 00, 1970 dagegen 36 000 Menschen. Für eine Industriestadt im Ural, die in einer wirklich schönen Landschaft liegt, stellt ein Bevölkerungsschwund von 38 400 im Jahre 1936 auf 36 000 im Jahre 1970 eine einmalige Erscheinung dar. In Swerdlowsk erhöhte sich im gleichen Zeitraum die Einwohnerzahl um mehr als das Doppelte von 390 000 auf 1 025 000.

Wenn die oben zitierten Zeugen von Dörfern sprechen, die alle 20–30 km in dieser Gegend auftauchten, dann war das eine nicht ganz genaue Übersetzung des russischen Wortes für *Siedlung* (in der Bedeutung von Neubau-Siedlung). Ein Dorf bedeutet in der UdSSR eine kleine *ländliche Ansiedlung*, gewöhnlich das Zentrum einer Kolchose oder Sowchose. Eine *Siedlung* dagegen ist eine »Arbeitersiedlung« mit städtischem Charakter, die jeweils bei einer Fabrik angelegt wurde. Im industrialisierten Ural gibt es in der Tat die kleinen Arbeiterstädtchen Kasli, Nowogorodnyj, Karabasch, Kaslinskoje und andere zwischen Swerdlowsk und Tscheljabinsk im Abstand von 15–20 km voneinander gelegenen Ortschaften. In jedem dieser Städtchen leben zwischen 15 000 und 30 000 Menschen. Insgesamt lebten in der späteren Verseuchungszone bis 1958 offenbar an die 200 000 Menschen. Danach wurden die kleinen Industriestädte desaktiviert und mit neuen Asphaltdecken versehen. Die von der Landwirtschaft lebenden Dörfer dagegen blieben bis zum heutigen Tag so zerstört liegen.

Ich möchte dieses Buch ohne besonderes Schlußwort beschließen. Es kann kein Zweifel daran bestehen, daß die Nuklear-Katastrophe im Ural eine ziemlich große Tragödie war. Sie stellt den schwerwiegendsten Zwischenfall der Kernkraft-Industrie in der Nachkriegswelt dar. Sie verursachte den ausgedehntesten radioaktiv verseuchten ökologischen Gebietsstreifen der Welt. Die Folgen werden auch in hundert Jahren nicht ausgelöscht sein. Wann Menschen wieder anfangen werden, sich in diesem Gebiet niederzulassen, ist schwer zu sagen. Doch ich hoffe, daß eine Zeit kommen wird, in der keine Notwendigkeit mehr besteht, ähnliche Vorkommnisse unter dem Mantel der Geheimhaltung zu verstecken. Vielleicht wird man nicht weit von der Stadt Kyschtym den Häftlingen, die beim Bau dieses Kriegsindustrie-Komplexes ums Leben kamen, wie auch den später umgekommenen Opfern der Kyschtym-Katastrophe ein Denkmal setzen. Nur ein einziges Denkmal hat man in Erinnerung an Igor Kurtschatow auf dem Moskauer Kurtschatow-Platz errichtet, gleich gegenüber dem Institut, in dem der Atomkomplex von Kyschtym geplant wurde. Doch ist das wohl recht unzulänglich, um damit die Leistung und gleichzeitig die Tragödie der Menschen zum Ausdruck zu bringen, die in Kyschtym den Grundstein für die Atommacht Sowjetunion gelegt haben.

f) Dokumentation

November 15, 1976

Freedom of Information Act Officer
U.S. Energy Research and Development
Administration
Washington, D.C. 20545

Re: Freedom of Information Act Request

Dear Sir:

I hereby request the documents identified on the attached sheet. This request is made pursuant to the Freedom of Information Act, 5 U.S.C. § 552, and ERDA's regulations thereunder.

Pursuant to 10 C.F.R. § 709.6, I hereby state that I will pay promptly any costs incurred in this request up to a maximum of $ 25.00. However, I hereby request that any fees chargeable under section 709.12 be waived on the ground that disclosure of the documents requested primarily benefits the public interest.

Sincerely yours,

4 Feb. 1977

"The Energy ~~Resource~~ Research and Development Administration, in responding to your Freedom of Information request, recovered the documents listed below which originated with this Agency. They have been forwarded to us for review and direct response to you.

We have reviewed the documents and find that the first two are releasable in sanitized form, but that the remaining two are not releasable. I have cited the applicable exemptions from the Act beside each of the items in question.

Document	Exemption
1. Report No. CS-3389,785, 4 March 1959.	(b)(1), (b)(3)
2. Report No. CS-K-3/465,141, 16 February 1961.	(b)(1), (b)(3)
3. Report No. 00-B-3/256,712, 5 April 1963.	(b)(1), (b)(3), (b)(6)
4. Report No. CS-K-3/507,314, 16 April 1962.	(b)(1), (b)(3)

For your information, exemption (b)(1) of the FOIA applies to material which has properly been classified under Sections 1 and 5(B) of Executive Order 11652. Exemption (b)(3) is pursuant to the Director's responsibility, under the National Security Act of 1947 and the CIA Act of 1949, to protect intelligence sources and methods from unauthorized disclosure. Exemption (b)(6) applies to information from personnel, medical and similar files, whose disclosure would be an unwarranted invasion of another's privacy."

8.

____. "The steel storage tanks above and below ground were said to have been no farther apart than 20 feet, meaning that when the first tanks ruptured, they splattered pieces of steel, breaking open the others."

Comment: As far as is known, all Soviet waste storage tanks are buried at least at ground level and the space between them is backfilled with dirt, which would tend to inhibit explosive propagation from one tank to another, even assuming a sufficiently violent explosion could occur that would shatter a tank.

9. O'Toole: "At the time of the accident highly poisonous radioactive cobalt, barium, cesium and strontium had been in the storage tanks about 10 years, the sources said."

deleted

CLASSIFICATION CANCELLED
With Deletions

deleted

(Editor's Note: Some confirmation of this report can be gleaned from a conversation *deleted* with a Soviet Scientist in the UN Scientific Secretariat for the 2nd Geneva Conference of 1958 when the scientist told of catching a delicious fish meal in a lake near where he worked (location unknown) and it was only after consuming the meal did he learn that the fish were contaminated with radioactivity. The Soviet scientist told *deleted* that the lake had since been cleaned up.

deleted

deleted

(Editor's Note: It is noted that US scientists gathered that the USSR had had a "Windscale type" accident in one of their research reactors whose actual location is unknown,

deleted

p. 49 deleted in entirety

INFORMATION REPORT INFORMATION REPORT

CENTRAL INTELLIGENCE AGENCY

4

This material contains information affecting the National Defense of the United States within the meaning of the Espionage Laws, Title 18, U.S.C. Secs. 793 and 794, the transmission or revelation of which in any manner to an unauthorized person is prohibited by law.

COUNTRY	USSR	REPORT NO.	CS-3/389,785
SUBJECT	Accident at the Kasli Atomic Plant	DATE DISTR.	4 March 1959
		NO. PAGES	1
		REFERENCES	RD CS-3/380,057
DATE OF INFO.	1957-1958		
PLACE & DATE ACQ.			

SOURCE EVALUATIONS ARE DEFINITIVE. APPRAISAL OF CONTENT IS TENTATIVE.

SOURCE:

In the winter of 1957, an unspecified accident occurred at the Kasli (N 55-54, E 60-48) atomic plant

All stores in Kamensk-Uralskiy which sold milk, meat, and other foodstuffs were closed as a precaution against radiation exposure, and new supplies were brought in two days later by train and truck. The food was sold directly from the vehicles, and the resulting queues were reminiscent of those during the worst shortages during World War II. The people in Kamensk-Uralskiy grew hysterical with fear, with an incidence of unknown "mysterious" diseases breaking out. A few leading citizens aroused the public anger by wearing small radiation counters which were not available to everyone.

INFORMATION REPORT INFORMATION REPORT

CENTRAL INTELLIGENCE AGENCY

This material contains information affecting the National Defense of the United States within the meaning of the Espionage Laws, Title 18, U.S.C. Secs. 793 and 794, the transmission or revelation of which in any manner to an unauthorized person is prohibited by law.

S-E-C-R-E-T

COUNTRY	USSR	REPORT NO.	CSK-3/465,141
SUBJECT	Miscellaneous Information on Nuclear Installations in the USSR	DATE DISTR.	16 February 1961
		NO. PAGES	5
		REFERENCES	RD
DATE OF INFO.	1954 to 1960		
PLACE & DATE ACQ.		FIELD REPORT NO.	

THIS IS UNEVALUATED INFORMATION. SOURCE GRADINGS ARE DEFINITIVE. APPRAISAL OF CONTENT IS TENTATIVE.

SOURCE:

Attachment

APPROVED FOR RELEASE
Date 14 January 1992

Kyshtym

3. In spring 1958, [redacted] he heard from several people that large areas north of Chelyabinsk were contaminated by radioactive waste from a nuclear plant operating at an unknown site near Kyshtym, a town 70 kilometers northwest of Chelyabinsk on the Chelyabinsk-Sverdlovsk railroad line. It was general knowledge that the Chelyabinsk area had an abnormally high number of cancer cases. To go swimming in the numerous lakes and rivers in the vicinity was considered a health hazard by some people. Food brought by the peasants to the Chelyabinsk market (rynok) was checked by the municipal health authorities in a small house at the market entrance where the peasants also paid their sales tax. How radioactive food was destroyed was unknown to source. Food delivered to the plants, schools, etc., by the kolkhozy and sovkhozy was probably examined by the latter themselves. Until 1958 passengers were checked at the Kyshtym railway station, and nobody could enter the town without a special permit. By what authority the permit was issued and why the checking was discontinued in 1958, source was unable to say. In addition, some villages in the Kyshtym area had been contaminated and burned down, and the inhabitants moved into new ones built by the government. They were allowed to take with them only the clothes in which they were dressed.

4. The plant was probably processing radioactive deposits found in the Urals, among which were huge deposits of zirconium. Source was told this by a friend who, in 1953-1954, had a job in the Kyshtym-Argayash area. He also told source that as early as 1954 that the water of the Techa River, running from Lake Kyzyltash and Lake Ulagach and emptying into the Iset River at Dalmatovo, had become highly radioactive.

5. In late August 1960, source with some 100 other office workers was sent for ten days to help harvest at the Bolshaya Taskina Sovkhoz south of Lake Kaldy, about 50 kilometers north of Chelyabinsk. At the Nadyrov Bridge which crossed the Techa River, he saw a few posters with the inscription: "Drinking strictly prohibited, water polluted" (Pit strogo vospreshchayetsya, voda zagryaznena). While working at the sovkhoz, he did not approach the Techa, because the river bank was a prohibited area. Some distance north of the river there was a continuous ditch about one meter deep and one meter wide, with posters: "No passage, polluted zone" (Prokhod vospreshchayetsya, zagryaznennaya zona). Source did not discuss pollution of the Techa with persons on the sovkhoz. In Chelyabinsk he mentioned it to a friend, and was told that according to father who lived on the Techa somewhere in the Tyumen Oblast, the river was polluted on its lower course also.

6. Source vaguely remembered having heard that the Kyshtym area nuclear installation was known as the Post Box 40 installation. He knew that in 1960 the plant was managed by (fnu) Sorokin, whose daughter, Lyudmilla, born in 1930, source had met at a 1960 New Year's party in Chelyabinsk. She was a graduate of an institute in Sverdlovsk and was working at the Chelyabinsk town planning (gorproyekt) institute.

7. In March 1958, an explosion wrecked part of the nuclear plant at Kyshtym. Whether the explosion was nuclear or chemical, source could not tell, nor did he have information on casualties. The matter was openly discussed among employees of the Urals Branch of the Academy of Construction and Architecture.

8. Source knew of one case in which work at the Kyshtym plant allegedly resulted in the sexual impotence of an engineer (name unknown) and subsequent divorce. The divorcee was Alina Loy (maiden name), an engineer with the trust Metallurgstroy at Chelyabinsk, who left her husband in 1956 or 1957 after a few months of married life. In summer 1960, she married (fnu) Chulkov, an officer with the combat engineers, who was transferred to Novaya Zemlya in August 1960.

9. While working at the Urals Branch of the Academy of Construction and Architecture, source heard that in 1957 its laboratory of reinforced-concrete construction (chief, /fnu/ Bershtein) had investigated an accident, fall of a smokestack from a huge plant which was being built by the MVD Glavpromstroy or Ministry of Medium Machine Building in the Argayash area.

10. Source was not certain but thought that a second plant might also have been built in the Argayash area by the MVD Glavpromstroy or Ministry of Medium Machine Building.

1. In late 1958 or early 1959, SOURCE heard of a restricted area which allegedly contained an "atomic plant". His vague description of one of the two possible locations placed it in immediate vicinity of the KYSHTYM.

Information based mainly on hearsay and rumor.

2. The only detail SOURCE could learn of the plant itself was that a "tube" protruded from the surface of a nearby lake. Area was tightly guarded by military personnel. Plant employees lived in a settlement within the restricted area, which they were not allowed to leave and which no unauthorized person could enter. In 1959, a female worker who died was buried within the area; relatives were denied entry. Employees could send and receive mail. Address was CHELYABINSK Province, Post Office Box #40, plus street and name of addressee.

3. SOURCE heard that in spring 1959 a large, accidental explosion occurred. Many were killed, some of whom drowned following a landslide and resulting flood. Many others received overdoses of radiation and were evacuated to various towns in CHELYABINSK Province. Victims were subjected to regularly repeated medical examinations. Some time after the accident, SOURCE met a woman who had been affected by the radiation and had red, eczema-like markings on her face. As far as SOURCE knew, work was not discontinued as a result of the explosion. No further details.

EDITOR'S COMMENT: Although SOURCE never actually saw the restricted area, he was familiar with the surroundings and his information was gained from residents of the KYSHTYM area.

CENTRAL INTELLIGENCE AGENCY
WASHINGTON, D.C. 20505

14 OCT 1977

Dr. Zhores A. Medvedev
National Institute for Medical Research
The Ridgeway, Mill Hill
London, England NW7 1AA

Dear Dr. Medvedev:

This will acknowledge your letter of 22 September requesting copies of CIA documents pertaining to the nuclear disaster in the Urals which you mentioned in your 4 November 1976 New Scientist article.

The Central Intelligence Agency is presently reviewing a number of documents relating to this event with a view to releasing as much information to the general public as possible. When this declassification review has been completed, we will be happy to furnish you with copies. Since some of these documents refer to your initial report, we will be happy to provide this service without cost.

Sincerely,

Gene F. Wilson
Information and Privacy Coordinator

COUNTRY USSR (Chelyabinsk Oblast)

REPORT NO. CS-3/407,678

SUBJECT Radioactive Contamination of an Area in Chelyabinsk Oblast

DATE DISTR. 5 August 1959

NO. PAGES 1

II Atomic Accident

REFERENCES RD

DATE OF INFO. Prior to June 1959

PLACE & DATE ACQ.

FIELD REPORT NO.

SOURCE EVALUATIONS ARE DEFINITIVE. APPRAISAL OF CONTENT IS TENTATIVE.

SOURCE: [redacted]

On an unknown date prior to June 1959 an accident occurred in Chelyabinsk Oblast which caused radioactive contamination of the soil. As a result, the authorities were forced to take measures to resettle the inhabitants of several populated places in other areas.

DIRECTORATE OF OPERATIONS

Foreign Intelligence Information Report

COUNTRY	USSR	DCD REPORT NO.	OOK-323/20537-76
SUBJECT	[redacted] Nuclear Explosion at Chelyabinsk-40/ [redacted]	DATE DISTR.	20 September 1976
		NO. PAGES	2
		REFERENCES	[redacted]

3. According to the prevailing opinion in Chelyabinsk, Chelyabinsk-40 was a production site for nuclear devices. Chelyabinsk-40 is actually located in Kyshtym which is some one hundred kilometers northwest of Chelyabinsk. In about 1956 there was an explosion at Chelyabinsk-40; the explosion lighted up the sky for a great distance and the newspapers in Chelyabinsk made a flimsy attempt to proclaim the event an unusual occurrence of the northern lights. The chief evidence of the explosion was the tremendous number of casualties in the hospitals of Chelyabinsk. Many of the casualties were suffering from the effects of radiation. Shortly after the explosion a scientific research institute to study effects of radiation was established in Chelyabinsk, presumably as a result of the accident at Chelyabinsk-40. [Collector's comment: Source did not actually witness the explosion and could provide no details on its cause.]

APPROVED FOR RELEASE
Date 2 SEP 1977

THIS IS UNEVALUATED INFORMATION

SOURCE

1. Recently there have been accounts in US newspapers concerning comments made by two former citizens of the USSR on a "vast nothing", an area within the USSR where it is speculated a nuclear accident occurred in the late 1950's. There was a top secret Soviet film which showed a nuclear test that had occurred in an unspecified region of the Ural Mountains. It is likely, although not certain, that the test occurred in the 1957-58 period, and this may account for the "vast nothing" mentioned in the news accounts.

2. According to the film, the USSR constructed a completely new city in a valley in the Ural Mountains region for the test. A subway was constructed under the village, and one of the major purposes of the test was to see if the subway could withstand a nuclear attack. The inhabitants of the village were goats and sheep, and the post-explosion photography showed the effects of a nuclear blast upon animal life as well as building materials. Military equipment was placed around the village, and the effects of the explosion upon armaments of war also were depicted in the film.

3. The bomb itself was described as a 20 megaton device which was dropped from an airplane. The flash of the explosion illuminated the mountains which surrounded the village. The city virtually was eliminated, but the subway survived the explosion. Because of the film's classification, those who saw it were instructed to treat the whole matter as highly classified.

4. Recent newspaper accounts quote two Soviet emigres, one in London and the other in Israel, who knew something about the "vast nothing". One of the emigres said a 60 square mile area in the Ural Mountains was desolate and still heavily radioactive in 1961. It is possible the "nuclear accident" of which the emigres spoke is the event recorded by a Soviet camera crew and shown as a top secret defense film.

- end -

APPROVED FOR RELEASE

Date 27 SEP 1977

Документ N 14

491,3 (14)

PLANT SUMMARY

1. Name

Atomic Energy Installation
[redacted]

2. Location

KYSHTYM 55 44 N 60 35 E

a. Address
N/A

b. Pinpoint
The restricted area of Kyshtym is approximately 60 km N/S and 45 km E/W. The railroad from Kasli to Karabash runs diagonally from the NE corner to the SW corner with Kyshtym in the center. It includes the installations at Techa (reactor) and Sungul (radiological institute).

3. History

. A large atomic plant and a workers' settlement were established about 15 km NE of Kyshtym, probably at Techa on Ozero Irtyash, during the period 1945 to 1948. Approximately 70,000 inmates of 12 labor camps, participated in the construction. In the spring of 1948, the entire population, including all PWs and forced laborers had to evacuate the Kyshtym restricted area. The population was replaced by Communists and their dependents who came to Kyshtym from all over the USSR. They were reportedly never to leave the area again.

Physical Plant and Equipment

The restricted area covers 2700 sq. km containing eight small lakes with interconnecting watercources. The atomic plant (reactor) is situated in a tunnel which extends beneath a river, with only a smoke stack visible above ground. One of the lakes was drained and a building of undetermined size was built on its bed with cement, rubber, and lead. Then the lake was refilled with water. A double tracked RR line was built to the area. The underground factory was 30 to 40 meters below the surface and were as follows:
8 small shops all the same size (approx. 50 by 25/28m). They had been blasted out from the slate rock. The vertical walls were coated with reinforced concrete up to a height of approx. 3 - 4 m. They supported a reinforced concrete three center arch roof 6 - 7 m high in the middle of the shop.
The ceiling was more strongly armoured than the walls by the addition of cross bond iron bars.
A large shop approx. 100 by 40 m was built in the same way as the smaller shops. The ceiling was supported in the middle of the room by 4 concrete pillars of 1,20 by 1,20 m cross section.

4. Physical Plant and Equipment (Continued)

Construction of the shops was finished and the building of machine foundatior started a few days before informant left the camp; these foundations were 1 b or 0,80 by 1,50 m.
All underground rooms were electrically lighted.
Steel brackets were cast in the walls of the large shop, which should possibl support the rails of cranes.
The thickness of the walls (consisting of the rock and concrete coating) between the shops was approx. 5 m.

5. Production

It is reported this plant contains atomic piles and supplies Sungul. Radiological Institute with radio-active materials. This plant has been reported to be manufacturing components for atomic weapons
In the spring of 1958 hundreds of persons were exposed to radiation and injured as a result of an explosion at the Kyshtym plant.
In early October 1959, an atomic test reportedly took place in Kyshtym.
After the test, such foodstuffs as meat, fish and milk were removed from the retail stores in Sverdlovsk and Chelyabinsk and destroyed. Residents were ordered to turn in food stocks in their houses. Residents were warned against buying agricultural products from farmers.

6. Labor

In this area in 1956 there were military personnel from various army units and arms. With them 16 labor battalions of about 1,000 men each were activated. There were also 25,000 Soviet soldiers of General Vlasov, who had collaborated with the Germans. These men were actually considered as prisoners and were likewise organized into labor battalions. In addition, about 60,000 Soviet convicts of both sexes were employed in the project.

7. Key Personalities and Organization

N/A

8. Security

Strict security observed. Movement was restricted in the vicinity of the plant. The surrounding fences were considerably removed from the enterprise itself, but the entrances were under permanent military guards. Special passes required

9. Visits by American and/or Western Observers

N/A

10. Photos Available

N/A

14. Einige Fachtermini

apikal Betrifft bei Pflanzen das Wachstum der Triebe.

Biozönose Das mit gegenseitiger Anpassung verbundene Zusammenleben bestimmter Tiere und Pflanzen in einem einheitlichen Lebensraum.

Curie (Ci) Einheit radioaktiver Strahlung, benannt nach Marie Curie, die das Radium entdeckte. Diese Einheit ist gleich der Menge eines beliebigen Radioisotops, bei der die Zerfallszahl der Atomkerne in der Sekunde $3{,}700 \times 10^{10}$ beträgt. Die analogen übrigen Radioaktivitätseinheiten heißen: Megacurie = eine Million Curie, Kilocurie = tausend Curie, *Millicurie (mCi)* = ein Tausendstel Curie, *Mikrocurie* (μCi) = 10^{-6} Curie. Ein Mikrocurie bringt 37 000 Zerfallsvorgänge in der Sekunde. Bei experimentellen Versuchen mit Radioisotopen an Lebewesen und Pflanzen wird die Bestrahlungsmenge am häufigsten in Mikrocurie gemessen. Für den Menschen kann die Einnahme zum Beispiel von radioaktivem Phosphor bei einem Quantum von 30–40 Millicurie tödlich sein. Die Anwendung von Strontium-90 kann sich beim Eintritt von 1–2 Millicurie in den Organismus als gefährlich erweisen, weil Strontium nicht rasch aus dem Organismus ausgeschleust wird, sondern sich dauerhaft in den Knochen festsetzt und die sogenannte »chronische Bestrahlung« auslöst.

Halbwertszeit Die Zeit, in der die Hälfte des radioaktiven Isotops zerfällt, entsprechend verringert sich seine Gefährlichkeit auf die Hälfte. Isotope mit kurzer Halbwertszeit, die nach Sekunden, Stunden oder Tagen zählen, gelten für die Umwelt als weniger gefährlich (radioaktives Jod, Phosphor, Schwefel u. a.). Strontium-90 und Caesium-137 sind die gefährlichsten Produkte von Reaktorabfällen und Atombomben-Explosionen, da diese Isotope eine Halbwertszeit von 30 Jahren haben. Deshalb bleibt bei der Verseuchung der Umwelt durch diese Isotope die Gefahr auf Hunderte von Jahren bestehen. Kohlenstoff-14 hat eine Halbwertszeit von mehr als 5000 Jahren. Doch soweit er in gasförmigem Zustand auftritt (Kohlendioxid), gilt die Gefährlichkeit von radioaktivem Kohlenstoff als geringer.

Meristem Pflanzliches Bildungsgewebe, das durch festgesetzte Zweiteilungen neue Gewebe liefert

Migration Wanderung; Zug der Vögel

Nukleare Abfälle In Atomreaktoren geht ein kontrollierter Zerfall von Kernbrennstoff (überwiegend Uran) vor sich, der eine Anhäufung von Unmengen radioaktiver Isotope zur Folge hat. Bei diesem Zerfall entsteht eine große Menge von Wärme, die in sogenannten »energetischen« Reaktoren zur Energie-Produktion ausgenutzt wird. Nach Beendigung des Zerfallsprozesses (der sich viele Monate lang fortsetzt) enthalten die Blöcke aus verbrauchtem Kernbrennstoff viele Millionen Curie verschiedener Isotope. Für die Herstellung von Kernwaffen sind die Isotope Uran-235 und *Plutonium* von Bedeutung. Plutonium ist ein künstliches Element, das man leicht aus einem Isotopen-Gemisch gewinnt, und deshalb wird gerade Plutonium in der militärischen Atomindustrie verwendet. In der Zeit vor dem Beginn des umfangreichen Baus von Atomkraftanlagen war die militärische Atomindustrie hauptsächlich mit der Gewinnung von Plutonium aus den Zerfallsprodukten der Reaktoren beschäftigt. Die übrigen radioaktiven Isotope bildeten die sogenannten *nuklearen Abfälle.* Zur Gewinnung des Plutoniums muß der Reaktorinhalt nach der Beendigung des Zerfallszyklus (die Zyklus-Dauer variiert je nach »Heizungs«-Temperatur im Reaktor, das heißt je nach Geschwindigkeit der Prozesse) zunächst in starker Säure aufgelöst werden. Der Gewinnungsprozeß des Plutoniums geschieht in eigenen radiochemischen Werken (Wiederaufbereitungsanlagen). Gleichzeitig kann man für die Anwendung in der wissenschaftlichen Forschung und der Medizin auch andere radioaktive Isotope (Kobalt, Jod, Phosphor, Caesium usw.) aussondieren. Doch der Bedarf an solchen Isotopen ist nicht sehr hoch, und so erfährt die Hauptmasse der radioaktiven Abfälle eine »Beerdigung« unter Bedingungen, bei denen sie im Laufe von Jahrhunderten keinen schädlichen Einfluß auf Umwelt und Menschen verursachen können. Wenn nur Wärmeenergie von den Reaktoren gebraucht wird, dann vereinfacht sich der Prozeß der »Abfall-Beerdigung«, weil das Material in Form von Blöcken »bestattet« wird. Wenn aber nukleare Abfälle nach der Sondierung von Plutonium anfallen, dann verkompliziert sich das Problem dadurch, daß jetzt flüssige Abfälle mit unterschiedlicher Konzentration radioaktiver Isotope (Müll mit hoher, mittlerer und niedriger Konzentration) und in quantitativen Ausmaßen von *Millionen Litern* radioaktiver Lösungen zu »bestatten« sind.

Vergraben radioaktiver Reaktorabfälle Es gibt eine Vielzahl von Verfahren zum Vergraben von radioaktivem Müll. Die Schwierigkeiten, die beim Vergraben flüssiger Abfälle mit niedriger Radioisotopen-Konzentration (schwach-aktive Abfälle) auftreten, bestehen in dem riesigen Umfang dieser Lösungen. Bei Abfällen mit hoher Isotopen-Konzentration (hoch-aktive Abfälle) liegt das Hauptproblem darin, daß der weiterhin radioaktive Abfall eine solche Wärmemenge abgibt, die Wasser über dem Siedepunkt erhitzen würde. Deshalb werden die Behälter mit hochkonzentrierten Flüssigabfällen ständig gekühlt. Ein bis zwei Jahre nach einer solchen Kühllagerung zerfallen die kurzlebigen Isotope, und Abfälle mit vorwiegend langlebigen Isotopen (hauptsächlich bestehen diese »Rückstände« aus Strontium-90 und Caesium-137) können einer solchen Bearbeitung unterzogen werden, die auch bei Abfällen mit mittlerer Isotopen-Konzentration anwendbar ist.

Da sowohl Reaktoren als auch Behälter mit hoch-konzentrierten Abfällen ständiger Kühlung bedürfen (mit gewöhnlich zirkulierendem Wasser), lokalisiert man die Zentren der Atomindustrie in der Nähe von Flüssen oder großen Seen an dünn besiedelten Orten. Das Wasser der Flüsse und Seen wird zur Kühlung der Kernkraftanlagen benutzt. Die Behälter für den konzentrierten Abfall können über der Erde oder unterirdisch lagern. Abfälle mit mittlerer Konzentration bewahrt man gewöhnlich unterirdisch auf, manchmal in großer Tiefe. Abfälle mit niedriger Isotopen-Konzentration werden häufig in Flüsse oder größere Wasserreservoire geschüttet. In England genehmigte die Regierung sogar die Ableitung schwach konzentrierten Mülls direkt ins Meer, nachdem ein Werk zur Verarbeitung von Reaktorabfällen an die Meeresküste gebaut worden war. Das Resultat: In der Irischen See liegt die Konzentration der Radioisotope um einige Grade höher als im Atlantik. In der UdSSR ist im abflußlosen Kaspischen Meer die Radioisotopen-Konzentration gegenwärtig zwanzigmal höher als im Meer – jedoch bis jetzt noch nicht höher als die sogenannten »zulässigen« Verschmutzungsdosen.

Ökologie Wissenschaft von der Beziehung der Lebewesen zu ihrer Umwelt.
Bio-Ökologie Anpassung der Tiere und Pflanzen an ihre Umwelt.
Radio-Ökologie Lehre von den Strahlungswirkungen (besonders röntgen- und radioaktive Strahlen) auf die Beziehungen zwischen Lebewesen in ihrer Umwelt.
Zoo-Ökologie Anpassung der Tiere an ihre Umwelt.

perennierend ausdauernd, bei Staudenpflanzen überwinternd, mehrjährig.

Strahlungen:
Beta-Strahlung Strom von Beta-Teilchen, die von radioaktiven Isotopen »ausgestrahlt« werden. Die am meisten verbreiteten Isotope mit Beta-Strahlung sind radioaktiver Kohlenstoff (C-14), radioaktiver Phosphor (P-32), radioaktives Strontium (Sr-90), radioaktiver Schwefel (S-35) und viele andere. Beta-Strahlen sind im wesentlichen Elektronen. Die Energie der Beta-Teilchen ist nicht sehr hoch, und deshalb sind sie nicht fähig, verhältnismäßig dünne Schichten des Schutzmaterials zu durchdringen. Bei äußerlicher Bestrahlung lebender Gewebe dringen die Beta-Teilchen schon bei

einer Entfernung von wenigen Millimetern in das Gewebe bis zu zwei bis drei cm, selten bis zu fünf bis acht cm ein.

Gamma-Strahlung Elektromagnetische Strahlung kurzer Wellenlänge, bestehend aus Photonen hoher Energie, die von den Kernen gewisser radioaktiver Isotope mit Lichtgeschwindigkeit ausgestoßen werden, zusätzlich zu deren Strahlung mit Beta- oder Alphateilchen. Aufgrund ihrer hohen Energie ruft die Gamma-Bestrahlung lebender Gewebe mehrere Schädigungen der inneren Organe hervor. Schutz vor Gamma-Strahlen bieten dicke Schichten aus Beton, Blei oder anderen Materialien. Isotope, die Gamma-Strahlen aussenden, sind: Kobalt-60, (Co-60), Jod-130 und -131 (J-130, 131), Eisen-55 und -59 (Fe-55, 59), Caesium-137 (Cs-137) und viele mehr.

Bestrahlungs-Dosis Noch bis zur Entdeckung der künstlichen Radioaktivität berechnete man die Bestrahlungsdosis nach der Röntgen-Bestrahlung, und deshalb erhielt die Maßeinheit die Bezeichnung *Röntgen.* Das biologische Äquivalent zu Röntgen wird häufig mit dem Terminus *›rem‹* benannt. Die »Absorptionsdosis« wird in *›rad‹* gemessen. Verschiedene Lebewesen und Pflanzen besitzen unterschiedliche Strahlen-Empfindlichkeit. Tödlich für Säugetiere und Menschen ist eine Bestrahlungsdosis von 500–600 Röntgen beziehungsweise 500–600 rad. Dennoch haben die verschiedenen Gewebearten keine einheitliche Strahlen-Empfindlichkeit, und die letale Dosis orientiert sich an dem Absterben der Knochenmarkszellen. Bei lokaler Bestrahlung des übrigen Gewebes halten sie noch höhere Dosen aus. Pflanzen und niedere Lebewesen vertragen eine Bestrahlung von einigen

Tausend Röntgen, Bakterien und Wasserpflanzen von einigen Zehntausend.

Zulässige Dosis Die Strahlungs- oder Konzentrationsmenge radioaktiver Isotope in der Umwelt, die nicht als Auslöser schädlicher Folgen gelten. Die zulässigen Dosen variieren abhängig vom Isotopentyp, von der Strahlungsart, den Strahlungsbedingungen, ihrer Dauer und vielen anderen Bedingungen.

Zytologie Zellenlehre

Literaturnachweise

1. *Zh. A. Medwedjew*, Two decades of dissidence. »New Scientist«, 1976, v. 72, Nr. 1025, S. 264–267.
2. *Zh. A. Medwedjew*, Facts behind the Soviet nuclear disaster. »New Scientist«, 1977, v. 74, Nr. 1058, S. 761–764; dtsch. in: Der Atomfilz, Gewerkschaften und Atomkraft. Hrsg. Mez./Wilke, Berlin 1977, S. 46–54
3. *P. Astaschenkow, Kurtschatow.* Verlag »Junge Garde«, Moskau 1967. (Kurtschatow, isd. »Molodaja gwardija«)
4. Sammelband d. Arbeiten des Labors für Biophysik, Ural-Filiale d. Akademie d. Wissenschaften d. UdSSR, Bd. 1, Swerdlowsk 1957. (Sbornik rabot Laboratorii biofisiki Uralskogo Filiala Akademii Nauk SSSR, t. 1)
5. siehe 4.) Band 2, Moskau 1960.
6. siehe 4.) Band 3, Swerdlowsk 1962.
7. *E. A. Timofejewa-Ressowskaja*, Radioisotopen-Verteilung in den Haupt-Komponenten von Süßwasserbecken. Hrsg. Ural-Filiale d. Akademie d. Wiss. d. UdSSR, Swerdlowsk 1962.
(Raspredelenie radioisotopow po osnownym komponentam presnowodnych wodojemow. Isd. Uralskogo Filiala AN SSSR)
8. *N. W. Timofejew-Ressowskij*, Einige Probleme der Strahlen-Biogeozönologie. Referat zur Verteidigung der publizierten Dissertation im Fach Biologie. Hrsg. Ural-Filiale d. Ak. d. Wiss. d. UdSSR, Swerdlowsk 1962.
(Njekotorye problemy radiazionnoj biogeozenologii. Doklad po opublikowannym rabotam, predstawljennym dlja saschtschity utschonoj stepeni doktora biologitscheskich nauk. Isd. Uralskogo Filiala AN SSSR)
9. *F. Ja. Rowinskij*, Berechnungsverfahren für die Konzentration radioaktiver Beimischungen in Wasser und Bodenablagerung durchflußloser Wasserbecken. Atomenergie, 1965, Bd. 18, Nr. 4, S. 379–383.
(Spossob rastschota konzentrazii radioaktiwnoj primjessi w wodje i donnom sloje njeprototschnych wodojemow. Atomnaja Energija, t. 18)

10. *A. I. Iljenko,* Akkumulation von Strontium-90 und Caesium-137 in Süßwasserfischen. Fragen der Ichthyologie, Bd. 10, 1970, Nr. 6, S. 1127–8
(Nakoplenie stronzija-90 i zesija-137 presnowodnymi rybami. Woprosy ichtiologii, t. 10)
11. *A. I. Iljenko,* Einige Besonderheiten der Akkumulation von Caesium-137 in Populationen von Süßwasserfischen. Fragen der Ichthyologie, 1972, Bd. 12, Nr. 1, S. 174–178.
(Njekotorye ossobennosti nakoplenija zesija-137 w populiazijach ryb presnowodnogo wodojëma. Woprosy ichtiologii, t. 12)
12. *A. I. Iljenko,* Radioisotopen-Konzentration in Tieren und ihr Einfluß auf die Population. Verlag »Wissenschaft«, Moskau 1974, 167 S. (Konzentrirowanie zhiwotnymi radioisotopow i ich wlijanie na populiaziju. Isd. »Nauka«, Moskwa 1974)
13. *A. I. Iljenko,* Radioökologie der Süßwasserfische. Fragen der Ichthyologie, 1969, Bd. 9, Nr. 2, S. 324–337. (Radioekologija presnowodnych ryb. Woprosy ichtiologii, t. 9)
14. *G. M. Parchomenko,* Zulässige Höchstwerte von Bestrahlungsdosen und Konzentration radioaktiver Substanzen in Luft und Wasser. In: »Strahlen-Hygiene«, Hrsg. S. M. Gorodinskij, Verlag »Medizin«, Moskau 1962, S. 31. (Predelno dopustimye dosy oblutschenija i konzentrazija radioaktiwnych weschtschestw w wosduche i wode. W knige: »Radiazionnaja gigiena«, red. S. M. Gorodinskij, »Medizina«)
15. *A. Kos'min,* Die fischwirtschaftliche Nutzung der Ural-Stauseen. In: »Biologische Produktivität der Wasserreservoire Sibiriens«, Hrsg. M. Ju. Bekman u. a., Verlag »Wissenschaft«, Moskau 1969, S. 203–208. (O rybochosjajstwennom ispolsowanii Uralskich wodochranilischtsch; W knige: »Biologitscheskaja produktiwnost' wodojëmow Sibiri«, red. M. Ju. Bekman i dr., Isd. »Nauka«)
16. *B. Lindale und R. L. Dobson,* Ionisierende Strahlung und Gesundheit. Hrsg. von der Welt-Gesundheits-Organisation, Genf 1961, auch Engl. (Ionisirujuschtschaja radiazija i sdorowje)
17. F. B. Turner, B. Kowalewsky, R. H. Rowland and K. H. Larson, Uptake of radioactive material from a nuclear reactor by small mammals at the Nevada test site. Health Physics, 1964, vol. *10,* S. 65–68.
18. *W. E. Martin, F. B. Turner,* Transfer of Sr-90 from plants to rabbits in a fallout field. Health Physics, 1966, vol. *12,* S. 621–631.

19. *G. K. Svensson, K. Liden,* The transport of Cs-137 from lichen to animal and man. Health Physics, 1965, vol. *11*, S. 1393–1400.

20. *A. I. Iljenko, G. N. Romanow,* Jahreszeitlich und wachstumsbedingte Kapazitätsschwankungen absorbierter Strontium-90-Dosen im Skelett dunkler Erdmäuse unter natürlichen Bedingungen. Radiobiologie, 1967, Bd. 7, Nr. 1, S. 76–78.
(Sesonnye i wosrastnye ismenenija moschtschnostjej dos w skelete tëmnych polëwok ot inkorporirowannogo stronzija-90 w estestwennych uslowijach)

21. *A. I. Iljenko,* Bestimmungsfaktoren für den Akkumulationsgrad von radioaktivem Strontium-90 in der Population dunkler Erdmäuse auf verseuchtem Gelände. Sammelband »Ökologie der Vögel u. Säugetiere« (S. 126–132), Verlag »Wissenschaft« Moskau.
(Faktory opredeljajuschtschie urowen' nakoplenija radioaktiwnogo stronzija-90 w populjazii tëmnych polëwok, obitajuschtschych na sagrjasnennoj territorii. Sbornik »Ekologija ptiz i mlekopitajuschtschich«, Isd. »Nauka«)

22. *A. I. Iljenko,* Materialien zur gattungsdifferenten Ablagerung von Strontium-90 und seiner Schwankung bei kleinen Säugetieren, die in einem künstlich mit diesem Radionuklid verseuchten Revier eingefangen wurden. Zoologische Zeitschrift, Bd. 47, 1968, Nr. 11, S. 1695–1700.
(Materialy po widowym raslitschijam w nakoplenii stronzija-90 i ismentschiwosti melkich mlekopitajuschtschich, otlowlennych na utschastke, iskustwenno sagrjasnënnom etim radionuklidom. Soologitscheskij zhurnal, t. 47)

23. *W. E. Sokolow, A. I. Iljenko,* Radioökologie von Landwirbeltieren. In: Erfolge der modernen Biologie, Bd. 67, 1969, Nr. 2, S. 235–255. (Radioekologija nasemnych poswonotschnych zhiwotnych. Uspechi sowremënnoj biologii, t.67)

24. *N. A. Nikitina,* Forschungsergebnisse des Wanderverhaltens von Nagetieren in der Fauna der UdSSR. Zoologische Zeitschrift, Bd. 50, 1971, Nr. 3, S. 408–426). (Itogi isutschenija peremeschtschenij grysunow fauny SSSR. Soologitscheskij zhurnal, t.50)

25. *O. W. Lischin,* Materialien zur Dynamik von Wühlmaus-Populationen. In: »Arbeiten der Naturschutz-Kommission«, Folge 1, Ural-Filiale der Akad. d. Wiss. d. UdSSR, Swerdlowsk 1964, S. 183–186. (Materialy po dinamike tschislapolewok. »Trudy komissii po ochrane prirody«)

26. *A. I. Iljenko, E. A. Fjodorow,* Akkumulation von radioaktivem Caesium in den Populationen von Landwirbeltieren. Zoologische Zeitschrift, 1970, Bd. 49, Nr. 9, S. 1370–1376. (Nakoplenie radioaktiwnogo zesija w populiazijach nasemnych poswonotschnych. Soologitscheskij zhurn.)
27. *A. I. Iljenko,* Gesetzmäßigkeiten der Migration von Strontium-90 und Caesium-137 in den einzelnen Gliedern der Nahrungsketten in der Zoozönose. Ztschr. f. Allgemeine Biologie, 1970, Bd. 31, Nr. 6, S. 698–708. (Sakonomernosti migrazii stronzija-90 i zesija-137 w rasnych sweniach pischtschewych zepej w soozenose. Zhurnal obschtschej biologii)
28. *Ju. D. Korssakow, I. Ja. Poplyko, I. A. Ternowskij,* Organisation der dosimetrischen Kontrolle der äußeren Umwelt bei Strahlungszwischenfällen (Organisazija dosimetritscheskogo kontrolja wneschnej sredy pri radiazionnych awariach). In: »Handling of radiation accidents«, Proc. Symp. on the handling of Radiation Accidents sponsored by Intern. Agency of Atom. Energy (IAEA), Wien, 19.–23. Mai 1969, S. 281–285.
29. *A. I. Iljenko, A. D. Pokarschewskij,* Der Einfluß biozönotischer Unterschiede auf die Konzentration von Strontium-90 in kleinen Säugetieren. Zoologische Zeitschrift, 1972, Bd. 51, Nr. 8, S. 1219–24. (Wlijanie biozenotitscheskich raslitschij na konzentrirowanie stronzija-90 melkimi mlekopitajuschtschimi. Soologitscheskij zh.)
30. *N. P. Naumow,* Ökologie der Tiere, Verlag »Hochschule«, Moskau 1963 (Ekologija zhiwotnych, isd. »Wysschaja schkola«)
31. *S. S. Schwarz,* Entwicklungsökologie der Tiere, Arbeiten d. Inst. für Pflanzen- und Tierökologie d. Ural-Filiale d. Akad. d. Wiss. d. UdSSR, Heft 65, Swerdlowsk 1969. (Ewoljuzionnaja ekologija zhiwotnych. Trudy instituta ekologii rastenij i zhiwotnych Uralsk. Fil. AN SSSR)
32. Sammelband »Wald und Ackerbau im Ural«, Swerdlowsk 1968. (Sbornik »Lessa Urala i semledelie«)
33. *A. I. Iljenko, S. I. Issajew, I. A. Rjabzew,* Strahlenempfindlichkeit einiger kleiner Säugetiere und die Adaptionsfähigkeit von Nagetier-Populationen an künstliche Verseuchung der Biogeozönose mit Strontium-90. Radiobiologie, 1974, Bd. 14, Nr. 4, S. 572–575.
(Radiotschuwstwitelnost nekotorych melkich mlekopitajuschtschich i wosmozhnost adaptazii populiazij grysunow k iskusstwennomu sagriasneniju biogeozenosa stronziem-90. Radiobiologija, t. 14)
34. *A. I. Iljenko,* Einige Gesetzmäßigkeiten in der Konzentration künstlicher radioaktiver Isotope bei Vögeln einer Waldbiozönose. Zoologische

Zeitschrift, 1970, Bd. 49, Nr. 12, S. 1884–1886. (Nekotorye sakonomernosti konzentrazii iskusstwennych radioaktiwnych isotopow ptizami lesnogo biozenosa. Soologitscheskij zh.)
35. *K. H. Voons*, Atlas of European Birds. 1960
36. *G. P. Dementjew, N. A. Gladkow*, Vögel der Sowjetunion, Bde. 1–6, Moskau, 1951–54 (Ptizy Sowjetskogo Sojusa, tt. 1–6)
37. *A. I. Iljenko, I. A. Rjabzew*, Nestkonservatismus bei einigen Wasservögeln. Zoologische Zeitschrift, 1974, Bd. 53, Nr. 2, S. 308–310. (O gnesdowom konserwatisme nekotorych wodoplawajuschtschich ptiz)
38. *A. I. Iljenko, I. A. Rjabzew, D. E. Fjodorow*, Untersuchung des Territorial-Konservatismus bei offen-nistenden Sperlingsvögeln mit der Methode radioaktiver Kennzeichnung der Population. Zoologische Zeitschr., 1975, Bd. 54, Nr. 11, S. 1678–1686. (Isutschenie territorialnogo konserwatisma otkrytognesdjaschtschichsja worobjinych ptiz metodom radioaktiwnogo metschenija populiazii. Soolog. Zhurn.)
39. *W. K. Willard*, Avian uptake of fission products from an area contaminated by low-level atomic waste. Science, 1960, v. 132, p. 148–150.
40. *P. M. Aleksachin, F. I. Pawlotzkaja*, Migration von Radionukliden in Böden und Pflanzen. Symposium von Tiflis. Rundschau d. Ak. d. Wiss. d. UdSSR, 1971, Nr. 7, S. 123–126. (Migrazija radionuklidow w potschwach i rastenijach. Simposium w. Tbilissi. Westnik AN SSSR)
41. *M. S. Giljarow, D. A. Kriwolutzkij*, Radioökologische Untersuchungen der Bodenzoologie. Zoologische Zeitschrift, 1971, Bd. 50, Nr. 3, S. 329–342. (Radioekologitscheskie issledowanija w potschwennoj soologii. Soologitscheskij Zhurnal, t.50)
42. *D. A. Kriwolutzkij, A. L. Tichomirowa, W. A. Turtschaninowa*, Strukturänderungen des Tierbesatzes (Land- und Bodenwirbellose) unter dem Einfluß der Kontamination des Bodens mit Sr-90. Pedobiologia, Bd. 12, Nr. 8, S. 374–80, 1972.
43. *A. I. Iljenko*, Befall kleiner Säugetiere mit Gamma-Strahlen-geschädigten Zellen auf Strontium-90-verseuchten Revieren. Zoologische Zeitschrift, 1971, Bd. 50, Nr. 2, S. 243–246. (Sarazhenost melkich mlekopitajuschtschich gamasowymi kleschtschami na utschastkach, sagriasnennych stronziem-90. Soologitscheskij zhurnal, t.50)
44. *D. A. Kriwolutzkij, A. D. Pokarschewskij*, Die Rolle von Erdorganismen bei der biogenen Wanderung von Kalzium und Strontium-90. Zeitschrift für Allgemeine Biologie, 1974, Bd. 35, Nr. 2, S. 263–269. (Rol'

potschwennych zhiwotnych w biogennoj migrazii kalzija i stronzija-90. Zhurnal obschtschej biologii, t. 35)

45. *D. A. Kriwolutzkij, S. A. Schilowa,* Rundschau der Staatl. Moskauer Universität, Serie 5, Geographie, 1965, Nr. 3, S. 72–75. (Westnik Moskowskogo Gossudarstwennogo Un-ta. serija 5, Geografija)

46. *D. A. Kriwolutzkij, A. F. Baranow,* Der Einfluß radioaktiver Bodenverseuchung auf das Siedlungsverhalten der Ameisen. Zoologische Zeitschrift, 1972, Bd. 51, Nr. 8, S. 1248–1251. (Wlianie radioaktiwnogo sagriasnenija potschwy na naselenie murawjëw. Soolog. zh.)

47. *E. I. Kornberg, M. I. Dzjuba, W. I. Zhukow,* Das Areal der Zecke – Ixodus Rhicinus – in der UdSSR. Zoologische Zeitschrift, 1971, Bd. 50, Nr. 1, S. 41–48. (Areal kleschtscha – Ixodus Rhicinus – w SSSR)

48. *A. N. Sparrow, G. M. Woodwell,* Prediction of the sensitivity of plants to chronic gamma irradiation. Radiation Botany, vol. 2, 9–26, 1962.

49. *N. P. Dubinin, W. A. Schewtschenko, A. Ja. Aleksejonok, L. W. Tscherezhanowa, E. M. Tischtschenko,* Genetische Prozesse bei Populationen unter chronischer Einwirkung von Ionisationsstrahlung. In: Jahrbuch »Erfolge der modernen Genetik«, Hrsg. N. P. Dubinin, Bd. 4, S. 170–205, Verlag »Wissenschaft«, Moskau 1972. (O genetitscheskich prozessach w populiazijach, podwergajuschtschichsa chronitscheskomu wosdejstwiju ionisirujuschtschej radiazii. »Uspechy sowremmenoj genetiki«, Jezhegodnik, red. Dubinin, Isd. »Nauka«)

50. *F. A. Tichomirow,* Einwirkung von Ionisationsstrahlung auf ökologische Systeme. Verlag »Atomisdat«, Moskau 1972. (Dejstwie ionisirujuschtschich islutschenij na ekologitscheskie sistemy)

51. *N. P. Dubinin,* Ewige Bewegung (Wetschnoje dwizhenie), Verlag »Gospolitisdat«, Moskau 1973)

52. *P. M. Aleksachin, M. A. Naryschkin, M. A. Botscharowa,* Besonderheiten und quantitative Voraussage von kumulierter Strontium-90-Ansammlung in Waldpflanzen. Berichte der Akademie d. Wiss. d. UdSSR, 1970, Bd. 193, Nr. 5, S. 1192–1194 (K woprosu ob ossobennostjach i kolitschestwennom prognosirowanii kumuliatiwnogo nakoplenija stronzija-90 w drewesnych nasazhdeniach. Doklady AN SSSR)

52a. *P. M. Aleksachin, M. A. Naryschkin,* Migration von Radionukliden in Wald-Biogeozönosen. Verlag »Wissenschaft«, Moskau 1977, (Migrazija radionuklidow w lesnych biogeozenosach. Isd. »Nauka«)

53. *A. K. Machejew, S. A. Mamajew,* Ökologie, Moskau 1972, Nr. 1, S. 24–36.
54. *P. M. Aleksachin, F. A. Tichomirow, N. A. Kulikow,* Zustand und Probleme der Wald-Radioökologie. Ökologie, 1970, Nr. 1, S. 19–26. (Sostojanie i problemy lesnoj radioekologii. Ekologija)
55. *F. A. Tichomirow, R. M. Aleksachin, E. A. Fjodorow,* Migration von Radionukliden in Wäldern und die Einwirkung von Ionisationsstrahlung auf Waldanpflanzungen. (Migrazija radionuklidow w lesach i dejstwije ionisirujuschtschich islutschenij na lesnye nasazhdenija). »Peaceful Uses of Atomic Energy«, Proc. 4th Internat. Conf. on the Peaceful Uses of Atomic Energy, 6.–16. Sept. 1971, Vol. II. S. 675–688, United Nations, N. Y., International Atomic Energy Agency, Wien 1972.
56. *W. M. Kletschkowskij, E. A. Fjodorow,* Migration radioaktiver Elemente in Biozönosen der Bodenoberfläche. Referatsthesen, Verlag Wissenschaft, Moskau 1968. (Migrazija radioaktiwnych elementow w nasemnych biozenosach. Tesisy doklada, Isd. »Nauka«) S. 25.
57. *L. W. Tscherezhanowa, R. M. Aleksachin, E. G. Smirnow,* Über die zytogenetische Adaption von Pflanzen bei chronischer Einwirkung von Ionisationsstrahlung. Genetik, 1971, Bd. 7, Nr. 4, S. 30–37. (O zitogenetitscheskoj adaptazii rastenij pri chronitscheskom wosdejstwii ionisirujuschteschej radiazii. Genetika, t.7)
58. *L. W. Tscherezhanowa, R. M. Aleksachin,* Die Frage des zytogenetischen Einflusses von langjähriger Einwirkung eines erhöhten Strahlungsniveaus auf die Pflanzenpopulation unter natürlichen Bedingungen. Zeitschrift f. Allgem. Biologie, 1971, Bd. 32, Nr. 4, S. 494–500. (K woprosu o zitogenetitscheskom wlijanii mnogoletnego wosdejstwija powyschennogo fona radiazii na populiazii rastenij w prirodnych uslowijach. Zhurnal obschtschej biologii)
59. *L. W. Tscherezhanowa, R. M. Aleksachin,* Die biologischen Auswirkungen eines erhöhten Ionisationsstrahlungs-Niveaus auf die Prozesse der Radioadaptation bei Populationen von Grasgewächsen. Zeitschr. f. Allgem. Biologie, 1975, Bd. 36, Nr. 2, S. 303–311. (O biologitscheskom dejstwii powyschennogo fona ionisirujuschtschich islutshcenij w prozessach radioadaptazii w populiazijach trawianistych rastenij. Zhurnal obschtschej Biologii, t.36)
60. *W. A. Schewtschenko, L. W. Tscherezhanowa, A. Ja. Aleksejonok,* Erhöhte Radioresistenz bei natürlichen Populationen niederer und höherer

Pflanzen bei langanhaltender Einwirkung von Beta-Strahlung von Sr-90 und Y-90. Materialien d. 1. Allunions-Symposiums für Radiobiologie des Pflanzenorganismus. Verlag »Naukowa Dumka«, Kiew, 1970, S. 139. (Uwelitschenie radioresistentnosti w prirodnych populiazijach nisschich i wysschich rastenij pri dlitelnom wosdejstwii beta-islutschenija Sr-90 i Y-90. Materialy I. Wsesojusnogog simposiuma po radiobiologii rastitelnogo organisma).

61. *W. A. Schewtschenko,* Genetische Adaption von Chlorella-Populationen bei chronischer Einwirkung von Ionisationsstrahlung. Genetik, 1970, Bd. 6, Nr. 8, S. 64–73. (O genetitscheskoj adaptazii populiazij chlorelly k chronitscheskomu wosdejstwiju ionisirujuschtschej radiazii. Genetika, t.6)

62. *John G. Fuller,* We almost lost Detroit. Ballantine Books, New York 1976 dtsch.: Unfälle in Atomkraftwerken. Linder AG, Zürich 1975.

63. *Walter C. Patterson,* Nuclear Power. Penguin Books, London 1976.

64. *Martin Ryle,* Nuclear Energy: the serious doubts that put our future at risk. The Times (London), 14. Dezember 1976.

65. U. S. AEC, PNE-201F, 1962 und U. S. AEC, PNE-217F, 1963

66. *I. N. Golowanow,* I. W. Kurtschatow. Verlag »Atomisdat«, Moskau 1967.

67. *P. Astaschenkow,* Kurtschatow. Verlag »Molodaja Gwardija« (Junge Garde), Moskau 1967

68. *R. Gillette,* Radiation spill at Hanford. The anatomy of an accident. Science, 1973, S. 728–730.

69. NUCLEAR REACTOR SAFETY. Hearing before Joint Commiss. on Atomic Energy, Congress of the United States. 93rd Congress, Part. 1. U. S. Government Printing Office, Washington 1974.

70. Report of the investigation of the 106 T tank leak at the Hanford Reservation, Richland, Washington, U. S. Atomic Energy Comm. 1973.

71. WASH-1520. Environmental Statement. Contaminated soil removal facility. Richland, Washington, U. S. Atomic Energy Commission, April 1972.

72. Los Angles Times Magazine, 18. Juni 1972, S. 5–7.

73. *John Hill,* The Times, 8. Februar 1977, Letters to the Editor.

74. Accident at Windscale. No. 1 Pile on 10th October, 1957. Presented to Parliament by the Prime Minister by Command of Her Majesty. November 1957. London, Her Majesty Stationery Office.

75. *Boris Belizky*, Removing radioactive rubbish in the USSR. New Scientist. 26. Februar 1976, S. 436–437.
76. *Boris Belizky*, The Soviet answer to nuclear waste. New Scientist. 21. April 1977, S. 128–129.
77. *G. de Marsily, E. Ledoux, A. Barbreau, J. Margat*, Nuclear waste disposal: Can the geologist guarantee isolation? Science, 1977, Bd. 197, Nr. 4303, S. 519–527.
78. *H. Krugmann, F. von Hippel*, Radioactive wastes: A comparison of U. S. Military and Civilian inventories. Science, 1977, Bd. 197, S. 883–885.
79. *H. M. Parker*, Radioactive waste management in selected foreign countries. Nuclear Technology, 1974, Nr. 24, S. 307.
80. *E. E. Angino*, High-level and long-living radioactive waste disposal. Science, 1977, Bd. 198, Nr. 4320, S. 885–888.

Die Dokumente (S. 239–254) gab der Autor zum Abdruck frei